《高等数学》学习指导与作业设计丛书
安徽省精品共享课程《线性代数》建设成果
安徽省《线性代数》教学团队项目建设成果

主审 周之虎

线性代数学习指导与作业设计

XIANXING DAISHU XUEXI ZHIDAO YU ZUOYE SHEJI

（第2版）

主　编 梅 红
副主编 鲍宏伟 鲁 琦 李 云

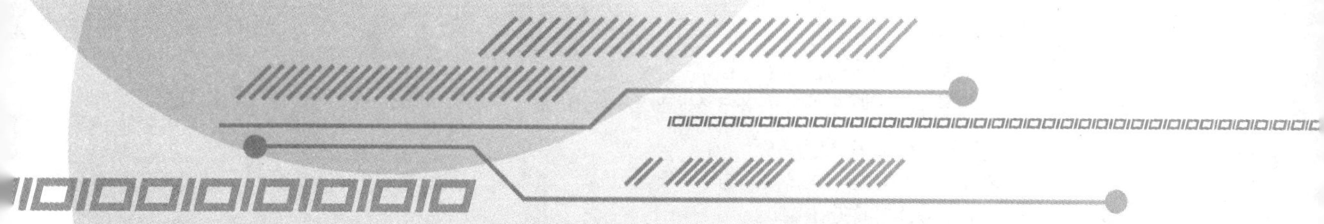

安徽大学出版社

内容提要

本书按照同济大学《线性代数》(第六版)顺序编写,与教学需求保持同步.教材结构紧凑、简明,题型丰富.每章分为8个模块:教学要求,知识要点,答疑解惑,范例解析,基础作业题,综合作业题,自测题,参考答案与提示.

本书可作为非数学专业本科生、专科生学习及考研、专升本考试复习的辅导教材,也可供教师与科技人员参考.

图书在版编目(CIP)数据

线性代数学习指导与作业设计/梅红主编.—2版.合肥:安徽大学出版社,2017.6(2021.7重印)

ISBN 978-7-5664-1422-9

Ⅰ.①线… Ⅱ.①梅… Ⅲ.①线性代数—高等学校—教学参考资料 Ⅳ.①O151.2

中国版本图书馆CIP数据核字(2017)第145269号

线性代数学习指导与作业设计(第2版)　　梅　红　主编

出版发行:北京师范大学出版集团
安 徽 大 学 出 版 社
(安徽省合肥市肥西路3号 邮编230039)
www.bnupg.com.cn
www.ahupress.com.cn

印　　刷:合肥现代印务有限公司
经　　销:全国新华书店
开　　本:184mm×260mm
印　　张:8.75
字　　数:213千字
版　　次:2017年6月第2版
印　　次:2021年7月第5次印刷
定　　价:28.00元
ISBN 978-7-5664-1422-9

策划编辑:张明举　　装帧设计:李　军
责任编辑:张明举　　美术编辑:李　军
责任印制:赵明炎

前　言

（第 1 版）

微积分、线性代数、概率统计是高等院校三门重要的数学课程，它们是许多专业课的理论基础，对后继专业课起着举足轻重的作用，此外它们也是许多专业的硕士研究生入学考试以及专升本考试的必考内容，因此学好它们对本科生及各类专科生都是非常重要的. 但是，这三门课程都具有理论性较强，比较抽象，方法难掌握的特点，学生初学时普遍感到困难. 为了更好地掌握教材中的有关概念和定理，提高分析和解决问题的能力，有必要组织有丰富教学经验的教师编写这套线性代数教学辅助教材，以满足在校学生及自学人员的需求，为学生更好地自主学习服务.

本套教材结构紧凑、简明，题型丰富，通过答疑解惑、范例解析，可以使读者通过例题掌握基本概念、基本解题思路，作业设计内容丰富，题型多样，紧扣教学大纲，突出基础性、应用性和典型性，便于学生对三门课程的自我提高与自我完善，达到提高教学质量的目的. 本套教材针对不同层次的学生设计了不同的作业，既有紧扣教材的基础作业题，又有便于学生提高加深的综合作业题，以及拓展作业和深化作业，可适用于所有的本、专科学生. 本丛书由周之虎教授任主编，董毅、张裕生、梅红任分册主编.

本书是这套系列教材中的线性代数分册，按同济大学《线性代数》（第四版）顺序编写. 各章主要分为八个模块：模块一，教学基本要求；模块二，知识要点；模块三，答疑解惑；模块四，范例解析；模块五，基础作业题；模块六，综合作业题；模块七，自测题；模块八，答案.

本书的特点：

1. 方便教学与学生自学. 每章都有“教学要求”和“知识要点”，“串讲小结”模块通过联系串讲、小结，说明重点，分散难点，使读者做到区分主次，心中有数，以达到更好的学习目的.

2. 答疑解惑，范例解析. 注重阐述现代数学思想与方法，通过典型题型的分析及解答，为读者提供基本思路及解题的常用方法.

3. 吸收了作者与很多专家的教学研究的新成果.

4. 注重作业设计. 针对不同层次的学生设计了作业,既有紧扣教材的基础作业题,又有便于学生提高加深的综合作业题以及拓展作业,深化作业.

本书由蚌埠学院的梅红任主编,鲍宏伟、娄志娥、李云任副主编,具体编写:梅红(第一章)、梅红(第二章)、鲍宏伟(第三章)、娄志娥(第四章)、李云(第五章),最后由周之虎教授主审.

安徽大学出版社以及蚌埠学院数理系的同仁们在本书的编写过程中给予了大力的支持与帮助,在此表示衷心的感谢.

由于编写时间仓促,本书尚有不足之处,恳请读者与同行予以批评指正.

编 者

2009年5月

前　言

（第 2 版）

本教材按同济大学《线性代数》（第六版）顺序编写，各章主要分为八个模块：模块一，教学要求；模块二，知识要点；模块三，答疑解惑；模块四，范例解析；模块五，基础作业题；模块六，综合作业题；模块七，自测题；模块八，参考答案与提示.

教材结构紧凑、简明，题型丰富.通过答疑解惑、范例解析，可以使读者通过例题掌握基本概念、基本解题思路.作业设计内容丰富，题型多样，紧扣教学大纲，突出基础性、应用性、典型性，便于学生对本课程的自我提高与自我完善，以达到提高教学质量的目的.教材针对不同层次的学生设计了作业，既有紧扣教材的基础作业题，又有便于学生提高加深的综合作业题，以及拓展作业和深化作业，可适用于所有的本、专科学生.

本教材自 2009 年 8 月出版以来，得到很多院校教师和学生的支持和鼓励，在此表示衷心的感谢！随着社会的进步和高校发展的需求，本课程也在不断的改进和发展以适应社会的需要，更加注重学生用数学知识和方法解决实际问题的能力的培养.本教材是在保持第 1 版的优点、特色的基础上，结合多年的教学实践和同行们的宝贵建议进行修订的，增加了部分内容和习题，使之更加突出应用性和实用性，更加适合本、专科院校的需求.

线性代数学习指导与作业设计（第 2 版）由蚌埠学院理学院从事多年本、专科数学教学的教师们负责编写和修订，全书由梅红任主编，鲍宏伟、鲁琦、李云任副主编，具体编写：梅红（第 1 章）、梅红（第 2 章）、鲍宏伟（第 3 章）、鲁琦（第 4 章）、李云（第 5 章），最后由周之虎教授主审.

安徽大学出版社以及蚌埠学院理学院的同仁们在本书的编写过程中给予了大力的支持与帮助，在此表示衷心的感谢.

由于编写时间仓促，本书尚有不足之处，恳请读者与同行予以批评指正.

编　者

2017 年 3 月

目　录

第1章

行列式

1.1 教学要求

【基本要求】

理解 n 阶行列式的定义及其性质；掌握用行列式的定义、性质和有关定理计算较简单的 n 阶行列式的方法；掌握克莱姆法则.

【教学重点】

行列式的性质和计算；克莱姆法则.

【教学难点】

计算 n 阶行列式.

1.2 知识要点

【知识要点】

1. 定义(完全展开式)

二阶行列式：$\begin{vmatrix} a_{11} & a_{12} \\ a_{21} & a_{22} \end{vmatrix} = a_{11}a_{22} - a_{12}a_{21}$.

三阶行列式：

$$\begin{vmatrix} a_{11} & a_{12} & a_{13} \\ a_{21} & a_{22} & a_{23} \\ a_{31} & a_{32} & a_{33} \end{vmatrix} = a_{11}a_{22}a_{33} + a_{12}a_{23}a_{31} + a_{13}a_{21}a_{32} - a_{13}a_{22}a_{31} - a_{11}a_{23}a_{32} - a_{12}a_{21}a_{33}.$$

n 阶行列式 $D=\begin{vmatrix} a_{11} & a_{12} & \cdots & a_{1n} \\ a_{21} & a_{22} & \cdots & a_{2n} \\ \cdots & \cdots & \cdots & \cdots \\ a_{n1} & a_{n2} & \cdots & a_{nn} \end{vmatrix}$ 的值：

(1) 是 $n!$ 项的代数和；

(2) 每一项是 n 个元素的乘积，通项为 $(-1)^{\tau(j_1j_2\cdots j_n)}a_{1j_1}a_{2j_2}\cdots a_{nj_n}$，其中 $j_1,j_2,\cdots,j_n$ 是 $1,2,\cdots,n$ 的一个全排列；

(3) $\tau(j_1j_2\cdots j_n)$ 为逆序数.

2. 计算(化零降阶法)

余子式和代数余子式：n 阶行列式元素 a_{ij} 所在行与列划去后，余下的 $n-1$ 阶行列式叫作元素 a_{ij} 的余子式，记为 M_{ij}，记 $A_{ij}=(-1)^{i+j}M_{ij}$，A_{ij} 叫作元素 a_{ij} 的代数余子式.

行列式等于它的任一行(列)的各元素与其对应的代数余子式乘积之和，即

$$D=a_{i1}A_{i1}+a_{i2}A_{i2}+\cdots+a_{in}A_{in}\ (i=1,2,\cdots,n)$$

或 $D=a_{1j}A_{1j}+a_{2j}A_{2j}+\cdots+a_{nj}A_{nj}\ (j=1,2,\cdots,n)$.

3. 行列式的性质

(1) 行列式与它的转置行列式相等；

(2) 互换行列式的两行(列)，行列式变号；

(3) 行列式的某一行(列)所有的元素都乘以同一数 k，等于用数 k 乘以此行列式；

(4) 行列式中如果有两行(列)元素成比例，则此行列式等于零；

(5) 若行列式的某一行(列)的元素都是两数之和，例如第 i 列的元素都是两数之和：

$$D=\begin{vmatrix} a_{11} & a_{12} & \cdots & (a_{1i}+a'_{1i}) & \cdots & a_{1n} \\ a_{21} & a_{22} & \cdots & (a_{2i}+a'_{2i}) & \cdots & a_{2n} \\ \cdots & \cdots & \cdots & \cdots & \cdots & \cdots \\ a_{n1} & a_{n2} & \cdots & (a_{ni}+a'_{ni}) & \cdots & a_{nn} \end{vmatrix}$$

则 $D=\begin{vmatrix} a_{11} & a_{12} & \cdots & a_{1i} & \cdots & a_{1n} \\ a_{21} & a_{22} & \cdots & a_{2i} & \cdots & a_{2n} \\ \cdots & \cdots & \cdots & \cdots & \cdots & \cdots \\ a_{n1} & a_{n2} & \cdots & a_{ni} & \cdots & a_{nn} \end{vmatrix}+\begin{vmatrix} a_{11} & a_{12} & \cdots & a'_{1i} & \cdots & a_{1n} \\ a_{21} & a_{22} & \cdots & a'_{2i} & \cdots & a_{2n} \\ \cdots & \cdots & \cdots & \cdots & \cdots & \cdots \\ a_{n1} & a_{n2} & \cdots & a'_{ni} & \cdots & a_{nn} \end{vmatrix}$；

(6) 把行列式的某一行(列)的各元素乘以同一数后加到另一行(列)对应的元素上去，行列式值不变.

4. 行列式的其他性质

(1) $|kA|=k^n|A|$；

(2) $|A+B|\neq|A|+|B|$；

(3) 一行(列)的元素乘上另一行(列)的相应元素代数余子式之和，值为零；

(4) $\begin{vmatrix} \boldsymbol{A} & \boldsymbol{C} \\ \boldsymbol{0} & \boldsymbol{B} \end{vmatrix}=\begin{vmatrix} \boldsymbol{A} & \boldsymbol{0} \\ \boldsymbol{C} & \boldsymbol{B} \end{vmatrix}=|\boldsymbol{A}||\boldsymbol{B}|$.

5. 重要定理与公式

(1) 上(下)三角行列式及对角行列式.

$$\begin{vmatrix} a_{11} & 0 & \cdots & 0 \\ a_{21} & a_{22} & \cdots & 0 \\ \cdots & \cdots & \cdots & \cdots \\ a_{n1} & a_{n2} & \cdots & a_{nn} \end{vmatrix} = \begin{vmatrix} a_{11} & 0 & \cdots & 0 \\ 0 & a_{22} & \cdots & 0 \\ \cdots & \cdots & \cdots & \cdots \\ 0 & 0 & \cdots & a_{nn} \end{vmatrix} = a_{11}a_{22}\cdots a_{nn}\ ;$$

$$\begin{vmatrix} 0 & \cdots & 0 & a_{1n} \\ 0 & \cdots & a_{2,n-1} & a_{2n} \\ \cdots & \cdots & \cdots & \cdots \\ a_{n1} & \cdots & a_{n,n-1} & a_{nn} \end{vmatrix} = \begin{vmatrix} 0 & \cdots & 0 & a_{1n} \\ 0 & \cdots & a_{2,n-1} & 0 \\ \cdots & \cdots & \cdots & \cdots \\ a_{n1} & \cdots & 0 & 0 \end{vmatrix} = (-1)^{\frac{n(n-1)}{2}} a_{1n}a_{2,n-1}\cdots a_{n1}.$$

(2) 行列式的按行(列)展开法则.

$D = a_{i1}A_{i1} + a_{i2}A_{i2} + \cdots + a_{in}A_{in}, i = 1,2,\cdots,n,$

$D = a_{1j}A_{1j} + a_{2j}A_{2j} + \cdots + a_{nj}A_{nj}, i = 1,2,\cdots,n;$

及$a_{i1}A_{j1} + a_{i2}A_{j2} + \cdots + a_{in}A_{jn} = 0, i \neq j;$

$a_{1i}A_{1j} + a_{2i}A_{2j} + \cdots + a_{ni}A_{nj} = 0, i \neq j.$

(3) 范德蒙行列式.

$$D = \begin{vmatrix} 1 & 1 & \cdots & 1 \\ a_1 & a_2 & \cdots & a_n \\ \cdots & \cdots & \cdots & \cdots \\ a_1^{n-2} & a_2^{n-2} & \cdots & a_n^{n-2} \\ a_1^{n-1} & a_2^{n-1} & \cdots & a_n^{n-1} \end{vmatrix} = \prod_{1 \leqslant i < j \leqslant n} (a_j - a_i).$$

(4) 克莱姆法则.

n 元 n 个方程的线性方程组 $\begin{cases} a_{11}x_1 + a_{12}x_2 + \cdots + a_{1n}x_n = b_1, \\ a_{21}x_1 + a_{22}x_2 + \cdots + a_{2n}x_n = b_2, \\ \cdots\cdots\cdots\cdots\cdots\cdots \\ a_{n1}x_1 + a_{n2}x_2 + \cdots + a_{nn}x_n = b_n, \end{cases}$ 当

$D = \begin{vmatrix} a_{11} & a_{12} & \cdots & a_{1n} \\ a_{21} & a_{22} & \cdots & a_{2n} \\ \cdots & \cdots & \cdots & \cdots \\ a_{n1} & a_{n2} & \cdots & a_{nn} \end{vmatrix} \neq 0$ 时,方程组有唯一解:$x_1 = \dfrac{D_1}{D}, x_2 = \dfrac{D_2}{D}, \cdots, x_n = \dfrac{D_n}{D}$,

其中,$D_j = \begin{vmatrix} a_{11} & \cdots & a_{1,j-1} & b_1 & a_{1,j+1} & \cdots & a_{1n} \\ \cdots & \cdots & \cdots & \cdots & \cdots & \cdots & \cdots \\ a_{n1} & \cdots & a_{n,j-1} & b_n & a_{n,j+1} & \cdots & a_{nn} \end{vmatrix}$.

6. 化简计算行列式的一般方法

(1) 按定义将行列式展开计算.

(2) 三角化:通过初等变换,使主对角线一侧的元素都变为零.

(3) 递推法:若 n 阶行列式 D_n 划去第一行第一列得到的 D_{n-1} 与 D_n 有相同形状,可用递推的方法求出 D_n(往往需要用数学归纳法证明).

(4) 分解出线性因子:将行列式看作某个变量的多项式,利用余子式定理设法解出线性因子.

(5) 将行列式表示为行列式和的方法:若某行(列)每个元素均为两项的和,则可按行列式的性质将它化为两个同阶行列式的和,然后分别计算.

(6) 变更行列式元素的方法.

【串讲小结】

本章在二、三阶行列式的基础上,引入了一般 n 阶行列式的定义,介绍了 n 阶行列式的性质及 n 阶行列式的应用——克莱姆法则.

行列式的两种计算方法:(1) 化为三角形行列式计算;(2) 按某一行(列)展开.行列式的计算是对行列式性质的灵活运用,是以后各章知识的基础.

n 阶行列式的一个重要应用是克莱姆法则,它是求解具有 n 个方程、n 个未知量,且系数行列式不等于零的线性方程组的一个重要结论.克莱姆法则的结论对于以后讨论一般线性方程组解的情况具有重要意义.含有 n 个方程、n 个未知量的齐次线性方程组有非零解的充分必要条件是:其系数行列式 $D=0$.

1.3 答疑解惑

1. 如果排列 $x_1x_2\cdots x_n$ 的逆序数为 I,则排列 $x_nx_{n-1}\cdots x_2x_1$ 的逆序数是多少?这两个排列之间的奇偶关系又如何?

答:在排列 $x_1x_2\cdots x_n$ 及 $x_nx_{n-1}\cdots x_2x_1$ 中考察同一对数 x_k 与 x_c.它们在两个排列中,一为顺序,一为逆序,这一对数在两个排列中的逆序数之和为1,在一个由 n 个数组成的排列中,共有 $C_n^2=\frac{1}{2}n(n-1)$ 对不同的数.在题设两个排列中,这些数对的逆序之和也就是 $\frac{1}{2}n(n-1)$,由于排列 $x_1x_2\cdots x_n$ 的逆序数为 I,则排列 $x_nx_{n-1}\cdots x_2x_1$ 的逆序数为$\frac{1}{2}n(n-1)-I$.

因为两排列的逆序数之和为 $\frac{1}{2}n(n-1)$,因此,当 $n=4k$ 或 $n=4k+1$ 时,$\frac{1}{2}n(n-1)$ 为偶数,这时 $x_1x_2\cdots x_n$ 及 $x_nx_{n-1}\cdots x_1$ 的奇偶性相同;当 $n=4k+2$ 或 $n=4k+3$ 时,$\frac{1}{2}n(n-1)$ 为奇数,这时 $x_1x_2\cdots x_n$ 及 $x_nx_{n-1}\cdots x_1$ 的奇偶性相反.

2. 余子式与代数余子式有什么特点?它们之间有什么联系?

答:n 阶行列式D 的元素 a_{ij} 的余子式 M_{ij} 和代数余子式 A_{ij} 仅与 a_{ij} 所在的位置有关,而与元素 a_{ij} 所在的行、列的其他元素无关.

它们之间的联系是 $A_{ij}=(-1)^{i+j}M_{ij}$,且当 $i+j$ 为偶数时,二者相同;当 $i+j$ 为奇数时,二者互为相反数.

3. 如何按定义求 $f(x)=\begin{vmatrix}2x & x & 1 & 2\\ 1 & x & 1 & -1\\ 3 & 2 & x & 1\\ 1 & 1 & 1 & x\end{vmatrix}$ 中 x^4,x^3 的系数?

答:出现 x^4 的乘积为 $a_{11}a_{22}a_{33}a_{44}=2x^4$，故 $f(x)$ 中 x^4 的系数为 2；
出现 x^3 乘积为 $(-1)^{\tau(2134)}a_{12}a_{21}a_{33}a_{44}=-x^3$，故 $f(x)$ 中 x^3 的系数为 -1.

4. 设 $|A|=\begin{vmatrix}1&2&3&4&5\\7&7&7&3&3\\3&2&4&5&2\\3&3&3&2&2\\4&6&5&2&3\end{vmatrix}$，如何计算 $A_{31}+A_{32}+A_{33}$ 和 $A_{34}+A_{35}$？

答:$A_{31}+A_{32}+A_{33}=\begin{vmatrix}1&2&3&4&5\\7&7&7&3&3\\1&1&1&0&0\\3&3&3&2&2\\4&6&5&2&3\end{vmatrix}=\begin{vmatrix}1&2&3&4&5\\0&0&0&3&3\\1&1&1&0&0\\0&0&0&2&2\\4&6&5&2&3\end{vmatrix}=0$,

$$A_{34}+A_{35}=\begin{vmatrix}1&2&3&4&5\\7&7&7&3&3\\0&0&0&1&1\\3&3&3&2&2\\4&6&5&2&3\end{vmatrix}=\begin{vmatrix}1&2&3&4&5\\7&7&7&0&0\\0&0&0&1&1\\3&3&3&0&0\\4&6&5&2&3\end{vmatrix}=0.$$

5. 如何判断一个行列式 D 的值为零？有哪些常用方法？

答:常用方法有以下几种：

(1) 如果行列式 D 有一行(列)的所有元素全为零，则 $D=0$；

(2) 如果行列式 D 有两行(列)对应的元素相同或成比例，则 $D=0$；

(3) 如果 $-D^{\mathrm{T}}=D$，并且 D 的阶数是奇数，则 $D=0$；

(4) 如果 D 中等于零的元素个数比 n^2-n 多，则 $D=0$；

(5) 若能设法证明 D 不能被 2 整除，则 $D\neq 0$；

(6) 如果 D 中有一个大于 $\frac{n}{2}$ 阶的子式中的元素全为零，则 $D=0$；

(7) 直接计算 D.

6. 行列式有哪些基本解题方法？

答:常用的基本解题方法有：

(1) 按行列式的定义求解；

(2) 由行列式的基本性质化行列式为上(下)三角行列式或对角行列式来解；

(3) 按行列式的行(列)展开法降阶求解；

(4) 加边法，即将行列式加一行一列升高一阶，变成特殊行列式来解；

(5) 递推公式法.

1.4 范例解析

例 1 用性质计算下列行列式的值：

(1) $\begin{vmatrix} 3 & 1 & 1 \\ 297 & 101 & 99 \\ 5 & -3 & 2 \end{vmatrix}$；(2) $\begin{vmatrix} a-b & a & b \\ -a & -a+b & a \\ b & -b & -a-b \end{vmatrix}$.

解析：在行列式的计算中，常根据性质将某两或三行(列)相加的方法.

(1) $\begin{vmatrix} 3 & 1 & 1 \\ 297 & 101 & 99 \\ 5 & -3 & 2 \end{vmatrix} \xlongequal{r_1+r_2} \begin{vmatrix} 3 & 1 & 1 \\ 300 & 102 & 100 \\ 5 & -3 & 2 \end{vmatrix} = \begin{vmatrix} 3 & 1 & 1 \\ 300 & 100 & 100 \\ 5 & -3 & 2 \end{vmatrix} + \begin{vmatrix} 3 & 1 & 1 \\ 0 & 2 & 0 \\ 5 & -3 & 2 \end{vmatrix} = 2.$

(2) $\begin{vmatrix} a-b & a & b \\ -a & -a+b & a \\ b & -b & -a-b \end{vmatrix} \xlongequal[r_3+r_1]{r_2+r_1} \begin{vmatrix} 0 & 0 & 0 \\ -a & -a+b & a \\ b & -b & -a-b \end{vmatrix} = 0.$

例 2 计算下列行列式：

$$D = \begin{vmatrix} 1 & 0 & -1 & 2 \\ -2 & 1 & 3 & 1 \\ 0 & 1 & 0 & -1 \\ 1 & 3 & 4 & -2 \end{vmatrix}.$$

解析：在行列式的计算中，一个题目常有好几种方法可解决. 在解题时，应根据题目和每个人的熟练程度来选择.

解法 1(应用性质)

$$D = \begin{vmatrix} 1 & 0 & -1 & 2 \\ 0 & 1 & 1 & 5 \\ 0 & 1 & 0 & -1 \\ 0 & 3 & 5 & -4 \end{vmatrix} = \begin{vmatrix} 1 & 0 & -1 & 2 \\ 0 & 1 & 1 & 5 \\ 0 & 0 & -1 & -6 \\ 0 & 0 & 2 & -19 \end{vmatrix} = \begin{vmatrix} 1 & 0 & -1 & 2 \\ 0 & 1 & 1 & 5 \\ 0 & 0 & -1 & -6 \\ 0 & 0 & 0 & -31 \end{vmatrix} = 31.$$

解法 2(按第三行展开)

$$D = a_{32}(-1)^{3+2}M_{32} + a_{34}(-1)^{3+4}M_{34}$$

$$= 1\times(-1)^5 \begin{vmatrix} 1 & -1 & 2 \\ -2 & 3 & 1 \\ 1 & 4 & -2 \end{vmatrix} + (-1)\times(-1)^7 \begin{vmatrix} 1 & 0 & -1 \\ -2 & 1 & 3 \\ 1 & 3 & 4 \end{vmatrix} = 31.$$

解法 3(先用性质，再按行展开)

$$D = \begin{vmatrix} 1 & 0 & -1 & 2 \\ -2 & 1 & 3 & 2 \\ 0 & 1 & 0 & 0 \\ 1 & 3 & 4 & 1 \end{vmatrix} = 1\times(-1)^{3+2} \begin{vmatrix} 1 & -1 & 2 \\ -2 & 3 & 2 \\ 1 & 4 & 1 \end{vmatrix} = 31.$$

例 3　计算下列行列式：

(1) $D=\begin{vmatrix}1&2&3&4\\2&3&4&1\\3&4&1&2\\4&1&2&3\end{vmatrix}$；　(2) $D=\begin{vmatrix}x^2+1&xy&xz\\xy&y^2+1&yz\\xz&yz&z^2+1\end{vmatrix}$；

(3) $D_{n+1}=\begin{vmatrix}x&a_1&a_2&\cdots&a_n\\a_1&x&a_2&\cdots&a_n\\a_1&a_2&x&\cdots&a_n\\\cdots&\cdots&\cdots&\cdots&\cdots\\a_1&a_2&a_3&\cdots&x\end{vmatrix}$.

解析：在行列式的计算中，若行列式的每一行或列都由相同的几个数组成，一般将行列式的每一列或行都加到一列或行上，再提取公因数的方法，可以简化计算.

$$(1)\ D=\begin{vmatrix}1&2&3&4\\2&3&4&1\\3&4&1&2\\4&1&2&3\end{vmatrix}=\begin{vmatrix}10&2&3&4\\10&3&4&1\\10&4&1&2\\10&1&2&3\end{vmatrix}=10\begin{vmatrix}1&2&3&4\\1&3&4&1\\1&4&1&2\\1&1&2&3\end{vmatrix}$$

$$=10\begin{vmatrix}1&2&3&4\\0&1&1&-3\\0&2&-2&-2\\0&-1&-1&-1\end{vmatrix}=20\begin{vmatrix}1&2&3&4\\0&1&1&-3\\0&1&-1&-1\\0&-1&-1&-1\end{vmatrix}$$

$$=20\begin{vmatrix}1&2&3&4\\0&1&1&-3\\0&0&-2&2\\0&0&0&-4\end{vmatrix}=160.$$

$$(2)\ D=\begin{vmatrix}x^2+1&xy&xz\\xy&y^2+1&yz\\xz&yz&z^2+1\end{vmatrix}=xyz\begin{vmatrix}x+\frac{1}{x}&y&z\\x&y+\frac{1}{y}&z\\x&y&z+\frac{1}{z}\end{vmatrix}$$

$$=\begin{vmatrix}x^2+1&y^2&z^2\\x^2&y^2+1&z^2\\x^2&y^2&z^2+1\end{vmatrix}=\begin{vmatrix}x^2+y^2+z^2+1&y^2&z^2\\x^2+y^2+z^2+1&y^2+1&z^2\\x^2+y^2+z^2+1&y^2&z^2+1\end{vmatrix}$$

$$=(x^2+y^2+z^2+1)\begin{vmatrix}1&y^2&z^2\\1&y^2+1&z^2\\1&y^2&z^2+1\end{vmatrix}$$

$$=(x^2+y^2+z^2+1)\begin{vmatrix}1&y^2&z^2\\0&1&0\\0&0&1\end{vmatrix}=x^2+y^2+z^2+1.$$

$$(3)\ D_{n+1}=(x+\sum_{i=1}^{n}a_i)\begin{vmatrix}1&a_1&a_2&\cdots&a_n\\1&x&a_2&\cdots&a_n\\1&a_2&x&\cdots&a_n\\\cdots&\cdots&\cdots&\cdots&\cdots\\1&a_2&a_3&\cdots&x\end{vmatrix}$$

$$\xlongequal{-a_i\cdot c_1+c_{i+1}}(x+\sum_{i=1}^{n}a_i)\begin{vmatrix}1&0&0&\cdots&0\\1&x-a_1&0&\cdots&0\\1&a_2-a_1&x-a_2&\cdots&0\\\cdots&\cdots&\cdots&\cdots&\cdots\\1&a_2-a_1&a_3-a_2&\cdots&x-a_n\end{vmatrix}$$

$$=(x+\sum_{i=1}^{n}a_i)\prod_{j=1}^{n}(x-a_j).$$

例 4 计算下列行列式:

$$(1)\ D=\begin{vmatrix}1&1&1&1\\a_1&a&a_2&a_2\\a_2&a_2&a&a_3\\a_3&a_3&a_3&a\end{vmatrix};\quad(2)\ D=\begin{vmatrix}2+x&2&2&2\\2&2-x&2&2\\2&2&2+y&2\\2&2&2&2-y\end{vmatrix}.$$

解析:采用某一行(列)乘多少倍加到另一行(列)的方法,可以简化计算,从而得到行列式的值.

$$(1)\ D=\begin{vmatrix}1&1&1&1\\a_1&a&a_2&a_2\\a_2&a_2&a&a_3\\a_3&a_3&a_3&a\end{vmatrix}=\begin{vmatrix}1&0&0&0\\a_1&a-a_1&a_2-a_1&a_2-a_1\\a_2&0&a-a_2&a_3-a_2\\a_3&0&0&a-a_3\end{vmatrix}$$

$$=\begin{vmatrix}a-a_1&a_2-a_1&a_2-a_1\\0&a-a_2&a_3-a_2\\0&0&a-a_3\end{vmatrix}=(a-a_1)(a-a_2)(a-a_3).$$

$$(2)\ D=\begin{vmatrix}2+x&2&2&2\\2&2-x&2&2\\2&2&2+y&2\\2&2&2&2-y\end{vmatrix}\xlongequal[-r_2+r_1]{-r_4+r_3}\begin{vmatrix}x&x&0&0\\2&2-x&2&2\\0&0&y&y\\2&2&2&2-y\end{vmatrix}$$

$$\xlongequal[-c_1+c_2]{-c_3+c_4}\begin{vmatrix}x&0&0&0\\2&-x&2&0\\0&0&y&0\\2&0&2&-y\end{vmatrix}=-y\begin{vmatrix}x&0&0\\2&-x&2\\0&0&y\end{vmatrix}$$

$$=(-y)y\begin{vmatrix}x&0\\2&-x\end{vmatrix}=x^2y^2.$$

例 5　证明：

$$\begin{vmatrix} ax+by & ay+bz & az+bx \\ ay+bz & az+bx & ax+by \\ az+bx & ax+by & ay+bz \end{vmatrix} = (a^3+b^3)\begin{vmatrix} x & y & z \\ y & z & x \\ z & x & y \end{vmatrix}.$$

解析：可以通过性质拆项，化简.

$$\begin{vmatrix} ax+by & ay+bz & az+bx \\ ay+bz & az+bx & ax+by \\ az+bx & ax+by & ay+bz \end{vmatrix} = a\begin{vmatrix} x & ay+bz & az+bx \\ y & az+bx & ax+by \\ z & ax+by & ay+bz \end{vmatrix} +$$

$$b\begin{vmatrix} y & ay+bz & az+bx \\ z & az+bx & ax+by \\ x & ax+by & ay+bz \end{vmatrix} = a^2\begin{vmatrix} x & ay+bz & z \\ y & az+bx & x \\ z & ax+by & y \end{vmatrix} + b^2\begin{vmatrix} y & z & az+bx \\ z & x & ax+by \\ x & y & ay+bz \end{vmatrix}$$

$$= a^3\begin{vmatrix} x & y & z \\ y & z & x \\ z & x & y \end{vmatrix} + b^3\begin{vmatrix} y & z & x \\ z & x & y \\ x & y & z \end{vmatrix} = a^3\begin{vmatrix} x & y & z \\ y & z & x \\ z & x & y \end{vmatrix} + b^3\begin{vmatrix} x & y & z \\ y & z & x \\ z & x & y \end{vmatrix}$$

$$= (a^3+b^3)\begin{vmatrix} x & y & z \\ y & z & x \\ z & x & y \end{vmatrix}.$$

例 6　证明：

$$(1)\ D_n = \begin{vmatrix} \alpha+\beta & \alpha\beta & 0 & \cdots & 0 \\ 1 & \alpha+\beta & \alpha\beta & \cdots & 0 \\ 0 & 1 & \alpha+\beta & \cdots & 0 \\ \cdots & \cdots & \cdots & \cdots & \cdots \\ 0 & 0 & 0 & \cdots & \alpha+\beta \end{vmatrix} = \frac{\alpha^{n+1}-\beta^{n+1}}{\alpha-\beta};$$

$$(2)\ D_n = \begin{vmatrix} 2\cos\alpha & 1 & 0 & \cdots & 0 & 0 \\ 1 & 2\cos\alpha & 1 & \cdots & 0 & 0 \\ 0 & 1 & 2\cos\alpha & \cdots & 0 & 0 \\ \cdots & \cdots & \cdots & \cdots & \cdots & \cdots \\ 0 & 0 & 0 & \cdots & 1 & 2\cos\alpha \end{vmatrix} = \frac{\sin(n+1)\alpha}{\sin\alpha}.$$

解析：利用递推公式来计算行列式是一种有效方法. 一般把行列式按第一行(列)展开，或按第 n 行(列)展开，可以得到与前式形式完全相同的较低一阶行列式，从而得到相应的递推关系. 按此递推关系依次降低阶数，直到最后计算出原行列式的结果.

(1) 将 D_n 按第一列展开，则

$$D_n = (\alpha+\beta)D_{n-1} - \begin{vmatrix} \alpha\beta & 0 & 0 & \cdots & 0 & 0 \\ 1 & \alpha+\beta & \alpha\beta & \cdots & 0 & 0 \\ 0 & 1 & \alpha+\beta & \cdots & 0 & 0 \\ \cdots & \cdots & \cdots & \cdots & \cdots & \cdots \\ 0 & 0 & 0 & \cdots & \alpha+\beta & \alpha\beta \\ 0 & 0 & 0 & \cdots & 1 & \alpha+\beta \end{vmatrix}$$

$$= (\alpha+\beta)D_{n-1} - \alpha\beta D_{n-2}.$$

以下用数学归纳法证明：

当 $n=1$ 时，$D_1=\alpha+\beta$，显然原式成立；假设对于小于 n 的自然数，原式成立，则由递推关系知：

$$D_n=(\alpha+\beta)D_{n-1}-\alpha\beta D_{n-2}=(\alpha+\beta)\frac{\alpha^n-\beta^n}{\alpha-\beta}-\alpha\beta\frac{\alpha^{n-1}-\beta^{n-1}}{\alpha-\beta}=\frac{\alpha^{n+1}-\beta^{n+1}}{\alpha-\beta}.$$

故对一切自然数 n，原式成立.

(2) 用数学归纳法证明. 当 $n=1$ 时，显然原式成立；

假设对于小于 n 的自然数原式仍成立，则对于 n，有

$$D_n=2\cos\alpha D_{n-1}-\begin{vmatrix}2\cos\alpha & 1 & 0 & \cdots & 0 & 0\\ 1 & 2\cos\alpha & 1 & \cdots & 0 & 0\\ 0 & 1 & 2\cos\alpha & \cdots & 0 & 0\\ \cdots & \cdots & \cdots & \cdots & \cdots & \cdots\\ 0 & 0 & 0 & \cdots & 1 & 2\cos\alpha\end{vmatrix}$$

$$=2\cos\alpha D_{n-1}-D_{n-2}=2\cos\alpha\frac{\sin n\alpha}{\sin\alpha}-\frac{\sin(n-1)\alpha}{\sin\alpha}$$

$$=\frac{\sin(n+1)\alpha+\sin(n-1)\alpha-\sin(n-1)\alpha}{\sin\alpha}=\frac{\sin(n+1)\alpha}{\sin\alpha}.$$

例 7　计算 n 阶行列式 $\begin{vmatrix}x_1^2+1 & x_1x_2 & \cdots & x_1x_n\\ x_2x_1 & x_2^2+1 & \cdots & x_2x_n\\ \cdots & \cdots & \cdots & \cdots\\ x_nx_1 & x_nx_2 & \cdots & x_n^2+1\end{vmatrix}$.

解析：在求某些行列式时，可以根据需要将行列式加一行一列升高一阶，变成特殊行列式来解，达到简化的目的.

构造 $n+1$ 阶加边行列式.

$$D_n=\begin{vmatrix}1 & x_1 & x_2 & \cdots & x_n\\ 0 & x_1^2+1 & x_1x_2 & \cdots & x_1x_n\\ 0 & x_2x_1 & x_2^2+1 & \cdots & x_2x_n\\ \cdots & \cdots & \cdots & \cdots & \cdots\\ 0 & x_nx_1 & x_nx_2 & \cdots & x_n^2+1\end{vmatrix}$$

$$\xlongequal[(i=2,3,\cdots,n+1)]{-x_{i-1}r_1+r_i}\begin{vmatrix}1 & x_1 & x_2 & \cdots & x_n\\ -x_1 & 1 & 0 & \cdots & 0\\ -x_2 & 0 & 1 & \cdots & 0\\ \cdots & \cdots & \cdots & \cdots & \cdots\\ -x_n & 0 & 0 & \cdots & 1\end{vmatrix}\xlongequal[(j=2,3,\cdots,n+1)]{x_{j-1}c_j+c_1}$$

$$\begin{vmatrix} 1+\sum_{i=1}^{n} x_i^2 & x_1 & x_2 & \cdots & x_n \\ 0 & 1 & 0 & \cdots & 0 \\ 0 & 0 & 1 & \cdots & 0 \\ \cdots & \cdots & \cdots & \cdots & \cdots \\ 0 & 0 & 0 & \cdots & 1 \end{vmatrix} = 1+\sum_{i=1}^{n} x_i^2.$$

例8 设 $a_1, a_2, \cdots, a_n$ 是互不相同的数，$b_1, b_2, \cdots, b_n$ 是任一组给定的数，用克莱姆法则证明：存在唯一的次数小于 n 的多项式 $f(x)$，使 $f(a_i)=b_i, i=1,2,\cdots,n$.

解析：要用克莱姆法则，必须改成方程组来做，所以要设 $f(x)$ 才行.

设 $f(x)=c_0+c_1x+c_2x^2+\cdots+c_{n-1}x^{n-1}$，

由 $f(a_i)=b_i, i=1,2,\cdots,n$，得

$$\begin{cases} c_0+c_1a_1+c_2a_1^2+\cdots+c_{n-1}a_1^{n-1}=b_1, \\ c_0+c_1a_2+c_2a_2^2+\cdots+c_{n-1}a_2^{n-1}=b_2, \\ \cdots\cdots\cdots\cdots\cdots\cdots\cdots\cdots\cdots\cdots\cdots\cdots \\ c_0+c_1a_n+c_2a_n^2+\cdots+c_{n-1}a_n^{n-1}=b_n. \end{cases}$$

把它看成关于 $c_0, c_1, c_2, \cdots, c_n$ 的线性方程组，由于系数行列式为

$$D=\begin{vmatrix} 1 & a_1 & a_1^2 & \cdots & a^{n-1} \\ 1 & a_2 & a_2^2 & \cdots & a_2^{n-1} \\ \cdots & \cdots & \cdots & \cdots & \cdots \\ 1 & a_n & a_n^2 & \cdots & a_n^{n-1} \end{vmatrix},$$

显然这个行列式为范德蒙行列式的转置行列式，由题设条件，它不等于零，即

$$D=\prod_{0\leqslant i<j\leqslant n}(a_j-a_i)\neq 0(a_j\neq a_i).$$

故方程组有唯一解，从而多项式 $f(x)$ 是唯一的，且次数小于 n.

例9 用克莱姆法则解下列方程组：

$$\begin{cases} x_1+x_2+x_3+x_4=5, \\ x_1+2x_2-x_3+4x_4=-2, \\ 2x_1-3x_2-x_3-5x_4=-2, \\ 3x_1+x_2+2x_3+11x_4=0. \end{cases}$$

解析：因为

$$D=\begin{vmatrix} 1 & 1 & 1 & 1 \\ 1 & 2 & -1 & 4 \\ 2 & -3 & -1 & -5 \\ 3 & 1 & 2 & 11 \end{vmatrix}=-142,$$

$$D_1=\begin{vmatrix} 5 & 1 & 1 & 1 \\ -2 & 2 & -1 & 4 \\ -2 & -3 & -1 & -5 \\ 0 & 1 & 2 & 11 \end{vmatrix}=-142,\ D_2=\begin{vmatrix} 1 & 5 & 1 & 1 \\ 1 & -2 & -1 & 4 \\ 2 & -2 & -1 & -5 \\ 3 & 0 & 2 & 11 \end{vmatrix}=-284,$$

$$D_3=\begin{vmatrix}1&1&5&1\\1&2&-2&4\\2&-3&-2&-5\\3&1&0&11\end{vmatrix}=-426\ ,\ D_4=\begin{vmatrix}1&1&1&5\\1&2&-1&-2\\2&-3&-1&-2\\3&1&2&0\end{vmatrix}=142\ ,$$

所以 $x_1=\frac{D_1}{D}=1$, $x_2=\frac{D_2}{D}=2$, $x_3=\frac{D_3}{D}=3$, $x_4=\frac{D_4}{D}=-1$.

例 10 今将奶糖、巧克力糖、水果糖按不同比例混合成 A、B、C 三种糖果. A 种糖果的混合比为 4∶3∶2,B 种糖果的混合比为 3∶1∶6,C 种糖果的混合比为 2∶5∶1,要从 A、B、C 三种糖果中各取多少千克才能做成含有奶糖,巧克力糖,水果糖数量相等的混合糖果 50kg.

解析:设 A 种糖果 $x$kg,B 种糖果 $y$kg,C 种糖果 $z$kg,

则依题意得方程组

$$\begin{cases}\frac{4}{9}x+\frac{3}{10}y+\frac{2}{8}z=\frac{50}{3},\\ \frac{3}{9}x+\frac{1}{10}y+\frac{5}{8}z=\frac{50}{3},\\ \frac{2}{9}x+\frac{6}{10}y+\frac{1}{8}z=\frac{50}{3},\end{cases}\text{其系数行列式 } D=\begin{vmatrix}\frac{4}{9}&\frac{3}{10}&\frac{2}{8}\\ \frac{3}{9}&\frac{1}{10}&\frac{5}{8}\\ \frac{2}{9}&\frac{6}{10}&\frac{1}{8}\end{vmatrix}=-\frac{7}{80}\neq 0$$

根据克莱姆法则,方程组有唯一解.

解得 $D_1=-\frac{35}{24}$,$D_2=-\frac{175}{108}$,$D_3=-\frac{35}{27}$.

所以 $x=\frac{50}{3}$,$y=\frac{500}{27}$,$z=\frac{400}{27}$,

因此 A、B、C 三种糖果各取 $\frac{50}{3}$kg,$\frac{500}{27}$kg,$\frac{400}{27}$kg 才能做成含有奶糖、巧克力糖、水果糖数量相等的混合糖果 50kg.

例 11 大学生在饮食方面存在很多问题,多数学生不重视吃早餐,日常饮食也没有规律,为了身体的健康就需要注意日常饮食中的营养. 大学生每天的配餐中需要摄入一定的蛋白质、脂肪和碳水化合物,下表给出了这三种食物提供的营养以及大学生的正常所需营养(它们的质量以适当的单位计量).

表 1.1

单位食物所含的营养	食物 1	食物 2	食物 3	所需营养
蛋白质	36	51	13	33
脂肪	0	7	1.1	3
碳水化合物	52	34	74	45

试根据这个问题建立一个线性方程组,并通过求解方程组来确定每天需要摄入的三种食物的量.

解析:设 x_1,x_2,x_3 分别为三种食物的摄入量,则由表中的数据可以列出下列方程组

$$\begin{cases}36x_1+51x_2+13x_3=33,\\ 7x_2+1.1x_3=3,\\ 52x_1+34x_2+74x_3=45,\end{cases}$$

其系数行列式 $D=\begin{vmatrix}36 & 51 & 13\\0 & 7 & 1.1\\52 & 34 & 74\end{vmatrix}=15486.8\neq 0$，

根据克莱姆法则，方程组有唯一解.

解得 $x_1=0.2772, x_2=0.3919, x_3=0.2332$，

故每天需要摄入的三种食物的量分别为0.2772，0.3919，0.2332.

例12　某商场销售三种产品，其销售原则是，每种产品销售10套以下不打折，10套（含10套）以上打9.5折，20套（含20套）以上打9折，有三家公司采购各种产品，其数量总价见下表：问各种产品原价是多少？

表1.2

	甲/套	乙/套	丙/套	总价/元
1公司	10	20	15	21350
2公司	20	10	10	17650
3公司	20	30	20	31500

解析：设甲、乙、丙三种产品的原价分别为 x,y,z 元，则由题意可列出方程组：

$$\begin{cases}9.5x+18y+14.25z=21350,\\18x+9.5y+9.5z=17650,\\18x+27y+18z=31500,\end{cases}$$

其系数行列式 $D=\begin{vmatrix}9.5 & 18 & 14.25\\18 & 9.5 & 9.5\\18 & 27 & 18\end{vmatrix}\neq 0$，

根据克莱姆法则，方程组有唯一解.

解得 $x=400, y=500, z=600$，

故甲乙丙三种产品的原价分别为400元，500元，600元.

1.5　基础作业题

一、选择题

1. 在5阶行列式展开式中，下列各乘积为 D_5 一项的是（　　）.

A. $a_{12}a_{24}a_{35}a_{53}$　　　B. $-a_{14}a_{23}a_{35}a_{42}a_{51}$

C. $-a_{15}a_{24}a_{41}a_{52}a_{33}$　　　D. $a_{41}a_{32}a_{53}a_{14}a_{25}$

2. 设4阶行列式 $D_4=\begin{vmatrix}a_1 & 0 & 0 & b_1\\0 & a_2 & b_2 & 0\\0 & b_3 & a_3 & 0\\b_4 & 0 & 0 & a_4\end{vmatrix}$，则 D_4 的值等于（　　）.

A. $a_1a_2a_3a_4-b_1b_2b_3b_4$　　　B. $a_1a_2a_3a_4+b_1b_2b_3b_4$

C. $(a_1a_2-b_1b_2)(a_3a_4-b_3b_4)$　　　D. $(a_2a_3-b_2b_3)(a_1a_4-b_1b_4)$

3. 已知行列式 $\begin{vmatrix} a_1 & b_1 & c_1 \\ a_2 & b_2 & c_2 \\ a_3 & b_3 & c_3 \end{vmatrix} = m$，则行列式 $\begin{vmatrix} a_1+2b_1 & b_1+2c_1 & c_1+2a_1 \\ a_2+2b_2 & b_2+2c_2 & c_2+2a_2 \\ a_3+2b_3 & b_3+2c_3 & c_3+2a_3 \end{vmatrix} = ($ $)$.

A. $9m$　　B. $6m$　　C. $3m$　　D. m

4. 已知 n 阶行列式 $D_n = \begin{vmatrix} 1 & 1 & \cdots & 1 & 1 \\ 1 & 1 & \cdots & 2 & 0 \\ \cdots & \cdots & \cdots & \cdots & \cdots \\ 1 & n-1 & \cdots & 0 & 0 \\ n & 0 & \cdots & 0 & 0 \end{vmatrix}$，则 D_n 的值等于(　　).

A. $(-1)^n n!$　　B. $(-1)^{n^2} n!$　　C. $(-1)^{\frac{n(n-1)}{2}} n!$　　D. $(-1)^{\frac{n(n+1)}{2}} n!$

5. n 阶行列式 D_n 为零的充分条件是(　　).

A. 主对角线上的元素全为零　　B. 次对角线上的元素全为零

C. 至少有一个$(n-1)$阶子式为零　　D. 所有$(n-1)$阶子式均为零

6. n 阶行列式 D_n 为零的必要条件是(　　).

A. 有一行(列)元素全为零

B. 有两行(列)元素对应成比例

C. 必有一行(列)元素是其余各行(列)向量的线性组合

D. 各行(列)元素之和均为零

7. 行列式 $D = \begin{vmatrix} k & 2 & 1 \\ 2 & k & 0 \\ 1 & -1 & 1 \end{vmatrix} = 0$ 的充分条件是(　　).

A. $k=2$　　B. $k=0$　　C. $k=3$　　D. $k=-3$

8. 方程 $\begin{vmatrix} 1 & x & x^2 \\ 1 & 2 & 4 \\ 1 & 3 & 9 \end{vmatrix} = 0$ 有(　　)个不同的实根.

A. 3　　B. 2　　C. 1　　D. 0

9. 设方程组 $\begin{cases} ax_1+2x_2+3x_3=8, \\ 2ax_1+2x_2+3x_3=10, \\ x_1+x_2+bx_3=5, \end{cases}$ 若方程组有唯一解，则 a,b 满足的条件是(　　).

A. $a\neq 0, b\neq 0$　　B. $a\neq \frac{3}{2}, b\neq 0$

C. $a\neq \frac{3}{2}, b\neq \frac{3}{2}$　　D. $a\neq 0, b\neq \frac{3}{2}$

10. 设方程组 $\begin{cases} x_1+x_2+x_3=0, \\ ax_1+bx_2+cx_3=0, \\ bcx_1+cax_2+abx_3=0, \end{cases}$ 若方程组有非零解，则 a,b,c 满足的条件是(　　).

A. $a=b=c$　　B. $a=b$ 或 $b=c$ 或 $c=a$

C. a,b,c 互不相等　　D. $a \neq b$ 或 $b \neq c$ 或 $c \neq a$

二、计算下列行列式

1. $\begin{vmatrix} 3 & 1 & -1 & 2 \\ -5 & 1 & 3 & -4 \\ 2 & 0 & 1 & -1 \\ 1 & -5 & 3 & -3 \end{vmatrix}$；

2. $\begin{vmatrix} 1 & 1 & -1 & 3 \\ -1 & -1 & 2 & 1 \\ 2 & 5 & 2 & 4 \\ 1 & 2 & 3 & 2 \end{vmatrix}$；

3. $\begin{vmatrix} 1 & -1 & 0 & 2 \\ 3 & 3 & 4 & 6 \\ 2 & 0 & 3 & 3 \\ -1 & 2 & 4 & 7 \end{vmatrix}$；

4. $\begin{vmatrix} 1 & -2 & 1 & 0 \\ 0 & 3 & -2 & -1 \\ 4 & -1 & 0 & -3 \\ 1 & 2 & 6 & 3 \end{vmatrix}$；

5. $\begin{vmatrix} 3 & 1 & 1 & 1 \\ 1 & 3 & 1 & 1 \\ 1 & 1 & 3 & 1 \\ 1 & 1 & 1 & 3 \end{vmatrix}$；

6. $\begin{vmatrix} 1 & \frac{1}{2} & \frac{1}{2} & \frac{1}{2} \\ \frac{1}{2} & 1 & \frac{1}{2} & \frac{1}{2} \\ \frac{1}{2} & \frac{1}{2} & 1 & \frac{1}{2} \\ \frac{1}{2} & \frac{1}{2} & \frac{1}{2} & 1 \end{vmatrix}$；

7. $\begin{vmatrix} 1 & -1 & 1 & x-1 \\ 1 & -1 & x+1 & -1 \\ 1 & x-1 & 1 & -1 \\ x+1 & -1 & 1 & -1 \end{vmatrix}$；

8. $\begin{vmatrix} 1 & 1 & 2 & 3 \\ 1 & 2-x^2 & 2 & 3 \\ 2 & 1 & 1 & 5 \\ 2 & 3 & 1 & 9-x^2 \end{vmatrix}$；

9. $\begin{vmatrix} x^2+1 & xy & xz \\ xy & y^2+1 & yz \\ xz & yz & z^2+1 \end{vmatrix}$；

10. $\begin{vmatrix} -ab & ac & ae \\ bd & -cd & de \\ bf & cf & -ef \end{vmatrix}$.

三、计算下列 n 阶行列式

1. $\begin{vmatrix} x & a & \cdots & a \\ a & x & \cdots & a \\ \cdots & \cdots & \cdots & \cdots \\ a & a & \cdots & x \end{vmatrix}$；

2. $\begin{vmatrix} 1 & 2 & 2 & \cdots & 2 \\ 2 & 2 & 2 & \cdots & 2 \\ 2 & 2 & 3 & \cdots & 2 \\ \cdots & \cdots & \cdots & \cdots & \cdots \\ 2 & 2 & 2 & \cdots & n \end{vmatrix}$；

3. $\begin{vmatrix} a_1 & a_2 & \cdots & a_{n-1} & a_n-b \\ a_1 & a_2 & \cdots & a_{n-1}-b & a_n \\ \cdots & \cdots & \cdots & \cdots & \cdots \\ a_1 & a_2-b & \cdots & a_{n-1} & a_n \\ a_1-b & a_2 & \cdots & a_{n-1} & a_n \end{vmatrix}$；

4. $\begin{vmatrix} 1+a_1 & 1 & \cdots & 1 \\ 1 & 1+a_2 & \cdots & 1 \\ \cdots & \cdots & \cdots & \cdots \\ 1 & 1 & \cdots & 1+a_n \end{vmatrix}$，其中 $a_1a_2\cdots a_n \neq 0$；

5. $\begin{vmatrix} 1 & 2 & 3 & \cdots & n-1 & n \\ 1 & -1 & 0 & \cdots & 0 & 0 \\ 0 & 2 & -2 & \cdots & 0 & 0 \\ \cdots & \cdots & \cdots & \cdots & \cdots & \cdots \\ 0 & 0 & 0 & \cdots & 2-n & 0 \\ 0 & 0 & 0 & \cdots & n-1 & 1-n \end{vmatrix}$.

四、用加边法计算 n 阶行列式

1. $\begin{vmatrix} a_1+b_1 & a_2 & \cdots & a_n \\ a_1 & a_2+b_2 & \cdots & a_n \\ \cdots & \cdots & \cdots & \cdots \\ a_1 & a_2 & \cdots & a_n+b_n \end{vmatrix} (b_1b_2\cdots b_n \neq 0)$;

2. $D_n = \begin{vmatrix} x_1 & a_1 & a_1 & \cdots & a_1 \\ a_2 & x_2 & a_2 & \cdots & a_2 \\ a_3 & a_3 & x_3 & \cdots & a_3 \\ \cdots & \cdots & \cdots & \cdots & \cdots \\ a_n & a_n & a_n & \cdots & x_n \end{vmatrix} (x_i \neq a_i)$.

五、证明题

1. 设 n 阶行列式 D_n 中零元素的个数不少于 n^2-n，试证 $D_n=0$.

2. 设 n 阶行列式 $D_n = \begin{vmatrix} 2 & -1 & 0 & \cdots & 0 & 0 \\ -1 & 2 & -1 & \cdots & 0 & 0 \\ 0 & -1 & 2 & \cdots & 0 & 0 \\ \cdots & \cdots & \cdots & \cdots & \cdots & \cdots \\ 0 & 0 & 0 & \cdots & -1 & 2 \end{vmatrix}$，试证：$D_1, D_2, \cdots, D_n$ 是一个等差数列，并求出 D_n 的值.

六、解方程

1. 问 λ, μ 取何值时，齐次线性方程组 $\begin{cases} \lambda x_1 + x_2 + x_3 = 0, \\ x_1 + \mu x_2 + x_3 = 0, \\ x_1 + 2\mu x_2 + x_3 = 0 \end{cases}$ 有非零解？

2. 问 λ 取何值时，下列齐次线性方程组有非零解？

(1) $\begin{cases} (1-\lambda)x_1 - 2x_2 + 4x_3 = 0, \\ 2x_1 + (3-\lambda)x_2 + x_3 = 0, \\ x_1 + x_2 + (1-\lambda)x_3 = 0; \end{cases}$

(2) $\begin{cases} x_1 + 2x_2 - 2x_3 = 0, \\ 2x_1 - x_2 + \lambda x_3 = 0, \\ 3x_1 + x_2 - x_3 = 0. \end{cases}$

3. 用克莱姆法则解下列方程组：

(1) $\begin{cases} 2x_1 + x_2 - 5x_3 + x_4 = 8, \\ x_1 - 3x_2 - 6x_4 = 9, \\ 2x_2 - x_3 + 2x_4 = -5, \\ x_1 + 4x_2 - 7x_3 + 6x_4 = 0; \end{cases}$

(2) $\begin{cases} 2x_1 - x_2 + 3x_3 + 2x_4 = 6, \\ 3x_1 - 3x_2 + 3x_3 + 2x_4 = 5, \\ 3x_1 - x_2 - x_3 + 2x_4 = 3, \\ 3x_1 - x_2 + 3x_3 - x_4 = 4. \end{cases}$

4. 解方程 $\begin{vmatrix} 1 & x & x^2 & \cdots & x^n \\ 1 & a_1 & a_1^2 & \cdots & a_1^n \\ 1 & a_2 & a_2^2 & \cdots & a_2^n \\ \cdots & \cdots & \cdots & \cdots & \cdots \\ 1 & a_n & a_n^2 & \cdots & a_n^n \end{vmatrix} = 0$，其中 $a_1, a_2, \cdots, a_n$ 两两不等.

七、应用题

1. 某公司有主管与职员两类，其月薪分别为 5000 元与 2500 元，以前公司每月支出 6 万元，现在经营状况不佳，将月工资支出减少到 3.8 万元，公司决定将主管月薪降到 4000 元，并裁减 2/5 的职员，问公司原有主管与职员各多少人？

2. 有甲、乙、丙三种化肥，甲种化肥每千克含氮 70 克，磷 8 克，钾 2 克；乙种化肥每千克含氮 64 克，磷 10 克，钾 0.6 克；丙种化肥每千克含氮 70 克，磷 5 克，钾 1.4 克. 若把此三种化肥混合，要求总重量 23 千克且含磷 149 克，钾 30 克，问三种化肥各需多少千克？

3. 某工厂生产甲、乙、丙三种钢制品，已知甲种产品的钢材利用率为 60%，乙种产品的钢材利用率为 70%，丙种产品的钢材利用率为 80%. 年进钢材总吨位为 100 吨，年产品总吨位为 67 吨. 此外甲乙两种产品必须配套生产，乙产品成品总重量是甲产品成品总重量的 70%. 还已知生产甲乙丙三种产品每吨位可获得利润分别是 1 万元，1.5 万元，2 万元. 问该工厂本年度可获利润多少万元？

1.6　综合作业题

一、选择题

1. 设 $f(x) = \begin{vmatrix} 5x & 1 & 2 & 3 \\ x & x & x & 1 \\ 1 & 0 & x & 3 \\ x & 2 & 1 & x \end{vmatrix}$，则多项式 $f(x)$ 的次数为(　　).

A. 3　　B. 2　　C. 4　　D. 5

2. 设 a,b 为实数，$\begin{vmatrix} a & b & 0 \\ -b & a & 0 \\ -1 & 0 & -1 \end{vmatrix} = 0$，则(　　).

A. $a=0, b=-1$　　B. $a=0, b=0$　　C. $a=1, b=0$　　D. $a=1, b=-1$

3. 多项式 $f(x) = \begin{vmatrix} x-2 & x-1 & x-2 \\ 2(x-1) & 2x-1 & 2(x-1) \\ 3(x-1) & 3x-2 & 4x-5 \end{vmatrix}$，则方程的根的个数为(　　).

A. 1　　B. 2　　C. 3　　D. 4

4. 设 n 阶矩阵 $\boldsymbol{A}$ 经过若干次初等变换后得到矩阵 $\boldsymbol{B}$，(　　).

A. 则必有 $|\boldsymbol{A}| = |\boldsymbol{B}|$　　B. 则必有 $|\boldsymbol{A}| \neq |\boldsymbol{B}|$

C. 若 $|\boldsymbol{A}|=0$，则必有 $|\boldsymbol{B}|=0$　　D. 若 $|\boldsymbol{A}|>0$，则必有 $|\boldsymbol{B}|>0$

5. 设 4 阶矩阵 $\boldsymbol{A}=(\boldsymbol{\alpha}\boldsymbol{\gamma}_1\boldsymbol{\gamma}_2\boldsymbol{\gamma}_3)$，$\boldsymbol{B}=(\boldsymbol{\beta}\boldsymbol{\gamma}_1\boldsymbol{\gamma}_2\boldsymbol{\gamma}_3)$，其中 $\boldsymbol{\alpha},\boldsymbol{\beta},\boldsymbol{\gamma}_1,\boldsymbol{\gamma}_2,\boldsymbol{\gamma}_3$ 均为 4 维列向量. 已知

$|\boldsymbol{A}|=4$, $|\boldsymbol{B}|=1$,则行列式 $|\boldsymbol{A}+\boldsymbol{B}|=$(　　).

A. 40　　B. 20　　C. 10　　D. 5

6. 设 $\boldsymbol{\alpha}_1,\boldsymbol{\alpha}_2,\boldsymbol{\alpha}_3,\boldsymbol{\beta}_1,\boldsymbol{\beta}_2$ 是4维列向量,已知4阶行列式 $|\boldsymbol{\alpha}_1\ \ \boldsymbol{\alpha}_2\ \ \boldsymbol{\alpha}_3\ \ \boldsymbol{\beta}_1|=m$, $|\boldsymbol{\alpha}_1\ \ \boldsymbol{\alpha}_2\ \ \boldsymbol{\beta}_2\ \ \boldsymbol{\alpha}_3|=n$,则4阶行列式 $|\boldsymbol{\alpha}_1\ \ \boldsymbol{\alpha}_2\ \ \boldsymbol{\alpha}_3\ \ (\boldsymbol{\beta}_1+\boldsymbol{\beta}_2)|=$(　　).

A. $m+n$　　B. $-(m+n)$　　C. $n-m$　　D. $m-n$

7. 设3阶行列式 $|\boldsymbol{A}|=|\boldsymbol{\alpha}_1\ \ \boldsymbol{\alpha}_2\ \ \boldsymbol{\alpha}_3|$,其中 $\boldsymbol{\alpha}_1,\boldsymbol{\alpha}_2,\boldsymbol{\alpha}_3$ 为3维列向量,则 $|\boldsymbol{A}|=$(　　).

A. $|\boldsymbol{\alpha}_1-\boldsymbol{\alpha}_2\ \ \boldsymbol{\alpha}_2-\boldsymbol{\alpha}_3\ \ \boldsymbol{\alpha}_3-\boldsymbol{\alpha}_1|$　　B. $|\boldsymbol{\alpha}_1+\boldsymbol{\alpha}_2\ \ \boldsymbol{\alpha}_2+\boldsymbol{\alpha}_3\ \ \boldsymbol{\alpha}_3+\boldsymbol{\alpha}_1|$

C. $|\boldsymbol{\alpha}_1+2\boldsymbol{\alpha}_2\ \ \boldsymbol{\alpha}_3\ \ \boldsymbol{\alpha}_1+\boldsymbol{\alpha}_2|$　　D. $|\boldsymbol{\alpha}_1\ \ \boldsymbol{\alpha}_2+\boldsymbol{\alpha}_3\ \ \boldsymbol{\alpha}_1+\boldsymbol{\alpha}_2|$

8. 设行列式 $f(x)=\begin{vmatrix} a_1 & a_2 & a_3 & a_4-x \\ a_1 & a_2 & a_3-x & a_4 \\ a_1 & a_2-x & a_3 & a_4 \\ a_1-x & a_2 & a_3 & a_4 \end{vmatrix}$,则方程 $f(x)=0$ 的根为(　　).

A. a_1+a_2,a_3+a_4　　B. $0,a_1+a_2+a_3+a_4$

C. a_1-a_2,a_3-a_4　　D. $0,-a_1-a_2-a_3-a_4$

9. 设4阶行列式 $D_4=|a_{ij}|$, $a_{11}=a_{12}=a_{13}=a_{14}=m(m\neq 0)$, A_{ij} 表示元素 a_{ij} 的代数余子式,则 $A_{21}+A_{22}+A_{23}+A_{24}=$(　　).

A. m　　B. 0　　C. $-m$　　D. $-D_4$

10. 设 $\boldsymbol{A},\boldsymbol{B},\boldsymbol{C},\boldsymbol{D}$ 均为 n 阶矩阵,则在下列各等式中,正确的是(　　).

A. $\begin{vmatrix} \boldsymbol{C} & \boldsymbol{B} \\ \boldsymbol{A} & \boldsymbol{0} \end{vmatrix}=-|\boldsymbol{A}||\boldsymbol{B}|$　　B. $\begin{vmatrix} \boldsymbol{C} & \boldsymbol{B} \\ \boldsymbol{A} & \boldsymbol{0} \end{vmatrix}=(-1)^{n^2}|\boldsymbol{A}||\boldsymbol{B}|$

C. $\begin{vmatrix} \boldsymbol{A} & \boldsymbol{B} \\ \boldsymbol{B} & \boldsymbol{A} \end{vmatrix}=|\boldsymbol{A}|^2-|\boldsymbol{B}|^2$　　D. $\begin{vmatrix} \boldsymbol{A} & \boldsymbol{B} \\ \boldsymbol{B} & \boldsymbol{A} \end{vmatrix}=|\boldsymbol{A}|^2+(-1)^n|\boldsymbol{B}|^2$

二、填空题

1. 已知行列式 $\begin{vmatrix} a_1+b_1 & a_1-b_1 \\ a_2+b_2 & a_2-b_2 \end{vmatrix}=-4$,则 $\begin{vmatrix} a_1 & b_1 \\ a_2 & b_2 \end{vmatrix}=$ ________.

2. 若 $\begin{vmatrix} a_{11} & a_{12} \\ a_{21} & a_{22} \end{vmatrix}=6$,则 $\begin{vmatrix} a_{12} & 2a_{11} & 0 \\ a_{22} & 2a_{21} & 0 \\ 0 & -2 & -1 \end{vmatrix}=$ ________.

3. 设行列式 $\begin{vmatrix} a_{11} & a_{12} & a_{13} \\ a_{21} & a_{22} & a_{23} \\ a_{31} & a_{32} & a_{33} \end{vmatrix}=2$,则 $\begin{vmatrix} -a_{11} & 2a_{12}+4a_{11} & -3a_{13} \\ -a_{21} & 2a_{22}+4a_{21} & -3a_{23} \\ -a_{31} & 2a_{32}+4a_{31} & -3a_{33} \end{vmatrix}=$ ________.

4. 设 $\boldsymbol{A}$ 为2005阶矩阵,且满足 $\boldsymbol{A}^{\mathrm{T}}=-\boldsymbol{A}$,则 $|\boldsymbol{A}|=$ ________.

5. 行列式 $D=\begin{vmatrix} 0 & 1 & -1 & 1 \\ -1 & 0 & 1 & -1 \\ 1 & -1 & 0 & 1 \\ -1 & 1 & -1 & 0 \end{vmatrix}$ 的第一行元素的代数余子式之和 $A_{11}+A_{12}+$

$A_{13}+A_{14}=$ ________.

6. 设行列式 $D=\begin{vmatrix}3&0&4&0\\2&2&2&2\\0&-7&0&0\\5&8&-2&2\end{vmatrix}$，则第 4 行各元素的余子式之和为________，第 4 行各元素的代数余子式之和为________.

7. 设 $f(x)=\begin{vmatrix}a_{11}&a_{12}&a_{13}&x\\a_{21}&a_{22}&x&a_{24}\\a_{31}&x&a_{33}&a_{34}\\x&a_{42}&a_{43}&a_{44}\end{vmatrix}$，则多项式 $f(x)$ 中 x^3 的系数为________.

8. 已知 $\boldsymbol{\alpha}_1,\boldsymbol{\alpha}_2$ 为 2 维列向量，矩阵 $\boldsymbol{A}=(2\boldsymbol{\alpha}_1+\boldsymbol{\alpha}_2,\boldsymbol{\alpha}_1-\boldsymbol{\alpha}_2)$，$\boldsymbol{B}=(\boldsymbol{\alpha}_1,\boldsymbol{\alpha}_2)$，若行列式 $|\boldsymbol{A}|=6$，则 $|\boldsymbol{B}|=$ ________.

9. 设 α,β,γ 为 $x^3+px+g=0$ 的根，则 $\begin{vmatrix}\alpha&\beta&\gamma\\\gamma&\alpha&\beta\\\beta&\gamma&\alpha\end{vmatrix}=$ ________.

10. 设矩阵 $\boldsymbol{A}=\begin{pmatrix}2&1\\-1&2\end{pmatrix}$，$\boldsymbol{E}$ 为同阶单位矩阵，矩阵 $\boldsymbol{B}$ 满足 $\boldsymbol{BA}=\boldsymbol{B}+2\boldsymbol{E}$，则 $|\boldsymbol{B}|=$ ________.

三、计算行列式

1. $D=\begin{vmatrix}d&c&b&a\\-c&d&-a&b\\b&-a&-d&c\\a&b&-c&-d\end{vmatrix}$；

2. $D=\begin{vmatrix}a-1&-1&-1&-1\\1&a+1&1&1\\-1&-1&b-1&-1\\1&1&1&b+1\end{vmatrix}$；

3. $D=\begin{vmatrix}a_1-b&a_1&a_1&a_1\\a_2&a_2-b&a_2&a_2\\a_3&a_3&a_3-b&a_3\\a_4&a_4&a_4&a_4-b\end{vmatrix}$；

4. $D=\begin{vmatrix}a^2&(a+1)^2&(a+2)^2&(a+3)^2\\b^2&(b+1)^2&(b+2)^2&(b+3)^2\\c^2&(c+1)^2&(c+2)^2&(c+3)^2\\d^2&(d+1)^2&(d+2)^2&(d+3)^2\end{vmatrix}$；

5. $D=\begin{vmatrix} 1-a & a & 0 & 0 & 0 \\ -1 & 1-a & a & 0 & 0 \\ 0 & -1 & 1-a & a & 0 \\ 0 & 0 & -1 & 1-a & a \\ 0 & 0 & 0 & -1 & 1-a \end{vmatrix}$.

四、计算 n 阶行列式

1. $D_n=\begin{vmatrix} a & b & b & \cdots & b & b \\ b & a & b & \cdots & b & b \\ b & b & a & \cdots & b & b \\ \cdots & \cdots & \cdots & \cdots & \cdots & \cdots \\ b & b & b & \cdots & b & a \end{vmatrix}$;

2. $D_n=\begin{vmatrix} x & b & b & \cdots & b & b \\ a & x & b & \cdots & b & b \\ a & a & x & \cdots & b & b \\ \cdots & \cdots & \cdots & \cdots & \cdots & \cdots \\ a & a & a & \cdots & a & x \end{vmatrix}$;

3. $D_n=\begin{vmatrix} a_0 & 1 & 1 & \cdots & 1 & 1 \\ 1 & a_1 & 0 & \cdots & 0 & 0 \\ 1 & 0 & a_2 & \cdots & 0 & 0 \\ \cdots & \cdots & \cdots & \cdots & \cdots & \cdots \\ 1 & 0 & 0 & \cdots & 0 & a_n \end{vmatrix}$;

4. $D_n=\begin{vmatrix} 2 & 1 & 0 & \cdots & 0 & 0 \\ 1 & 2 & 1 & \cdots & 0 & 0 \\ 0 & 1 & 2 & \cdots & 0 & 0 \\ \cdots & \cdots & \cdots & \cdots & \cdots & \cdots \\ 0 & 0 & 0 & \cdots & 1 & 2 \end{vmatrix}$;

5. $D_n=\begin{vmatrix} 1 & a_1 & 0 & 0 & \cdots & 0 & 0 \\ -1 & 1-a_1 & a_2 & 0 & \cdots & 0 & 0 \\ 0 & -1 & 1-a_2 & a_3 & \cdots & 0 & 0 \\ \cdots & \cdots & \cdots & \cdots & \cdots & \cdots & \cdots \\ 0 & 0 & 0 & 0 & \cdots & 1-a_{n-1} & a_n \\ 0 & 0 & 0 & 0 & \cdots & -1 & 1-a_n \end{vmatrix}$;

6. $D_n=\begin{vmatrix} 1 & 2 & 3 & \cdots & n-1 & n \\ a & 1 & 2 & \cdots & n-2 & n-1 \\ a & a & 1 & \cdots & n-3 & n-2 \\ \cdots & \cdots & \cdots & \cdots & \cdots & \cdots \\ a & a & a & \cdots & 1 & 2 \\ a & a & a & \cdots & a & 1 \end{vmatrix}$;

7. $D_n = \begin{vmatrix} a & b & b & \cdots & b & b \\ c & a & b & \cdots & b & b \\ c & c & a & \cdots & b & b \\ \cdots & \cdots & \cdots & \cdots & \cdots & \cdots \\ c & c & c & \cdots & a & b \\ c & c & c & \cdots & c & a \end{vmatrix}$；

8. $D_n = \begin{vmatrix} 1 & 1 & \cdots & 1 \\ x_1 & x_2 & \cdots & x_n \\ x_1^2 & x_2^2 & \cdots & x_n^2 \\ \cdots & \cdots & \cdots & \cdots \\ x_1^{n-2} & x_2^{n-2} & \cdots & x_n^{n-2} \\ x_1^n & x_2^n & \cdots & x_n^n \end{vmatrix}$.

五、证明下列行列式

1. $D_n = \begin{vmatrix} x+y & xy & 0 & \cdots & 0 & 0 \\ 1 & x+y & xy & \cdots & 0 & 0 \\ 0 & 1 & x+y & \cdots & 0 & 0 \\ \cdots & \cdots & \cdots & \cdots & \cdots & \cdots \\ 0 & 0 & 0 & \cdots & 1 & x+y \end{vmatrix} = x^n + x^{n-1}y + \cdots + xy^{n-1} + y^n$；

2. $D_n = \begin{vmatrix} \cos\theta & 1 & 0 & \cdots & 0 & 0 \\ 1 & 2\cos\theta & 1 & \cdots & 0 & 0 \\ 0 & 1 & 2\cos\theta & \cdots & 0 & 0 \\ \cdots & \cdots & \cdots & \cdots & \cdots & \cdots \\ 0 & 0 & 0 & \cdots & 2\cos\theta & 1 \\ 0 & 0 & 0 & \cdots & 1 & 2\cos\theta \end{vmatrix} = \cos(n\theta)$；

3. $\begin{vmatrix} a_{11}+x & a_{12}+x & \cdots & a_{1n}+x \\ a_{21}+x & a_{22}+x & \cdots & a_{2n}+x \\ \cdots & \cdots & \cdots & \cdots \\ a_{n1}+x & a_{n2}+x & \cdots & a_{nn}+x \end{vmatrix} = \begin{vmatrix} a_{11} & a_{12} & \cdots & a_{1n} \\ a_{21} & a_{22} & \cdots & a_{2n} \\ \cdots & \cdots & \cdots & \cdots \\ a_{n1} & a_{n2} & \cdots & a_{nn} \end{vmatrix} + x\sum_{i=1}^{n}\sum_{j=1}^{n} A_{ij}$，

其中 A_{ij} 表示元素 a_{ij} 的代数余子式；

4. $D_{n+1} = \begin{vmatrix} a_0x^n & a_1x^{n-1} & a_2x^{n-2} & \cdots & a_{n-1}x & a_n \\ a_0x & b_1 & 0 & \cdots & 0 & 0 \\ a_0x^2 & a_1x & b_2 & \cdots & 0 & 0 \\ \cdots & \cdots & \cdots & \cdots & \cdots & \cdots \\ a_0x^{n-1} & a_1x^{n-2} & a_2x^{n-3} & \cdots & b_{n-1} & 0 \\ a_0x^n & a_1x^{n-1} & a_2x^{n-2} & \cdots & a_{n-1}x & b_n \end{vmatrix} = a_0x^n\prod_{i=1}^{n}(b_i - a_i)$.

六、综合证明题

1. 设 $f(x)$，$g(x)$，$h(x)$ 为 $[a,b]$ 上的连续可导函数，试证明存在一点 $\xi \in (a,b)$，使

得行列式 $\begin{vmatrix} f(a) & g(a) & h(a) \\ f(b) & g(b) & h(b) \\ f'(\xi) & g'(\xi) & h'(\xi) \end{vmatrix} = 0$.

2. 设 $e < a < b$，证明存在一点 $\xi \in (a,b)$，使得行列式 $\begin{vmatrix} a & e^{-a} & \ln a \\ b & e^{-b} & \ln b \\ 1 & -e^{-\xi} & \dfrac{1}{\xi} \end{vmatrix} = 0$.

3. 设 n 阶行列式 $D_n = |(a_{ij})_{n\times n}|$，已知 $a_{ij} = -a_{ji}\ (i,j=1,2,\cdots,n)$，$n$ 为奇数，求 D_n 的值.

4. 设 n 阶行列式 $D_n = \begin{vmatrix} a_1 & b_1 & 0 & \cdots & 0 & 0 \\ -1 & a_2 & b_2 & \cdots & 0 & 0 \\ 0 & -1 & a_3 & \cdots & 0 & 0 \\ \cdots & \cdots & \cdots & \cdots & \cdots & \cdots \\ 0 & 0 & 0 & \cdots & a_{n-1} & b_{n-1} \\ 0 & 0 & 0 & \cdots & -1 & a_n \end{vmatrix}$，已知 $a_i > 0, b_j > 0\ (i,j = 1, 2,\cdots,n)$，证明 $D_n > 0$.

5. 设 $f(x) = \begin{vmatrix} x & 1 & 2+x \\ 2 & 2 & 4 \\ 3 & x+2 & 4-x \end{vmatrix}$，证明方程 $f'(x) = 0$ 有小于 1 的正根.

1.7 自测题(时间:120 分钟)

一、选择题(15 分)

1. 在 5 阶行列式展开式中，$a_{1i}a_{23}a_{35}a_{5j}a_{44}$ 是其中带有正号的一项，则 i,j 的值为(　　).

A. $i=1, j=2$　　B. $i=2, j=3$

C. $i=1, j=3$　　D. $i=2, j=1$

2. 在 5 阶行列式展开式中，包含 a_{13}, a_{25}，并带有负号的项是(　　).

A. $-a_{13}a_{25}a_{34}a_{42}a_{51}$　　B. $-a_{13}a_{25}a_{31}a_{42}a_{54}$

C. $-a_{13}a_{25}a_{32}a_{41}a_{54}$　　D. $-a_{13}a_{25}a_{31}a_{44}a_{52}$

3. 已知行列式 $\begin{vmatrix} a_{11} & a_{12} & a_{13} \\ a_{21} & a_{22} & a_{23} \\ a_{31} & a_{32} & a_{33} \end{vmatrix} = m$，则行列式 $\begin{vmatrix} a_{21} & a_{22} & a_{23} \\ 2a_{31}-a_{11} & 2a_{32}-a_{12} & 2a_{33}-a_{13} \\ 2a_{11}+a_{21} & 2a_{12}+a_{22} & 2a_{13}+a_{23} \end{vmatrix}$ =(　　).

A. $-4m$　　B. $-2m$　　C. $2m$　　D. $4m$

4. 已知 $D_4 = \begin{vmatrix} -1 & 0 & x & 1 \\ 1 & 1 & -1 & -1 \\ 1 & -1 & 1 & -1 \\ 1 & -1 & -1 & 1 \end{vmatrix}$，则 D_4 中 x 的系数是(　　).

A. 4　　B. -4　　C. -1　　D. 1

5. 设方程组 $\begin{cases}\lambda x_1 - x_2 - x_3 = 1,\\ x_1 + \lambda x_2 + x_3 = 1,\\ -x_1 + x_2 + \lambda x_3 = 2,\end{cases}$ 若方程组有唯一解，则 λ 的值应为(　　).

A. 0　　　　B. 1

C. -1　　　　D. 异于 0 与 ± 1 的数

二、填空题(15 分)

1. 排列 $(n-1)\times(n-2)\times\cdots\times 3\times 2\times 1\times n$ 的逆序数为________.

2. 排列 $a_1a_2\cdots a_n$ 与排列 $a_na_{n-1}\cdots a_2a_1$ 的逆序数之和等于________.

3. 行列式 D 中第 2 行元素的代数余子式之和 $A_{21}+A_{22}+A_{23}+A_{24}=$________，其中 $D=\begin{vmatrix}1 & 1 & 1 & 1\\ 1 & -1 & 1 & 1\\ 1 & 1 & -1 & 1\\ 1 & 1 & 1 & -1\end{vmatrix}$.

4. 若行列式 $\begin{vmatrix}a_{11} & a_{12} & a_{13}\\ a_{21} & a_{22} & a_{23}\\ a_{31} & a_{32} & a_{33}\end{vmatrix}=\frac{1}{2}$，则行列式 $\begin{vmatrix}2a_{11} & a_{13} & a_{11}-2a_{12}\\ 2a_{21} & a_{23} & a_{21}-2a_{22}\\ 2a_{31} & a_{33} & a_{31}-2a_{32}\end{vmatrix}=$________.

5. 设方程组 $\begin{cases}x_1 + 2x_2 + x_3 = 0\\ 2x_2 + 5x_3 = 0\\ -3x_1 - 2x_2 + kx_3 = 0\end{cases}$ 有非零解，则 $k=$________.

三、计算题(每题 10 分，共 40 分)

1. $D=\begin{vmatrix}3 & 0 & 4 & 0\\ 2 & 2 & 2 & 2\\ 0 & -7 & 0 & 0\\ 5 & 3 & -2 & 2\end{vmatrix}$；　　2. $D=\begin{vmatrix}5 & 6 & 6 & 6\\ 6 & 5 & 6 & 6\\ 6 & 6 & 5 & 6\\ 6 & 6 & 6 & 5\end{vmatrix}$；

3. $D_n=\begin{vmatrix}1 & 3 & 3 & \cdots & 3 & 3\\ 3 & 2 & 3 & \cdots & 3 & 3\\ 3 & 3 & 3 & \cdots & 3 & 3\\ \cdots & \cdots & \cdots & \cdots & \cdots & \cdots\\ 3 & 3 & 3 & \cdots & n-1 & 3\\ 3 & 3 & 3 & \cdots & 3 & n\end{vmatrix}$；

4. $D_n=\begin{vmatrix}1 & 2 & 3 & \cdots & n\\ 2 & 1 & 2 & \cdots & n-1\\ 3 & 2 & 1 & \cdots & n-2\\ \cdots & \cdots & \cdots & \cdots & \cdots\\ n & n-1 & n-2 & \cdots & 1\end{vmatrix}$.

四、证明题与综合题(每题10分,共30分)

1. $f(x)=\begin{vmatrix} 1 & 1 & 1 & 1 \\ 2 & 3 & 4 & x \\ 2^2 & 3^2 & 4^2 & x^2 \\ 2^3 & 3^3 & 4^3 & x^3 \end{vmatrix}$ 是关于 x 的三次多项式,判断 $f'(x)=0$ 的根的个数及其所在的范围.

2. 设行列式 D 中每行元素之和均等于零,证明:$D=0$.

3. 证明:$\begin{vmatrix} a^2 & (a+1)^2 & (a+2)^2 & (a+3)^2 \\ b^2 & (b+1)^2 & (b+2)^2 & (b+3)^2 \\ c^2 & (c+1)^2 & (c+2)^2 & (c+3)^2 \\ d^2 & (d+1)^2 & (d+2)^2 & (d+3)^2 \end{vmatrix}=0.$

1.8 参考答案与提示

【基础作业题】

一、1. C; 2. D; 3. A; 4. C; 5. D; 6. C; 7. C; 8. B; 9. D; 10. B.

二、1. 40; 2. 33; 3. 110; 4. 24; 5. 48; 6. $\frac{5}{16}$; 7. x^4;

8. $3(x-1)(x+1)(x-2)(x+2)$; 9. $x^2+y^2+z^2+1$; 10. $4abcdef$.

三、1. $[x+(n-1)a](x-a)^{n-1}$.

2. $(-2)(n-2)!$.【提示】各行均减去第2行,再将第1行的2倍加到第2行.

3. $(-1)^{\frac{(n-1)(n+2)}{2}}(\sum_{i=1}^{n}a_i-b)b^{n-1}$.【提示】从第2列到第 n 列,各列均加到第1列,并提取第1列的公因子到行列式前,再化为三角形行列式.

4. $(a_1a_2\cdots a_n)(1+\sum_{i=1}^{n}\frac{1}{a_i})$.【提示】从第2行到第 n 行,各行均加到第1行,再将第2行的 $(-\frac{1}{a_2})$ 倍,第3行的 $(-\frac{1}{a_3})$ 倍,…,第 n 行的 $(-\frac{1}{a_n})$ 倍均加到第1行,化为三角形行列式.

5. $\frac{1}{2}(-1)^{n-1}(n+1)!$.【提示】将第2,3…,$n$ 列均加到第1列,再按第1列展开.

四、1. $D_n=b_1b_2\cdots b_n(1+\sum_{i=1}^{n}\frac{a_i}{b_i})$.【提示】构造 $n+1$ 阶加边行列式.

$D_n=\begin{vmatrix} 1 & a_1 & a_2 & \cdots & a_n \\ 0 & a_1+b_1 & a_2 & \cdots & a_n \\ 0 & a_1 & a_2+b_2 & \cdots & a_n \\ \cdots & \cdots & \cdots & \cdots & \cdots \\ 0 & a_1 & a_2 & \cdots & a_n+b_n \end{vmatrix}$,将第一行的 (-1) 倍加到第 $2,3,\cdots,n+1$ 行,并化为三角行列式,得到答案.

2. $D_n=(1+\sum_{i=1}^{n}\frac{a_i}{x_i-a_i})(x_1-a_1)(x_2-a_2)\cdots(x_n-a_n)$.【提示】与上一题类似.

五、1.【提示】由题设知 D_n 中零元素的个数不少于 n^2-n，则 D_n 中非零元素的个数少于 $n^2-(n^2-n)=n$，故 D_n 至少有一行(或列)元素全为零，所以 $D_n=0$.

2.【提示】按第 1 列展开，得

$$D_n=2D_{n-1}-(-1)\begin{vmatrix}-1&0&0&\cdots&0\\-1&2&-1&\cdots&0\\0&-1&2&\cdots&0\\\cdots&\cdots&\cdots&\cdots&\cdots\\0&0&0&\cdots&-1\end{vmatrix}_{(n-1)}=2D_{n-1}-D_{n-2},$$

于是 $D_n-D_{n-1}=D_{n-1}-D_{n-2}$，故 $D_1,D_2,\cdots,D_n$ 是一个等差数列，并推出 $D_n=n+1$.

六、1. 当 $\mu=0$ 或 $\lambda=1$ 时，该齐次线性方程组有非零解.【提示】$D=\begin{vmatrix}\lambda&1&1\\1&\mu&1\\1&2\mu&1\end{vmatrix}=\mu-\mu\lambda$

.令 $D=0$，得 $\mu=0$ 或 $\lambda=1$.

2. (1) 当 $\lambda=0,\lambda=2$ 或 $\lambda=3$ 时，该齐次线性方程组有非零解；

(2) 当 $\lambda=1$ 时，该齐次线性方程组有非零解.

3. (1) $x_1=3,x_2=4,x_3=-1,x_4=1$；

(2) $x_1=1,x_2=1,x_3=1,x_4=1$.

4. $a_1,a_2,\cdots,a_n$.【提示】利用范德蒙行列式求解.

七、1. 公司原有主管 2 人，职员 20 人.

2. 甲、乙、丙三种化肥各需 3 千克，5 千克，15 千克.

3. 93.5 万元.

【综合作业题】

一、1. C；　2. B；　3. B；　4. C；　5. A；　6. D；　7. C；　8. B；　9. B；　10. B.

二、1. 2；　2. 12；　3. 12；　4. 0；　5. 3；　6. $-28,0$；　7. 0；　8. -2；　9. 0；　10. 2.

三、1. $(a^2+b^2+c^2+d^2)^2$.【提示】因 $D^2=|D||D^{\mathrm{T}}|=|DD^{\mathrm{T}}|=(a^2+b^2+c^2+d^2)^4$，故 $D=\pm(a^2+b^2+c^2+d^2)^2$，但 $|D_n|$ 的展开式中有项 a^4，所以 $D_n=(a^2+b^2+c^2+d^2)^2$.

2. a^2b^2.

3. $b^3(b-\sum_{i=1}^{4}a_i)$.

4. 0.

5. $D_n=a^2-a+1$.

四、1. $[a+(n-1)b](a-b)^{n-1}$.

2. $\frac{1}{a-b}[a(x-b)^n-b(x-a)^n]$.

3. $(a_0-\frac{1}{a_1}-\frac{1}{a_2}-\cdots-\frac{1}{a_n})a_1a_2\cdots a_n$.

4. $n+1$.【提示】按第1行展开，$D_n = 2D_{n-1} - D_{n-2}$，$D_n - D_{n-1} = D_{n-1} - D_{n-2}$ 递推，$D_2 = 3, D_1 = 2$，故 $D_n = n+1$.

5. $D_n = 1$.【提示】各行加到第1行,然后按第1行展开.

6. $(-1)^n[(a-1)^n - a^n]$.【提示】先用 $r_i - r_{i+1}$，得到行列式,将第 n 行写成两项的和,再按第1列展开化简.

7. $D_n = \dfrac{b(a-c)^n - c(a-b)^n}{b-c}(b \neq c)$；当 $b=c$ 时，$D_n = [a+(n-1)b](a-b)^{n-1}$.

【提示】将第 n 行写成两项的和,将行列式 D 分成两个行列式的和,即 $c=0+c, a=(a-c)+c$. 将 D 分成 D_1 和 D_2,将 D_1 按第 n 行展开，D_2 的各行分别减去第 n 列,得 $D_n = (a-c)D_{n-1} + c(a-b)^{n-1}$；同理,由对称性得 $D_n = (a-b)D_{n-1} + b(a-c)^{n-1}$，解得 D_n.

8. $D = \sum\limits_{i=1}^{n} x_i \prod\limits_{1 \leqslant j < i \leqslant n} (x_i - x_j)$.【提示】将 D_n 加上一行一列,构成范德蒙行列式,讨论新行列式与 D_n 关系.

五、1.【提示】用数学归纳法.当 $n=1$ 时，$D_1 = x+y$ 结论成立.设当 $n \leqslant k$ 时,结论成立;那么当 $n=k+1$ 时,按第1列展开,得到 $D_{n+1} = (x+y)D_k - xyD_{k-1} = \cdots = x^n + x^{n-1}y + \cdots + xy^{n-1} + y^n$，因此结论成立.

2.【提示】用数学归纳法.当 $n=1$ 时,结论成立.设当 $n \leqslant k$ 时,结论成立;那么当 $n=k+1$ 时,将 D_{k+1} 按第 $k+1$ 列展开，$D_{k+1} = 2\cos\theta D_k - D_{k-1} = \cdots = \cos(k+1)\theta$，因此结论成立.

3.【提示】将左边的行列式添加一行一列,化简计算.

4.【提示】将第2行至第 n 行分别乘以 $x^{n-1}, x^{n-2}, \cdots, x$，并每行提取 $x^n, x^{n-1}, \cdots, x$，然后每行减去第1行,得证.

六、1.【提示】作辅助函数 $\varphi(x) = \begin{vmatrix} f(a) & g(a) & h(a) \\ f(b) & g(b) & h(b) \\ f(x) & g(x) & h(x) \end{vmatrix}$，然后利用罗尔定理可证.

2.【提示】作辅助函数 $\varphi(x) = \begin{vmatrix} a & e^{-a} & \ln a \\ b & e^{-b} & \ln b \\ x & e^{-x} & \ln x \end{vmatrix}$，然后在 $[a,b]$ 上应用罗尔定理.

3. 0.【提示】设 $\boldsymbol{A} = (a_{ij})_{n\times n}$，则 $D_n = |\boldsymbol{A}|$，由于 $a_{ij} = -a_{ji}(i,j=1,2,\cdots,n)$，于是 $\boldsymbol{A}^{\mathrm{T}} = -\boldsymbol{A}$，$|\boldsymbol{A}^{\mathrm{T}}| = (-1)^n|\boldsymbol{A}|$，因为 n 为奇数,故 $|\boldsymbol{A}| = -|\boldsymbol{A}|$，所以 $D_n = |\boldsymbol{A}| = 0$.

4.【提示】用数学归纳法.当 $n=1$ 时,结论成立.设当 $n \leqslant k$ 时,结论成立;那么当 $n=k+1$ 时,将 D_{k+1} 按第 $k+1$ 列展开，$D_{n+1} = a_{k+1}D_k + b_kD_{k-1} > 0$，因此结论成立.

5.【提示】$f(x)$ 是一个多项式,在 $[0,1]$ 上满足罗尔定理条件,由定理结论即可证明.

【自测题】

一、1. A； 2. B； 3. D； 4. A； 5. D.

二、1. $\dfrac{(n-1)(n-2)}{2}$； 2. $\dfrac{n(n-1)}{2}$； 3. 0； 4. 2； 5. 7.

三、1. -28； 2. -23； 3. $6(n-3)!$； 4. $(-1)^{n-1}(n+1)2^{n-2}$.

四、1.【提示】在 $[2,3]$, $[3,4]$ 两个区间上满足罗尔定理条件.

2.【提示】将行列式的第 2 列至第 n 列的 $(+1)$ 倍都加到第 1 列上，则第 1 列的各元素均为每行元素之和，由于第 1 列元素全为零，故行列式的值为零.

3.【提示】用拆项方法证明.

第 2 章

矩　阵

2.1　教学要求

【基本要求】

熟练掌握矩阵加、减、乘和数乘的运算规则，了解其经济背景. 熟练掌握矩阵行列式的有关性质；了解矩阵分块的原则；了解矩阵分块，会简单地利用矩阵分块进行运算；理解可逆矩阵的概念及其性质；会用伴随矩阵求矩阵的逆；了解初等矩阵的概念及它们与矩阵初等变换的关系.

【教学重点】

矩阵的运算、逆矩阵.

【教学难点】

会用伴随矩阵求矩阵的逆.

2.2　知识要点

【知识要点】

1. 矩阵的定义

由 $m\times n$ 个数 $a_{ij}(i=1,2,\cdots,m;j=1,2,\cdots,n)$ 排成的 m 行 n 列的数表，称为 $m\times n$ 阶矩阵，记作

$$\mathbf{A}=\begin{pmatrix} a_{11} & a_{12} & \cdots & a_{1n} \\ a_{21} & a_{22} & \cdots & a_{2n} \\ \cdots & \cdots & \cdots & \cdots \\ a_{m1} & a_{m2} & \cdots & a_{mn} \end{pmatrix}.$$

注:(1) $m \times n$ 称为矩阵的阶数.

(2) 行数和列数都等于 n 的矩阵,称为 n 阶矩阵或 n 阶方阵,记作 $\boldsymbol{A}_n$.

2. 矩阵的运算

(1) 加减法:设 $\boldsymbol{A}=(a_{ij})_{m\times n}$,$\boldsymbol{B}=(b_{ij})_{m\times n}$ 为同阶矩阵,则 $\boldsymbol{A}\pm\boldsymbol{B}=(a_{ij}\pm b_{ij})_{m\times n}$.

(2) 数与矩阵的乘积:设 $\boldsymbol{A}=(a_{ij})_{m\times n}$,$k\in\mathbf{R}$,则 $k\boldsymbol{A}=(ka_{ij})_{m\times n}$.

(3) 矩阵的乘积:设 $\boldsymbol{A}=(a_{ij})_{m\times s}$,$\boldsymbol{B}=(b_{ij})_{s\times n}$ 则 $\boldsymbol{AB}=\boldsymbol{C}=(c_{ij})_{m\times n}$ 称为矩阵 $\boldsymbol{A}$ 与矩阵 $\boldsymbol{B}$ 的乘积. 其中 $c_{ij}=a_{i1}b_{1j}+a_{i2}b_{2j}+\cdots+a_{is}b_{sj}(i=1,2,\cdots,m;j=1,2,\cdots,n)$.

(4) 矩阵的转置:设 $\boldsymbol{A}=(a_{ij})_{m\times n}$,则 $\boldsymbol{A}$ 的转置 $\boldsymbol{A}^{\mathrm{T}}=(a_{ji})_{n\times m}$.

(5) 方阵的行列式:设 $\boldsymbol{A}=(a_{ij})_{n\times n}$ 为 n 阶方阵,则由 $\boldsymbol{A}$ 的元素保持原来位置不变得到的行列式称为方阵 $\boldsymbol{A}$ 的行列式,记为 $|\boldsymbol{A}|$ 或 $\det\boldsymbol{A}$.

(6) 矩阵的逆矩阵:设 $\boldsymbol{A}$ 为 n 阶方阵,如果有一个 n 阶方阵 $\boldsymbol{B}$,使 $\boldsymbol{AB}=\boldsymbol{BA}=\boldsymbol{E}$,则称矩阵 $\boldsymbol{A}$ 是可逆的,并把 $\boldsymbol{B}$ 称为 $\boldsymbol{A}$ 的逆矩阵,记为 $\boldsymbol{A}^{-1}$.

(7) 分块矩阵:设 $\boldsymbol{A}=(a_{ij})_{m\times n}$,用若干纵线和横线把 $\boldsymbol{A}$ 分成许多小矩阵,每个小矩阵称为 $\boldsymbol{A}$ 的子块,以子块为元素的矩阵称为分块矩阵.

(8) 线性方程组的矩阵表示:

设线性方程组 $\begin{cases}a_{11}x_1+a_{12}x_2+\cdots+a_{1n}x_n=b_1,\\ a_{21}x_1+a_{22}x_2+\cdots+a_{2n}x_n=b_2,\\ \cdots\cdots\cdots\cdots\cdots\cdots\cdots\cdots\cdots\cdots\cdots\cdots\\ a_{m1}x_1+a_{m2}x_2+\cdots+a_{mn}x_n=b_m,\end{cases}$

记 $\boldsymbol{A}=(a_{ij})_{m\times n}(i=1,2,\cdots,m;j=1,2,\cdots,n)$,$\boldsymbol{x}=\begin{pmatrix}x_1\\x_2\\\vdots\\x_n\end{pmatrix}$,$\boldsymbol{b}=\begin{pmatrix}b_1\\b_2\\\vdots\\b_m\end{pmatrix}$,$\boldsymbol{a}_j=\begin{pmatrix}a_{1j}\\a_{2j}\\\vdots\\a_{mj}\end{pmatrix}$,$j=1,\cdots,n$,

$$\boldsymbol{B}=\begin{pmatrix}a_{11}&a_{12}&\cdots&a_{1n}&b_1\\a_{21}&a_{22}&\cdots&a_{2n}&b_2\\\cdots&\cdots&\cdots&\cdots&\cdots\\a_{m1}&a_{m2}&\cdots&a_{mn}&b_m\end{pmatrix},$$

其中,$\boldsymbol{A}$ 称为系数矩阵,$\boldsymbol{x}$ 称为未知数向量,$\boldsymbol{b}$ 称为常数项向量,$\boldsymbol{B}$ 称为增广矩阵,此方程组可以记为 $\boldsymbol{Ax}=\boldsymbol{b}$.

若按分块矩阵的记法,可记为 $\boldsymbol{B}=(\boldsymbol{A},\boldsymbol{b})=(\boldsymbol{a}_1,\boldsymbol{a}_2,\cdots,\boldsymbol{a}_n,\boldsymbol{b})$.

如果将 $\boldsymbol{A}$ 按行分成 m 块,则线性方程组 $\boldsymbol{Ax}=\boldsymbol{b}$ 可记作:

$$\begin{pmatrix}\boldsymbol{\alpha}_1\\\boldsymbol{\alpha}_2\\\vdots\\\boldsymbol{\alpha}_m\end{pmatrix}\begin{pmatrix}x_1\\x_2\\\vdots\\x_n\end{pmatrix}=\begin{pmatrix}b_1\\b_2\\\vdots\\b_m\end{pmatrix},\text{这里 }\boldsymbol{\alpha}_i=(a_{i1},a_{i2},\cdots,a_{in}),i=1,2,\cdots,m.$$

如果把系数矩阵 $\boldsymbol{A}$ 按列分成 n 块,则与 $\boldsymbol{A}$ 相乘的 $\boldsymbol{x}$ 应对应地按行分成 n 块,记作

$$(\boldsymbol{a}_1 \quad \boldsymbol{a}_2 \quad \cdots \quad \boldsymbol{a}_n)\begin{pmatrix} x_1 \\ x_2 \\ \vdots \\ x_n \end{pmatrix} = \boldsymbol{b}, \text{即 } x_1\boldsymbol{a}_1 + x_2\boldsymbol{a}_2 + \cdots + x_n\boldsymbol{a}_n = \boldsymbol{b}.$$

3. 运算规律

(1) 基本运算公式：

①$\boldsymbol{A}+\boldsymbol{B}=\boldsymbol{B}+\boldsymbol{A}$(加法交换律)；

②$(\boldsymbol{A}+\boldsymbol{B})+\boldsymbol{C}=\boldsymbol{A}+(\boldsymbol{B}+\boldsymbol{C})$(加法结合律)；

③ $(\lambda+\mu)\boldsymbol{A}=\lambda\boldsymbol{A}+\mu\boldsymbol{A}$；

④ $\lambda(\boldsymbol{A}+\boldsymbol{B})=\lambda\boldsymbol{A}+\lambda\boldsymbol{B}$；

⑤ $(\lambda\mu)\boldsymbol{A}=\lambda(\mu\boldsymbol{A})=\mu(\lambda\boldsymbol{A})$；

⑥$\boldsymbol{ABC}=(\boldsymbol{AB})\boldsymbol{C}=\boldsymbol{A}(\boldsymbol{BC})$；

⑦$\boldsymbol{A}(\boldsymbol{B}+\boldsymbol{C})=\boldsymbol{AB}+\boldsymbol{AC}$；$(\boldsymbol{B}+\boldsymbol{C})\boldsymbol{A}=\boldsymbol{BA}+\boldsymbol{CA}$；

⑧ $\lambda(\boldsymbol{AB})=(\lambda\boldsymbol{A})\boldsymbol{B}=\boldsymbol{A}(\lambda\boldsymbol{B})$.

(2) 转置矩阵与逆矩阵的运算公式见表 2.1.

表 2.1 转置矩阵与逆矩阵运算公式比较

转置矩阵运算公式	逆矩阵运算公式
$(\boldsymbol{A}^{\mathrm{T}})^{\mathrm{T}}=\boldsymbol{A}$	$(\boldsymbol{A}^{-1})^{-1}=\boldsymbol{A}$
$(\boldsymbol{A}+\boldsymbol{B})^{\mathrm{T}}=\boldsymbol{A}^{\mathrm{T}}+\boldsymbol{B}^{\mathrm{T}}$	无
$(\lambda\boldsymbol{A})^{\mathrm{T}}=\lambda\boldsymbol{A}^{\mathrm{T}}$	$(\lambda\boldsymbol{A})^{-1}=\frac{1}{\lambda}\boldsymbol{A}^{-1}(\lambda\neq 0)$
$(\boldsymbol{AB})^{\mathrm{T}}=\boldsymbol{B}^{\mathrm{T}}\boldsymbol{A}^{\mathrm{T}}$	$(\boldsymbol{AB})^{-1}=\boldsymbol{B}^{-1}\boldsymbol{A}^{-1}$

注意：

(1) 一般的矩阵相乘不满足交换律. 即 $\boldsymbol{AB}\neq\boldsymbol{BA}$.

(2) 一般的矩阵不满足消去律. 即不能由 $\boldsymbol{AB}=\boldsymbol{0}$ 推出 $\boldsymbol{A}=\boldsymbol{0}$ 或 $\boldsymbol{B}=\boldsymbol{0}$. 所以以下命题不成立：

①若 $\boldsymbol{A}^2=\boldsymbol{0}$，则 $\boldsymbol{A}=\boldsymbol{0}$；

②若 $\boldsymbol{A}^2=\boldsymbol{A}$，则 $\boldsymbol{A}=\boldsymbol{0}$ 或 $\boldsymbol{A}=\boldsymbol{E}$；

③若 $\boldsymbol{AX}=\boldsymbol{AY}$，且 $\boldsymbol{A}\neq\boldsymbol{0}$，则 $\boldsymbol{X}=\boldsymbol{Y}$.

4. 逆矩阵的求法

(1) 用伴随矩阵求逆矩阵：$\boldsymbol{A}^{-1}=\frac{1}{|\boldsymbol{A}|}\boldsymbol{A}^*(|\boldsymbol{A}|\neq 0)$，其中 $\boldsymbol{A}^*$ 为伴随矩阵.

(2) 用初等变换法求逆矩阵：$(\boldsymbol{A} \mid \boldsymbol{E}) \xrightarrow{\text{初等行变换}} (\boldsymbol{E} \mid \boldsymbol{A}^{-1})$.

(3) 逆矩阵的性质：

① $(\boldsymbol{A}^{-1})^{-1}=\boldsymbol{A}$；

② $(k\boldsymbol{A})^{-1}=\frac{1}{k}\boldsymbol{A}^{-1}$；

③ $(\boldsymbol{AB})^{-1}=\boldsymbol{B}^{-1}\boldsymbol{A}^{-1}$；

④ $(\boldsymbol{A}^{\mathrm{T}})^{-1}=(\boldsymbol{A}^{-1})^{\mathrm{T}}$；

⑤ $|\boldsymbol{A}^{-1}|=\dfrac{1}{|\boldsymbol{A}|}$.

5. 方阵的行列式满足的运算规律

(1) $|\boldsymbol{A}^{\mathrm{T}}|=|\boldsymbol{A}|$；

(2) $|\lambda\boldsymbol{A}|=\lambda^{n}|\boldsymbol{A}|$；

(3) $|\boldsymbol{AB}|=|\boldsymbol{A}||\boldsymbol{B}|$；

(4) $|\boldsymbol{A}^{k}|=|\boldsymbol{A}|^{k}$；

(5) $|\boldsymbol{A}^{-1}|=|\boldsymbol{A}|^{-1}$；

(6) $|\boldsymbol{A}^{*}|=|\boldsymbol{A}|^{n-1}$.

注意：$|\boldsymbol{A}+\boldsymbol{B}|\neq|\boldsymbol{A}|+|\boldsymbol{B}|$.

6. 方阵的方幂满足的运算规律

(1) $\boldsymbol{A}^{\lambda}\boldsymbol{A}^{\mu}=\boldsymbol{A}^{\lambda+\mu}$；

(2) $(\boldsymbol{A}^{\lambda})^{\mathrm{T}}=(\boldsymbol{A}^{\mathrm{T}})^{\lambda}$；

(3) $(\boldsymbol{A}^{\lambda})^{\mu}=A^{\lambda\mu}$；

(4) $(l\boldsymbol{A})^{\lambda}=l^{\lambda}\boldsymbol{A}^{\lambda}$.

其中，当$|\boldsymbol{A}|\neq0$时，$\boldsymbol{\lambda}$，μ可以为负整数.

7. 伴随矩阵满足的运算规律

(1) $(\lambda\boldsymbol{A})^{*}=\lambda^{n-1}\boldsymbol{A}^{*}$；

(2) $(\boldsymbol{A}^{*})^{-1}=\dfrac{\boldsymbol{A}}{|\boldsymbol{A}|}$；

(3) $(\boldsymbol{AB})^{*}=\boldsymbol{B}^{*}\boldsymbol{A}^{*}$；

(4) $\boldsymbol{A}^{*}=|\boldsymbol{A}|\boldsymbol{A}^{-1}$；

(5) $(\boldsymbol{A}^{*})^{*}=|\boldsymbol{A}|^{n-2}\boldsymbol{A}$；

(6) $(\boldsymbol{A}^{*})^{-1}=(\boldsymbol{A}^{-1})^{*}$；

(7) $\boldsymbol{AA}^{*}=\boldsymbol{A}^{*}\boldsymbol{A}=|\boldsymbol{A}|\boldsymbol{E}$.

8. 矩阵的分块

若矩阵 $\boldsymbol{A}=\begin{bmatrix}\boldsymbol{A}_1 & & & \boldsymbol{0}\\ & \boldsymbol{A}_2 & & \\ & & \ddots & \\ \boldsymbol{0} & & & \boldsymbol{A}_s\end{bmatrix}$，其中 $\boldsymbol{A}_i(i=1,2,\cdots,s)$ 是不全为零方阵，则有如下性质：

(1) $|\boldsymbol{A}|=|\boldsymbol{A}_1||\boldsymbol{A}_2|\cdots|\boldsymbol{A}_s|$；

(2) $\boldsymbol{A}^{-1}=\begin{bmatrix}\boldsymbol{A}_1^{-1} & & & \boldsymbol{0}\\ & \boldsymbol{A}_2^{-1} & & \\ & & \ddots & \\ \boldsymbol{0} & & & \boldsymbol{A}_s^{-1}\end{bmatrix}$，这里 $|\boldsymbol{A}_i|\neq0,i=1,2,\cdots,s$；

(3) 设 $\boldsymbol{A}$ 是 m 阶方阵，$\boldsymbol{B}$ 是 n 阶方阵，则

$$\begin{vmatrix}\boldsymbol{A} & \boldsymbol{0}\\ * & \boldsymbol{B}\end{vmatrix}=|\boldsymbol{A}||\boldsymbol{B}|,\quad\begin{vmatrix}\boldsymbol{A} & *\\ \boldsymbol{0} & \boldsymbol{B}\end{vmatrix}=|\boldsymbol{A}||\boldsymbol{B}|,$$

$$\begin{vmatrix} \mathbf{0} & \boldsymbol{A} \\ \boldsymbol{B} & * \end{vmatrix} = (-1)^{mn}|\boldsymbol{A}||\boldsymbol{B}|, \begin{vmatrix} * & \boldsymbol{A} \\ \boldsymbol{B} & \mathbf{0} \end{vmatrix} = (-1)^{mn}|\boldsymbol{A}||\boldsymbol{B}|.$$

【串讲小结】

本章引入矩阵概念,讲述了矩阵的运算,包括矩阵的加法、数乘、乘法、转置和方阵的行列式.矩阵的运算不同于一般数的运算,矩阵与行列式是两个完全不同的概念,有着本质的区别.

几种特殊类型的矩阵其基本形式比较简单,包括三角矩阵、对角矩阵、数量矩阵、单位矩阵、对称矩阵与反对称矩阵,应该了解它们的特点、性质及应用.

分块矩阵及其应用,一方面简化了矩阵的一般运算和表示方法;另一方面通过矩阵分块揭示了矩阵行(列)向量组的内在联系,并可推导出一些重要结论,更方便地研究矩阵与矩阵之间的相关特征.

矩阵的运算有加法、减法、乘法,但不可以做除法,类似于除法运算要通过矩阵的逆矩阵来解决.矩阵可逆的条件、逆矩阵的求法、逆矩阵的性质以及逆矩阵的应用是本章中很重要的一部分内容.

贯穿线性代数的方法是初等变换,矩阵经初等变换后与原矩阵就不同了,因此矩阵初等变换的连接方式不可以用"=",而只能用"~"或"→"符号.由初等变换引入的初等矩阵是一类特别重要的矩阵,根据初等变换和初等矩阵的内在联系导出了初等矩阵求可逆矩阵的逆矩阵以及初等变换解矩阵方程的原理和方法.

2.3 答疑解惑

1. 矩阵运算与实数运算有哪些区别?

答:(1) 实数可以随意做加、减、乘和正整数幂运算,但不是对任意的矩阵都可做加、减、乘和正整数幂运算.

(2) 实数乘法满足交换律,而矩阵乘法不满足交换律.

(3) 两个实数的积是零,则可推出两数中至少有一个是零,但两个矩阵的积是零矩阵不能判定至少有一个矩阵是零矩阵.如 $\boldsymbol{A} = \begin{pmatrix} -1 & 1 \\ 0 & 0 \end{pmatrix} \neq \mathbf{0}, \boldsymbol{B} = \begin{pmatrix} 1 & 0 \\ 1 & 0 \end{pmatrix} \neq \mathbf{0}$,而 $\boldsymbol{AB} = \begin{pmatrix} -1 & 1 \\ 0 & 0 \end{pmatrix}\begin{pmatrix} 1 & 0 \\ 1 & 0 \end{pmatrix} = \mathbf{0}$.

(4) 非零的实数有相应的倒数,而矩阵运算中不存在除的运算,$\frac{1}{\boldsymbol{A}}$ 没有意义.在解实数方程 $ax = b$ 时,$x = \frac{b}{a}(a \neq 0)$;在解矩阵方程 $\boldsymbol{AX} = \boldsymbol{B}$ 时,若 $\boldsymbol{A}$ 可逆,则 $\boldsymbol{X} = \boldsymbol{A}^{-1}\boldsymbol{B}$.

(5) 在实数运算中若有 $ab = ac(a \neq 0)$ 时,则 $b = c$;在矩阵运算中若有 $\boldsymbol{AB} = \boldsymbol{AC}(\boldsymbol{A} \neq \mathbf{0})$ 时,不一定有 $\boldsymbol{B} = \boldsymbol{C}$.如 $\boldsymbol{A} = \begin{pmatrix} 1 & 0 \\ 1 & 0 \end{pmatrix}, \boldsymbol{B} = \begin{pmatrix} 0 & 0 \\ 1 & 1 \end{pmatrix}, \boldsymbol{C} = \begin{pmatrix} 0 & 0 \\ 2 & 2 \end{pmatrix}$,

$$\boldsymbol{AB} = \begin{pmatrix} 1 & 0 \\ 1 & 0 \end{pmatrix}\begin{pmatrix} 0 & 0 \\ 1 & 1 \end{pmatrix} = \mathbf{0}, \boldsymbol{AC} = \begin{pmatrix} 1 & 0 \\ 1 & 0 \end{pmatrix}\begin{pmatrix} 0 & 0 \\ 2 & 2 \end{pmatrix} = \mathbf{0},$$

所以 $\boldsymbol{AB}=\boldsymbol{AC}$，但 $\boldsymbol{B}\neq\boldsymbol{C}$.

当 $\boldsymbol{A}$ 可逆时，$\boldsymbol{AB}=\boldsymbol{AC}$ 两边同时左乘 $\boldsymbol{A}^{-1}$，得到 $\boldsymbol{B}=\boldsymbol{C}$.

2. 矩阵和行列式有哪些区别？

答：(1) 矩阵和行列式是两个完全不同的概念：矩阵是一个数表；而行列式是对方形数表根据定义规则运算而得到的一个数或代数式，因此可以将行列式看作一种运算符号.

(2) 行列式是对方形数表定义的，而矩阵并没有限制.

(3) 运算法则的区别：

① 加法：

$$\begin{pmatrix} x_1 & x_2 \\ x_3 & x_4 \end{pmatrix}+\begin{pmatrix} y_1 & y_2 \\ y_3 & y_4 \end{pmatrix}=\begin{pmatrix} x_1+y_1 & x_2+y_2 \\ x_3+y_3 & x_4+y_4 \end{pmatrix};$$

$$\begin{vmatrix} x_1+y_1 & x_2+y_2 \\ x_3+y_3 & x_4+y_4 \end{vmatrix}=\begin{vmatrix} x_1 & x_2 \\ x_3+y_3 & x_4+y_4 \end{vmatrix}+\begin{vmatrix} y_1 & y_2 \\ x_3+y_3 & x_4+y_4 \end{vmatrix}$$

$$=\begin{vmatrix} x_1 & x_2 \\ x_3 & x_4 \end{vmatrix}+\begin{vmatrix} x_1 & x_2 \\ y_3 & y_4 \end{vmatrix}+\begin{vmatrix} y_1 & y_2 \\ x_3 & x_4 \end{vmatrix}+\begin{vmatrix} y_1 & y_2 \\ y_3 & y_4 \end{vmatrix}.$$

② 数乘：

$$k\begin{pmatrix} x_1 & x_2 \\ x_3 & x_4 \end{pmatrix}=\begin{pmatrix} kx_1 & kx_2 \\ kx_3 & kx_4 \end{pmatrix};$$

$$k\begin{vmatrix} x_1 & x_2 \\ x_3 & x_4 \end{vmatrix}=\begin{vmatrix} kx_1 & kx_2 \\ x_3 & x_4 \end{vmatrix}=\begin{vmatrix} kx_1 & x_2 \\ kx_3 & x_4 \end{vmatrix}.$$

③ 乘法：

如果 $\boldsymbol{A}$、$\boldsymbol{B}$ 是同阶矩阵，则 $|\boldsymbol{AB}|=|\boldsymbol{A}||\boldsymbol{B}|$.

注意：如果 $\boldsymbol{A}$、$\boldsymbol{B}$ 有一个不是方阵，则 $|\boldsymbol{AB}|$ 可能有意义，而 $|\boldsymbol{A}|$、$|\boldsymbol{B}|$ 是无意义的，如：$\boldsymbol{A}=\begin{pmatrix} 1 \\ 1 \end{pmatrix}$，$\boldsymbol{B}=(1\quad 1)$，$|\boldsymbol{AB}|=\begin{vmatrix} 1 & 1 \\ 1 & 1 \end{vmatrix}=0$，而 $|\boldsymbol{A}|$、$|\boldsymbol{B}|$ 都是无意义的.

(4) $\boldsymbol{A}^{-1}$ 与 $|\boldsymbol{A}|^{-1}$ 区别：

$\boldsymbol{A}^{-1}$ 表示方阵的逆矩阵，如果 $\boldsymbol{A}$ 不可逆，则 $\boldsymbol{A}^{-1}$ 无意义，而 $|\boldsymbol{A}|^{-1}$ 表示行列式 $|\boldsymbol{A}|$ 的数值的倒数 $\frac{1}{|\boldsymbol{A}|}$，对矩阵来说，$\frac{1}{\boldsymbol{A}}$ 没有意义.

3. 利用公式 $\boldsymbol{A}^{-1}=\frac{1}{|\boldsymbol{A}|}\boldsymbol{A}^{*}$，求矩阵逆的步骤是什么？

答：(1) 计算矩阵 $\boldsymbol{A}$ 的行列式 $|\boldsymbol{A}|$ 的值；

(2) 如果 $|\boldsymbol{A}|=0$，则 $\boldsymbol{A}$ 为退化矩阵，不可逆；

(3) 如果 $|\boldsymbol{A}|\neq 0$，分别计算代数余子式，并写出伴随阵 $\boldsymbol{A}^{*}$；

(4) 按公式写出逆矩阵 $\boldsymbol{A}^{-1}=\frac{1}{|\boldsymbol{A}|}A^{*}$.

4. 矩阵分块的作用及运算法则是什么？

答：(1) 作用：在进行高阶矩阵运算时，经常将高阶矩阵按一定规则划成若干块，每一个小块是一个小矩阵. 这样一方面可以对小矩阵进行运算，另一方面又可以将每一个小矩阵作为高阶矩阵中的元素按照运算法则进行运算.

(2) 运算法则:分块矩阵进行加法、数乘、转置比较简单,与矩阵运算法则一样,不再重复;分块矩阵进行乘法运算时,要求左矩阵的列分法与右矩阵的行分法相同.

2.4 范例解析

例1 证明:任一 n 阶矩阵都可以表示成为一对称矩阵与一反对称矩阵之和.

解析:要根据对称矩阵与反对称矩阵的定义,加上一些技巧方法得出结论.

设 $\boldsymbol{A}$ 为任一 n 阶矩阵,则

$$\boldsymbol{A}=\frac{1}{2}\boldsymbol{A}+\frac{1}{2}\boldsymbol{A}+\frac{1}{2}\boldsymbol{A}^{\mathrm{T}}-\frac{1}{2}\boldsymbol{A}^{\mathrm{T}}=\frac{1}{2}(\boldsymbol{A}+\boldsymbol{A}^{\mathrm{T}})+\frac{1}{2}(\boldsymbol{A}-\boldsymbol{A}^{\mathrm{T}}),$$

显然,$\boldsymbol{A}_1=\frac{1}{2}(\boldsymbol{A}+\boldsymbol{A}^{\mathrm{T}})$ 是对称矩阵,$\boldsymbol{A}_2=\frac{1}{2}(\boldsymbol{A}-\boldsymbol{A}^{\mathrm{T}})$ 为反对称矩阵,结论成立.

例2 设 $\boldsymbol{A}=(a_{ij})_{n\times n}(n\geqslant 2)$,证明:

(1) $(-\boldsymbol{A})^*=(-1)^{n-1}\boldsymbol{A}^*$; (2) $(\boldsymbol{A}^*)^{\mathrm{T}}=(\boldsymbol{A}^{\mathrm{T}})^*$;

(3) $(-\boldsymbol{A})^{-1}=-\boldsymbol{A}^{-1}$; (4) $(\boldsymbol{A}^{-1})^*=(\boldsymbol{A}^*)^{-1}$.

解析:这是关于 $\boldsymbol{A}^*$ 的一个基本概念题,$\boldsymbol{A}^*$ 在考研题中经常出现,它是一个重要矩阵,对其定义一定要清楚.通常利用 $\boldsymbol{A}^*$ 与 $\boldsymbol{A}^{-1}$ 的性质来求解.

(1) 设 $b_{ij}=-a_{ij}(i,j=1,2,\cdots,n)$,则 $-\boldsymbol{A}=(b_{ij})=\boldsymbol{B}$,$b_{ij}$ 的代数余子式$\boldsymbol{B}=(-1)^{n-1}\boldsymbol{A}_{ij}$,所以$(-\boldsymbol{A})^*=\boldsymbol{B}^*=(-1)^{n-1}\boldsymbol{A}^*$.

$$(2)\ (\boldsymbol{A}^*)^{\mathrm{T}}=\begin{pmatrix}\boldsymbol{A}_{11} & \boldsymbol{A}_{12} & \cdots & \boldsymbol{A}_{1n}\\ \boldsymbol{A}_{21} & \boldsymbol{A}_{22} & \cdots & \boldsymbol{A}_{2n}\\ \cdots & \cdots & \cdots & \cdots\\ \boldsymbol{A}_{n1} & \boldsymbol{A}_{n2} & \cdots & \boldsymbol{A}_{nn}\end{pmatrix}=(\boldsymbol{A}^{\mathrm{T}})^*.$$

(3) 因为 $(-\boldsymbol{A})(-\boldsymbol{A}^{-1})=\boldsymbol{E}$,所以 $(-\boldsymbol{A})^{-1}=-\boldsymbol{A}^{-1}$.

(4) 因为 $\boldsymbol{A}^{-1}(\boldsymbol{A}^{-1})^*=|\boldsymbol{A}^{-1}|\boldsymbol{E}$,所以$(\boldsymbol{A}^{-1})^*=|\boldsymbol{A}^{-1}|\boldsymbol{A}$;

又因为 $|\boldsymbol{A}^{-1}|\boldsymbol{A}\cdot\boldsymbol{A}^*=\frac{1}{|\boldsymbol{A}|}\boldsymbol{A}\boldsymbol{A}^*=\boldsymbol{E}$,所以$(\boldsymbol{A}^{-1})^*=(\boldsymbol{A}^*)^{-1}$.

例3 试证:若 $\boldsymbol{A}$ 是 n 阶矩阵,且满足 $\boldsymbol{A}\boldsymbol{A}^{\mathrm{T}}=\boldsymbol{E}$,$|\boldsymbol{A}|=-1$,则$|\boldsymbol{E}+\boldsymbol{A}|=0$($\boldsymbol{A}\boldsymbol{A}^{\mathrm{T}}=\boldsymbol{E}$,则 $\boldsymbol{A}$ 称为正交矩阵).

解析:根据正交矩阵的定义和行列式的性质来证明.

因为 $|\boldsymbol{E}+\boldsymbol{A}|=|\boldsymbol{A}\boldsymbol{A}^{\mathrm{T}}+\boldsymbol{A}|=|\boldsymbol{A}|\cdot|\boldsymbol{A}^{\mathrm{T}}+\boldsymbol{E}|=-|(\boldsymbol{A}+\boldsymbol{E})^{\mathrm{T}}|$

$=-|(\boldsymbol{A}+\boldsymbol{E})|=-|\boldsymbol{E}+\boldsymbol{A}|$,

所以 $|\boldsymbol{E}+\boldsymbol{A}|=0$.

例4 设 $\boldsymbol{A}$、$\boldsymbol{B}$ 均为 n 阶方阵,且$|\boldsymbol{A}|=2$,$|\boldsymbol{B}|=3$,求$|\boldsymbol{A}^*\boldsymbol{B}^*-\boldsymbol{A}^*\boldsymbol{B}^{-1}|$.

解析:这种题型通常都是用 $\boldsymbol{A}^*$、$\boldsymbol{B}^{-1}$ 的性质来求解.

由 $|\boldsymbol{A}^*\boldsymbol{B}^*-\boldsymbol{A}^*\boldsymbol{B}^{-1}|=|\boldsymbol{A}^*||\boldsymbol{B}^*-\boldsymbol{B}^{-1}|$,

而 $|\boldsymbol{A}^*|=|\boldsymbol{A}|^{n-1}$,$\boldsymbol{B}^*=|\boldsymbol{B}|\boldsymbol{B}^{-1}$,

故 $|\boldsymbol{A}^*||\boldsymbol{B}^*-\boldsymbol{B}^{-1}|=|\boldsymbol{A}|^{n-1}||\boldsymbol{B}|\boldsymbol{B}^{-1}-\boldsymbol{B}^{-1}|$

$=|\boldsymbol{A}|^{n-1}||\boldsymbol{B}|\boldsymbol{E}-\boldsymbol{E}|\cdot|\boldsymbol{B}^{-1}|=|\boldsymbol{A}|^{n-1}|3\boldsymbol{E}-\boldsymbol{E}|\cdot\frac{1}{|\boldsymbol{B}|}$

$$= |A|^{n-1} \cdot |2E| \cdot \frac{1}{|B|} = 2^{n-1} \cdot 2^n \cdot \frac{1}{3} = \frac{2^{2n-1}}{3}.$$

例 5　设 $A = \begin{pmatrix} 1 & -1 & -1 & -1 \\ -1 & 1 & -1 & -1 \\ -1 & -1 & 1 & -1 \\ -1 & -1 & -1 & 1 \end{pmatrix}$，试求 A^2, A^n.

解析：在求 A^n 的时候，常常不是机械地连乘，而是采用特殊变形或归纳的方法来计算.

$$A^2 = \begin{pmatrix} 4 & 0 & 0 & 0 \\ 0 & 4 & 0 & 0 \\ 0 & 0 & 4 & 0 \\ 0 & 0 & 0 & 4 \end{pmatrix}，即 A^2 = 2^2 E.$$

对 A^n 分两种情形讨论：

(1) n 为偶数，即 $n = 2k$ 时，于是

$$A^n = A^{2k} = (A^2)^k = (2^2 E)^k = 2^{2k} E = 2^n E.$$

(2) n 为奇数，即 $n = 2k + 1$ 时，于是

$$A^n = A^{2k+1} = A^{2k} \cdot A = 2^{2k} EA = 2^{n-1} A.$$

例 6　设矩阵 $A = \begin{pmatrix} 1 & 0 & 0 \\ 1 & 0 & 1 \\ 0 & 1 & 0 \end{pmatrix}$.

(1) 证明：当 $n \geqslant 3$ 时，有 $A^n = A^{n-2} + A^2 - E$；

(2) 求 A^{100}.

解析：利用数学归纳法来证明，采用特殊变形或归纳的方法求 A^n.

(1) 当 $n = 3$ 时，$A^3 = A + A^2 - E$ 成立.

假设 $A^{n-1} = A^{n-3} + A^2 - E$，

于是 $A^n = A \cdot A^{n-1} = A(A^{n-3} + A^2 - E) = A^{n-2} + A^3 - A$

$$= A^{n-2} + (A + A^2 - E) - A = A^{n-2} + A^2 - E.$$

故 $A^n = A^{n-2} + A^2 - E$ 对任意 $n \geqslant 3$ 成立.

(2) $A^{100} = A^{98} + A^2 - E = (A^{96} + A^2 - E) + A^2 - E$

$$= A^{96} + 2(A^2 - E) = \cdots = A^2 + 49(A^2 - E).$$

所以 $A^{100} = \begin{pmatrix} 1 & 0 & 0 \\ 50 & 1 & 0 \\ 50 & 0 & 1 \end{pmatrix}$.

例 7　设 5×5 矩阵 $A = (\alpha, r_2, r_3, r_4, r_5)$；$B = (\beta, r_2, r_3, r_4, r_5)$；$\alpha, \beta, r_2, r_3, r_4, r_5$ 为 5 维列向量，已知 $|A| = 4, |B| = 1$，求 $|A + B|$.

解析：要注意矩阵的加法与行列式的区别.

$$|A + B| = |(\alpha + \beta, 2r_2, 2r_3, 2r_4, 2r_5)|$$
$$= 16[|(\alpha, r_2, r_3, r_4, r_5)| + |(\beta, r_2, r_3, r_4, r_5)|]$$
$$= 16[|A| + |B|] = 80$$

例 8　设 n 阶矩阵 $A = E + \alpha\beta^T$，其中 n 维列向量 $\alpha = (a_1, a_2, \cdots, a_n)^T \neq 0, \beta =$

$(b_1,b_2,\cdots,b_n)^{\mathrm{T}}\neq\mathbf{0}$,且$\boldsymbol{\alpha}^{\mathrm{T}}\boldsymbol{\beta}=0$,$\boldsymbol{E}$是$n$阶单位矩阵,试求$|\boldsymbol{A}|$,$\boldsymbol{A}^{-1}$.

解析:利用加边法计算$|\boldsymbol{A}|$,并利用逆矩阵的定义求$\boldsymbol{A}^{-1}$.

构造$n+1$阶加边行列式,且$\boldsymbol{\alpha}^{\mathrm{T}}\boldsymbol{\beta}=\sum\limits_{i=1}^{n}a_ib_i=\mathbf{0}$,于是

$$|\boldsymbol{A}|=|\boldsymbol{E}+\boldsymbol{\alpha}\boldsymbol{\beta}^{\mathrm{T}}|=\begin{vmatrix}1+a_1b_1 & a_1b_2 & \cdots & a_1b_n\\ a_2b_1 & 1+a_2b_2 & \cdots & a_2b_n\\ \cdots & \cdots & \cdots & \cdots\\ a_nb_1 & a_nb_2 & \cdots & 1+a_nb_n\end{vmatrix}$$

$$=\begin{vmatrix}1 & b_1 & b_2 & \cdots & b_n\\ 0 & 1+a_1b_1 & a_1b_2 & \cdots & a_1b_n\\ 0 & a_2b_1 & 1+a_2b_2 & \cdots & a_2b_n\\ \cdots & \cdots & \cdots & \cdots & \cdots\\ 0 & a_nb_1 & a_nb_2 & \cdots & 1+a_nb_n\end{vmatrix}$$

$$=\begin{vmatrix}1 & b_1 & b_2 & \cdots & b_n\\ -a_1 & 1 & 0 & \cdots & 0\\ -a_2 & 0 & 1 & \cdots & 0\\ \cdots & \cdots & \cdots & \cdots & \cdots\\ -a_n & 0 & 0 & \cdots & 1\end{vmatrix}=\begin{vmatrix}1+\sum\limits_{i=1}^{n}a_ib_i & b_1 & b_2 & \cdots & b_n\\ 0 & 1 & 0 & \cdots & 0\\ 0 & 0 & 1 & \cdots & 0\\ \cdots & \cdots & \cdots & \cdots & \cdots\\ 0 & 0 & 0 & \cdots & 1\end{vmatrix}$$

$$=1+\sum_{i=1}^{n}a_ib_i=1.$$

由于$|\boldsymbol{A}|\neq 0$,故$\boldsymbol{A}$可逆.由于

$$\boldsymbol{A}^2=(\boldsymbol{E}+\boldsymbol{\alpha}\boldsymbol{\beta}^{\mathrm{T}})(\boldsymbol{E}+\boldsymbol{\alpha}\boldsymbol{\beta}^{\mathrm{T}})=\boldsymbol{E}+2\boldsymbol{\alpha}\boldsymbol{\beta}^{\mathrm{T}}+\boldsymbol{\alpha}\boldsymbol{\beta}^{\mathrm{T}}\boldsymbol{\alpha}\boldsymbol{\beta}^{\mathrm{T}}$$
$$=\boldsymbol{E}+2\boldsymbol{\alpha}\boldsymbol{\beta}^{\mathrm{T}}=2\boldsymbol{E}+2\boldsymbol{\alpha}\boldsymbol{\beta}^{\mathrm{T}}-\boldsymbol{E}=2\boldsymbol{A}-\boldsymbol{E}.$$

故$2\boldsymbol{A}-\boldsymbol{A}^2=\boldsymbol{E}$,即$(2\boldsymbol{E}-\boldsymbol{A})\boldsymbol{A}=\boldsymbol{E}$,

所以$\boldsymbol{A}^{-1}=2\boldsymbol{E}-\boldsymbol{A}=\boldsymbol{E}-\boldsymbol{\alpha}\boldsymbol{\beta}^{\mathrm{T}}$.

例9 设n阶方阵$\boldsymbol{A}$满足$\boldsymbol{A}^2-3\boldsymbol{A}-4\boldsymbol{E}=\mathbf{0}$.

(1)证明:$\boldsymbol{A}$可逆,并求$\boldsymbol{A}^{-1}$;(2)若$|\boldsymbol{A}|=2$,求$|6\boldsymbol{A}+8\boldsymbol{E}|$的值.

解析:这种题型通常都是用$\boldsymbol{A}^{-1}$定义、矩阵方程的配平以及矩阵的行列式的性质来求解.

(1) **证明**:因为$\boldsymbol{A}^2-3\boldsymbol{A}-4\boldsymbol{E}=\mathbf{0}$,$\boldsymbol{A}(\boldsymbol{A}-3\boldsymbol{E})=4\boldsymbol{E}$,

$\boldsymbol{A}(\frac{1}{4}\boldsymbol{A}-\frac{3}{4}\boldsymbol{E})=\boldsymbol{E}$,所以$\boldsymbol{A}$可逆,且$\boldsymbol{A}^{-1}=\frac{1}{4}\boldsymbol{A}-\frac{3}{4}\boldsymbol{E}$.

(2) **解**:$|6\boldsymbol{A}+8\boldsymbol{E}|=|6\boldsymbol{A}+2\boldsymbol{A}^2-6\boldsymbol{A}|=|2\boldsymbol{A}^2|=2^n|\boldsymbol{A}|^2=2^{n+2}$.

例10 设$\boldsymbol{A}=\begin{pmatrix}1 & 1 & -1\\ -1 & 1 & 1\\ 1 & -1 & 1\end{pmatrix}$,$\boldsymbol{A}^*\boldsymbol{X}=\boldsymbol{A}^{-1}+2\boldsymbol{X}$,求$\boldsymbol{X}$.

解析:这种题型的题称为"矩阵方程",其解法是利用方阵的左乘、右乘、取逆等方法求解出未知矩阵.

原式可化成 $A^*X-2X=A^{-1}$，即 $(A^*-2E)X=A^{-1}$，$(AA^*-2A)X=E$。
而 $AA^*=|A|E$，故 $(|A|E-2A)X=E$。

所以 $X=(|A|E-2A)^{-1}$。

又 $|A|=\begin{vmatrix}1&1&-1\\-1&1&1\\1&-1&1\end{vmatrix}=4$，

所以 $|A|E-2A=2\begin{pmatrix}1&-1&1\\1&1&1\\-1&1&1\end{pmatrix}$，

$$X=\frac{1}{2}\begin{pmatrix}1&-1&1\\1&1&1\\-1&1&1\end{pmatrix}^{-1}=\frac{1}{4}\begin{pmatrix}1&1&0\\0&1&1\\1&0&1\end{pmatrix}.$$

例 11　已知矩阵 A 的伴随矩阵 $A^*=\begin{pmatrix}1&0&0&0\\0&1&0&0\\1&0&1&0\\0&-3&0&8\end{pmatrix}$，且 $ABA^{-1}=BA^{-1}+3E$，求 B。

解析：由 A^* 确定 $|A|$ 并求出 A，从而由矩阵方程解出未知矩阵。

首先由 A^* 确定 $|A|$。由 $|A|^3=|A^*|=8$，故 $|A|=2$。

化简矩阵方程 $ABA^{-1}=BA^{-1}+3E$，

即　$(A-E)BA^{-1}=3E$，

得　$(A-E)B=3A$，

所以　$B=3(A-E)^{-1}A$。

由 A^* 求出 A。由 $AA^*=|A|E=2E$，得

$$A=2(A^*)^{-1}=2\begin{pmatrix}1&0&0&0\\0&1&0&0\\-1&0&1&0\\0&\frac{3}{8}&0&\frac{1}{8}\end{pmatrix}=\begin{pmatrix}2&0&0&0\\0&2&0&0\\-2&0&2&0\\0&\frac{3}{4}&0&\frac{1}{4}\end{pmatrix},$$

这样 $A-E=\begin{pmatrix}1&0&0&0\\0&1&0&0\\-2&0&1&0\\0&\frac{3}{4}&0&-\frac{3}{4}\end{pmatrix}$ 可逆，且 $(A-E)^{-1}=\begin{pmatrix}1&0&0&0\\0&1&0&0\\2&0&1&0\\0&1&0&-\frac{3}{4}\end{pmatrix}$，

所以　$B=3(A-E)^{-1}A=\begin{pmatrix}6&0&0&0\\0&6&0&0\\6&0&6&0\\0&3&0&-1\end{pmatrix}$.

例 12　设 A,B,C 均为 n 阶方阵，证明 $\begin{pmatrix}A&0\\B&C\end{pmatrix}^{-1}=\begin{pmatrix}A^{-1}&0\\-C^{-1}BA^{-1}&C^{-1}\end{pmatrix}$.

解析:本题的方法具有代表性,是利用分块矩阵求逆矩阵的基本方法.

设 $\begin{pmatrix} A & 0 \\ B & C \end{pmatrix}^{-1} = \begin{bmatrix} A_1 & A_2 \\ A_3 & A_4 \end{bmatrix}$,

则由逆矩阵的定义,应有:

$$\begin{pmatrix} A & 0 \\ B & C \end{pmatrix}\begin{bmatrix} A_1 & A_2 \\ A_3 & A_4 \end{bmatrix} = \begin{bmatrix} E_n & 0 \\ 0 & E_n \end{bmatrix}.$$

因为　$AA_1 = E_n, AA_2 = 0, BA_1 + CA_3 = 0, BA_2 + CA_4 = E_n$,

所以　$A_1 = A^{-1}, A_2 = 0, A_3 = -C^{-1}BA^{-1}, A_4 = C^{-1}$.

代入,得 $\begin{pmatrix} A & 0 \\ B & C \end{pmatrix}^{-1} = \begin{bmatrix} A^{-1} & 0 \\ -C^{-1}BA^{-1} & C^{-1} \end{bmatrix}$.

例 13　设 A 是 n 阶非奇异矩阵,α 是 n 维列向量,b 为常数,且 $P = \begin{pmatrix} E & 0 \\ -\alpha^T A^* & |A| \end{pmatrix}$,

$Q = \begin{pmatrix} A & \alpha \\ \alpha^T & b \end{pmatrix}$. (1) 计算 PQ;(2) Q 可逆 $\Leftrightarrow \alpha^T A^{-1}\alpha \neq b$.

解析:利用分块矩阵的性质来计算:

(1) $PQ = \begin{pmatrix} E & 0 \\ -\alpha^T A^* & |A| \end{pmatrix}\begin{pmatrix} A & \alpha \\ \alpha^T & b \end{pmatrix} = \begin{pmatrix} A & \alpha \\ -\alpha^T A^* A + |A|\alpha^T & -\alpha^T A^* \alpha + b|A| \end{pmatrix}$

$= \begin{pmatrix} A & \alpha \\ 0 & |A|(b - \alpha^T A^{-1}\alpha) \end{pmatrix}$.

(2) $|PQ| = \begin{vmatrix} A & \alpha \\ 0 & |A|(b - \alpha^T A^{-1}\alpha) \end{vmatrix} = |A|^2 |b - \alpha^T A^{-1}\alpha|$,

又因为　$|P| = |A| \neq 0$,故 $|Q| \neq 0 \Leftrightarrow b \neq \alpha^T A^{-1}\alpha$,即 Q 可逆 $\Leftrightarrow \alpha^T A^{-1}\alpha \neq b$.

例 14　设 $A = \begin{bmatrix} a_1 E_1 & 0 & \cdots & 0 \\ 0 & a_2 E_2 & \cdots & 0 \\ \cdots & \cdots & \cdots & \cdots \\ 0 & 0 & \cdots & a_r E_r \end{bmatrix}$,其中 $a_i \neq a_j (i \neq j)$,E_i 是 n_i 阶单位矩阵,

$\sum_{i=1}^{r} n_i = n$. 证明:与 A 可交换的矩阵只能是准对角矩阵 $\begin{bmatrix} A_1 & & & \\ & A_2 & & \\ & & \ddots & \\ & & & A_r \end{bmatrix}$,其中 $A_i (i = 1,2,\cdots,n)$ 是 n 阶矩阵.

解析:有些矩阵的证明题也可按矩阵原始的定义去证明,但是往往较为繁琐,一般不采用这种方法证明有关矩阵的题目.

设 $B = \begin{bmatrix} B_{11} & B_{12} & \cdots & B_{1r} \\ B_{21} & B_{22} & \cdots & B_{2r} \\ \cdots & \cdots & \cdots & \cdots \\ B_{r1} & B_{r2} & \cdots & B_{rr} \end{bmatrix}$ 与 A 可交换,其中 B_{ij} 是 n_i 阶矩阵,则 $AB = BA$,可得

$a_i E_i B_{ij} = B_{ij} a_j E_j (i,j = 1,2,\cdots,r)$.

当 $i \neq j$ 时，由 $a_i\boldsymbol{B}_{ij} = \boldsymbol{B}_{ij}a_j$，得 $(a_i - a_j)\boldsymbol{B}_{ij} = \boldsymbol{0}$；又因为 $a_i \neq a_j (i \neq j)$，因而 $\boldsymbol{B}_{ij} = \boldsymbol{0}$.

因此 $\boldsymbol{B}$ 只能是准对角矩阵 $\begin{pmatrix} \boldsymbol{B}_{11} & & & \\ & \boldsymbol{B}_{22} & & \\ & & \ddots & \\ & & & \boldsymbol{B}_{rr} \end{pmatrix}$，其中 $\boldsymbol{B}_{ij}$ 是 $n_i (i = 1,2,\cdots,r)$ 阶矩阵.

例 15　我国某地方为避开高峰期用电，实行分时段计费，鼓励夜间用电. 某地白天(AM8:00－PM11:00)与夜间(PM11:00－AM8:00)的电费标准为 P，若某宿舍两用户某月的用电情况如下 $\begin{pmatrix} 120 & 150 \\ 132 & 174 \end{pmatrix}$，其中行数表示用户一、用户二，列数表示白天、夜晚. 所交电费 $\boldsymbol{F} = (90.29 \quad 101.41)$，问如何用矩阵的运算表示当地的电费标准 P？

解析：令 $\boldsymbol{A} = \begin{pmatrix} 120 & 150 \\ 132 & 174 \end{pmatrix}$

因为 $\boldsymbol{AP} = \boldsymbol{F}^{\mathrm{T}}$，所以 $\boldsymbol{P} = \boldsymbol{A}^{-1}\boldsymbol{F}^{\mathrm{T}}$.

下面用初等变换求 $\boldsymbol{A}^{-1}$

$$\begin{pmatrix} 120 & 150 & 1 & 0 \\ 132 & 174 & 0 & 1 \end{pmatrix} \to \begin{pmatrix} 4 & 5 & \frac{1}{30} & 0 \\ 132 & 174 & 0 & 1 \end{pmatrix} \to \begin{pmatrix} 4 & 5 & \frac{1}{30} & 0 \\ 0 & 9 & -\frac{11}{10} & \frac{1}{9} \end{pmatrix}$$

$$\to \begin{pmatrix} 4 & 0 & \frac{29}{45} & -\frac{5}{9} \\ 0 & 1 & -\frac{11}{90} & \frac{1}{9} \end{pmatrix} \to \begin{pmatrix} 1 & 0 & \frac{29}{180} & -\frac{5}{36} \\ 0 & 1 & -\frac{11}{90} & \frac{1}{9} \end{pmatrix}$$

因此 $\boldsymbol{A}^{-1} = \begin{pmatrix} \frac{29}{180} & -\frac{5}{36} \\ -\frac{11}{90} & \frac{1}{9} \end{pmatrix}$.

所以 $\boldsymbol{P} = \boldsymbol{A}^{-1}\boldsymbol{F}^{\mathrm{T}} = \begin{pmatrix} \frac{29}{180} & -\frac{5}{36} \\ -\frac{11}{90} & \frac{1}{9} \end{pmatrix} \begin{pmatrix} 90.29 \\ 101.41 \end{pmatrix} = \begin{pmatrix} 0.4620 \\ 0.2323 \end{pmatrix}$.

即白天的电费标准为 0.462 元/度，夜间电费标准为 0.2313 元/度.

例 16　某高校为促进计算机的普及，对教师进行分批脱产培训. 现有教师 600 人，其中参加培训的教师中有 $\frac{3}{5}$ 毕业返回工作岗位. 若教师总人数不变，问 1 年后在岗教师和在培训教师各有多少人？2 年以后又如何？

解析：依题意，设 $\boldsymbol{A} = \begin{pmatrix} \frac{4}{5} & \frac{3}{5} \\ \frac{1}{5} & \frac{2}{5} \end{pmatrix}$，其中第一行元素分别为 1 年后在岗培训教师和在培训教师返岗的百分比，第二行元素分别为 1 年后离岗培训教师和培训教师未返岗的百分比，令 $\boldsymbol{X} = \begin{pmatrix} 500 \\ 100 \end{pmatrix}$，则 1 年后的人员结构为

$$\boldsymbol{AX}=\begin{pmatrix}\frac{4}{5} & \frac{3}{5}\\ \frac{1}{5} & \frac{2}{5}\end{pmatrix}\begin{pmatrix}500\\100\end{pmatrix}=\begin{pmatrix}460\\140\end{pmatrix}$$，即在岗教师 460 人，在培训教师 140 人.

2 年后的人员结构为

$$\boldsymbol{A}^2\boldsymbol{X}=\boldsymbol{A}(\boldsymbol{AX})\begin{pmatrix}\frac{4}{5} & \frac{3}{5}\\ \frac{1}{5} & \frac{2}{5}\end{pmatrix}\begin{pmatrix}460\\148\end{pmatrix}=\begin{pmatrix}452\\148\end{pmatrix}$$，即在岗教师 452 人，在培训教师 148 人.

类似地，不难求 k 年后的情景：$\boldsymbol{A}^k\boldsymbol{X}=\boldsymbol{A}^k\begin{pmatrix}500\\100\end{pmatrix}$，当 k 较大时，计算 $\boldsymbol{A}^k$ 一般比较麻烦，可以用后面学的方法计算.

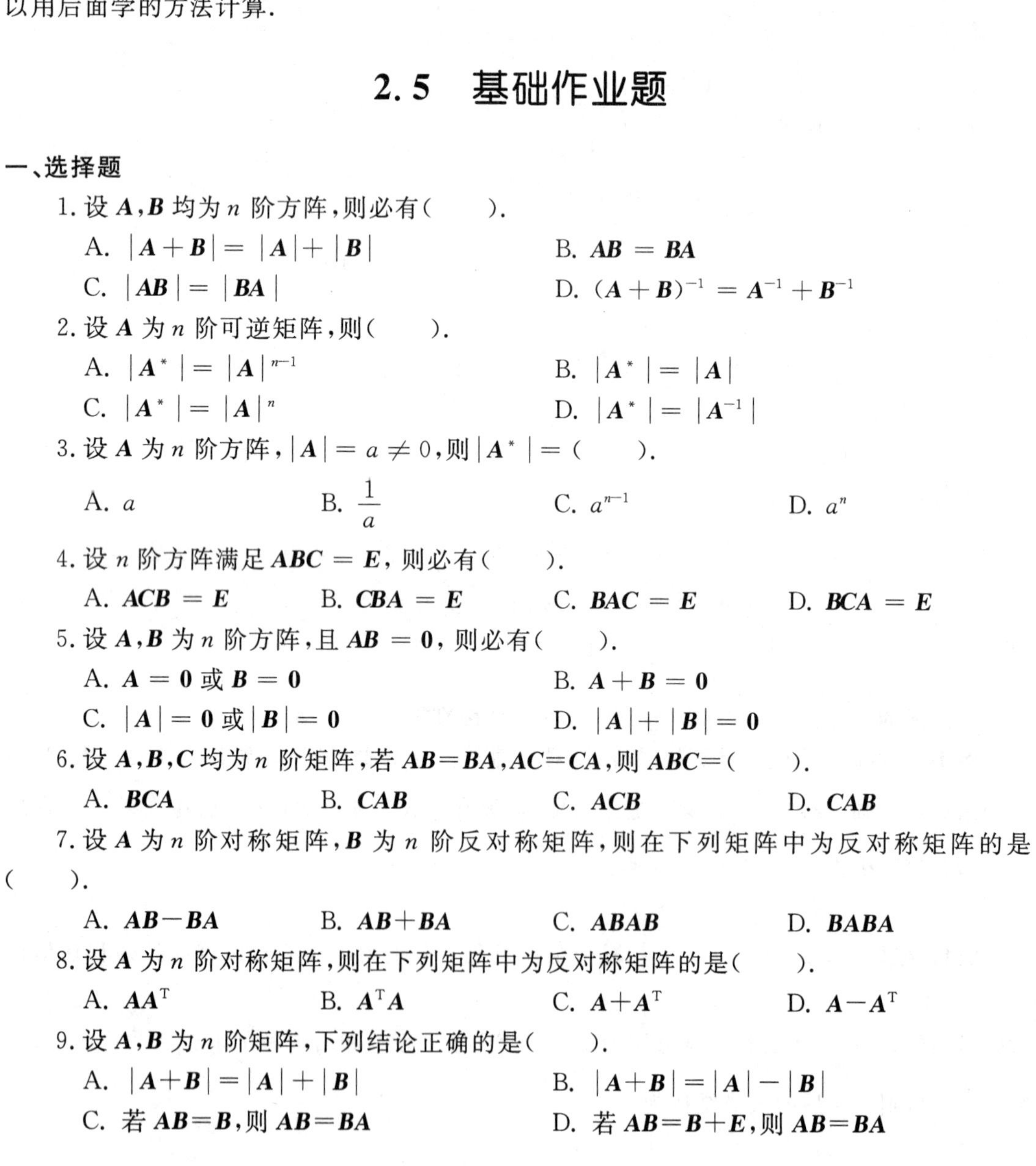

2.5 基础作业题

一、选择题

1. 设 $\boldsymbol{A},\boldsymbol{B}$ 均为 n 阶方阵，则必有(　　).

   A. $|\boldsymbol{A}+\boldsymbol{B}|=|\boldsymbol{A}|+|\boldsymbol{B}|$　　B. $\boldsymbol{AB}=\boldsymbol{BA}$

   C. $|\boldsymbol{AB}|=|\boldsymbol{BA}|$　　D. $(\boldsymbol{A}+\boldsymbol{B})^{-1}=\boldsymbol{A}^{-1}+\boldsymbol{B}^{-1}$

2. 设 $\boldsymbol{A}$ 为 n 阶可逆矩阵，则(　　).

   A. $|\boldsymbol{A}^*|=|\boldsymbol{A}|^{n-1}$　　B. $|\boldsymbol{A}^*|=|\boldsymbol{A}|$

   C. $|\boldsymbol{A}^*|=|\boldsymbol{A}|^n$　　D. $|\boldsymbol{A}^*|=|\boldsymbol{A}^{-1}|$

3. 设 $\boldsymbol{A}$ 为 n 阶方阵，$|\boldsymbol{A}|=a\neq 0$，则 $|\boldsymbol{A}^*|=$(　　).

   A. a　　B. $\frac{1}{a}$　　C. a^{n-1}　　D. a^n

4. 设 n 阶方阵满足 $\boldsymbol{ABC}=\boldsymbol{E}$，则必有(　　).

   A. $\boldsymbol{ACB}=\boldsymbol{E}$　　B. $\boldsymbol{CBA}=\boldsymbol{E}$　　C. $\boldsymbol{BAC}=\boldsymbol{E}$　　D. $\boldsymbol{BCA}=\boldsymbol{E}$

5. 设 $\boldsymbol{A},\boldsymbol{B}$ 为 n 阶方阵，且 $\boldsymbol{AB}=\boldsymbol{0}$，则必有(　　).

   A. $\boldsymbol{A}=\boldsymbol{0}$ 或 $\boldsymbol{B}=\boldsymbol{0}$　　B. $\boldsymbol{A}+\boldsymbol{B}=\boldsymbol{0}$

   C. $|\boldsymbol{A}|=0$ 或 $|\boldsymbol{B}|=0$　　D. $|\boldsymbol{A}|+|\boldsymbol{B}|=0$

6. 设 $\boldsymbol{A},\boldsymbol{B},\boldsymbol{C}$ 均为 n 阶矩阵，若 $\boldsymbol{AB}=\boldsymbol{BA},\boldsymbol{AC}=\boldsymbol{CA}$，则 $\boldsymbol{ABC}=$(　　).

   A. $\boldsymbol{BCA}$　　B. $\boldsymbol{CAB}$　　C. $\boldsymbol{ACB}$　　D. $\boldsymbol{CAB}$

7. 设 $\boldsymbol{A}$ 为 n 阶对称矩阵，$\boldsymbol{B}$ 为 n 阶反对称矩阵，则在下列矩阵中为反对称矩阵的是(　　).

   A. $\boldsymbol{AB}-\boldsymbol{BA}$　　B. $\boldsymbol{AB}+\boldsymbol{BA}$　　C. $\boldsymbol{ABAB}$　　D. $\boldsymbol{BABA}$

8. 设 $\boldsymbol{A}$ 为 n 阶对称矩阵，则在下列矩阵中为反对称矩阵的是(　　).

   A. $\boldsymbol{AA}^{\mathrm{T}}$　　B. $\boldsymbol{A}^{\mathrm{T}}\boldsymbol{A}$　　C. $\boldsymbol{A}+\boldsymbol{A}^{\mathrm{T}}$　　D. $\boldsymbol{A}-\boldsymbol{A}^{\mathrm{T}}$

9. 设 $\boldsymbol{A},\boldsymbol{B}$ 为 n 阶矩阵，下列结论正确的是(　　).

   A. $|\boldsymbol{A}+\boldsymbol{B}|=|\boldsymbol{A}|+|\boldsymbol{B}|$　　B. $|\boldsymbol{A}+\boldsymbol{B}|=|\boldsymbol{A}|-|\boldsymbol{B}|$

   C. 若 $\boldsymbol{AB}=\boldsymbol{B}$，则 $\boldsymbol{AB}=\boldsymbol{BA}$　　D. 若 $\boldsymbol{AB}=\boldsymbol{B}+\boldsymbol{E}$，则 $\boldsymbol{AB}=\boldsymbol{BA}$

10. $\boldsymbol{A},\boldsymbol{B}$ 为 $n(n\geqslant 2)$ 阶矩阵，$\boldsymbol{A}^*$ 为 $\boldsymbol{A}$ 的伴随矩阵，则下列等式中正确的是(　　).

A. $(-\boldsymbol{A})^*=-\boldsymbol{A}^*$　　B. $|\boldsymbol{A}^*|=|\boldsymbol{A}|^n$

C. $|-\boldsymbol{A}|=-|\boldsymbol{A}|$　　D. $(-\boldsymbol{A})^{-1}=-\boldsymbol{A}^{-1}$

二、填空题

1. 设 $\boldsymbol{A},\boldsymbol{B}$ 均为 n 阶方阵，$|\boldsymbol{A}|=2$，$|\boldsymbol{B}|=-3$，则 $|2\boldsymbol{A}^*\boldsymbol{B}^{-1}|=$ ______.

2. 设 $\boldsymbol{A}=\begin{pmatrix}3&0&0\\1&4&0\\0&0&3\end{pmatrix}$，则 $(\boldsymbol{A}-2\boldsymbol{E})^{-1}=$ ______.

3. 设 $\boldsymbol{A}=\begin{pmatrix}-1&0&0\\2&2&0\\3&4&5\end{pmatrix}$，则 $(\boldsymbol{A}^*)^{-1}=$ ______.

4. 设 $\boldsymbol{A}$ 为 n 阶方阵，$|\boldsymbol{A}|=2$，则 $|\boldsymbol{A}\boldsymbol{A}^*|=$ ______.

5. 设 $\boldsymbol{A}=\begin{pmatrix}1&-1\\1&-1\end{pmatrix}$，则 $\boldsymbol{A}^{100}=$ ______.

6. 设矩阵 $\boldsymbol{A}$、$\boldsymbol{B}$ 满足 $\boldsymbol{A}^*\boldsymbol{B}\boldsymbol{A}=2\boldsymbol{B}\boldsymbol{A}-8\boldsymbol{E}$，其中 $\boldsymbol{A}=\begin{pmatrix}1&0&0\\0&-2&0\\0&0&1\end{pmatrix}$，$\boldsymbol{A}^*$ 为 $\boldsymbol{A}$ 的伴随矩阵，则 $\boldsymbol{B}=$ ______.

7. 设矩阵 $\boldsymbol{A}=\begin{pmatrix}1&-1\\2&3\end{pmatrix}$，$\boldsymbol{B}=\boldsymbol{A}^2-3\boldsymbol{A}+2\boldsymbol{E}$，则 $\boldsymbol{B}^{-1}=$ ______.

8. 已知实矩阵 $\boldsymbol{A}=(a_{ij})_{3\times3}$ 满足条件 $a_{ij}=A_{ij}(i,j=1,2,3)$，其中 A_{ij} 是 a_{ij} 的代数余子式，并且 $a_{11}\neq0$，则 $|\boldsymbol{A}|=$ ______.

9. 设 $\boldsymbol{A}=\begin{pmatrix}0&-1&0\\1&0&0\\0&0&1\end{pmatrix}$，$\boldsymbol{B}=\boldsymbol{P}^{-1}\boldsymbol{A}\boldsymbol{P}$，其中 $\boldsymbol{P}$ 为三阶可逆矩阵，则 $\boldsymbol{B}^{2004}-2\boldsymbol{A}^2=$ ______.

10. 设 $\boldsymbol{A}$ 为 n 阶方阵，$\boldsymbol{B}$ 为 m 阶方阵，且 $|\boldsymbol{A}|=a$，$|\boldsymbol{B}|=b$，$\boldsymbol{C}=\begin{pmatrix}\boldsymbol{0}&\boldsymbol{A}\\\boldsymbol{B}&\boldsymbol{0}\end{pmatrix}$，则 $|\boldsymbol{C}|=$ ______.

三、计算题

1. 设 $\boldsymbol{A}=\begin{pmatrix}a&b&c\\c&b&a\\1&1&1\end{pmatrix}$，$\boldsymbol{B}=\begin{pmatrix}1&a&c\\1&b&b\\1&c&a\end{pmatrix}$，计算 $\boldsymbol{A}\boldsymbol{B}$，$\boldsymbol{A}\boldsymbol{B}-\boldsymbol{B}\boldsymbol{A}$.

2. 若 $\boldsymbol{A}=\begin{pmatrix}2&2&3\\1&-1&0\\-1&2&1\end{pmatrix}$，计算逆矩阵.

3. $\boldsymbol{A}=\begin{pmatrix}0&1&0\\-1&1&1\\-1&0&-1\end{pmatrix}$，$\boldsymbol{B}=\begin{pmatrix}1&-1\\2&0\\5&3\end{pmatrix}$，且 $\boldsymbol{X}=\boldsymbol{A}\boldsymbol{X}+\boldsymbol{B}$，求 $\boldsymbol{X}$.

4. 设 $\boldsymbol{A},\boldsymbol{B}$ 为 3 阶矩阵，$\boldsymbol{AB}+\boldsymbol{E}=\boldsymbol{A}^2+\boldsymbol{B}$，$\boldsymbol{A}=\begin{pmatrix}1&0&1\\0&2&0\\-1&0&1\end{pmatrix}$，求 $\boldsymbol{B}$.

5. 设 $\boldsymbol{A}$ 为 n 阶矩阵，$|\boldsymbol{A}|=\frac{1}{2}$，求 $|(3\boldsymbol{A})^{-1}-2\boldsymbol{A}^*|$.

6. 已知 3 阶矩阵 $\boldsymbol{A}$ 的伴随矩阵 $\boldsymbol{A}^*=\begin{pmatrix}1&0&0\\2&3&0\\4&5&6\end{pmatrix}$，求 $\boldsymbol{A}$.

7. 设矩阵 $\boldsymbol{A}=\begin{pmatrix}1&0&1\\2&1&0\\-3&2&-5\end{pmatrix}$，$\boldsymbol{B}=\begin{pmatrix}1&-2&3\\0&1&-2\\0&0&-1\end{pmatrix}$，求 $\boldsymbol{A}^{-1}$，$\boldsymbol{B}^{\mathrm{T}}\boldsymbol{A}$，$(\boldsymbol{B}^*)^{-1}$.

8. 设矩阵 $\boldsymbol{A}=\begin{pmatrix}1&1&-1\\0&1&1\\0&0&-1\end{pmatrix}$，$\boldsymbol{B}=\begin{pmatrix}2&0&1\\0&2&0\\0&0&2\end{pmatrix}$，已知 $\boldsymbol{AXB}=\boldsymbol{AX}+\boldsymbol{A}^2\boldsymbol{B}-\boldsymbol{A}^2+\boldsymbol{B}$，求 $\boldsymbol{X}$.

9. 设矩阵 $\boldsymbol{A}=\begin{pmatrix}1&2&0&0\\-2&3&4&0\\0&-4&5&6\\0&0&-6&7\end{pmatrix}$，已知 $\boldsymbol{B}=(\boldsymbol{E}+\boldsymbol{A})^{-1}(\boldsymbol{E}-\boldsymbol{A})$，试求 $(\boldsymbol{E}+\boldsymbol{B})^{-1}$.

10. 设 n 阶矩阵 $\boldsymbol{A}=\begin{pmatrix}1&0&0&\cdots&0\\1&1&0&\cdots&0\\1&0&1&\cdots&0\\\cdots&\cdots&\cdots&\cdots&\cdots\\1&0&0&\cdots&1\end{pmatrix}$，其中 $n\geqslant 2$，求 $\boldsymbol{A}^*$.

四、证明题

1. 设 $\boldsymbol{A},\boldsymbol{B}$ 均为 n 阶方阵，$\boldsymbol{E}$ 为 n 阶单位矩阵，$\boldsymbol{B}=2\boldsymbol{A}-\boldsymbol{E}$，证明 $\boldsymbol{B}^2=\boldsymbol{E}$ 的充分必要条件是 $\boldsymbol{A}^2=\boldsymbol{A}$.

2. 设 $\boldsymbol{A},\boldsymbol{B}$ 为 n 阶方阵，证明：若 $\boldsymbol{A}+\boldsymbol{B}=\boldsymbol{AB}$，则 $\boldsymbol{AB}=\boldsymbol{BA}$；若 $\boldsymbol{A}-\boldsymbol{B}=\boldsymbol{AB}$，则 $\boldsymbol{AB}=\boldsymbol{BA}$.

3. 设 $\boldsymbol{A}=(a_{ij})_{n\times n}$，$n$ 为奇数，且 $|\boldsymbol{A}|=1$，又 $\boldsymbol{A}^{\mathrm{T}}=\boldsymbol{A}^{-1}$，试证 $\boldsymbol{E}-\boldsymbol{A}$ 不可逆.

4. 设 $\boldsymbol{A},\boldsymbol{B}$ 为 n 阶方阵，且满足 $2\boldsymbol{B}^{-1}\boldsymbol{A}=\boldsymbol{A}-4\boldsymbol{E}$，其中 $\boldsymbol{E}$ 为 n 阶单位矩阵，证明 $\boldsymbol{B}-2\boldsymbol{E}$ 为可逆矩阵，并求 $(\boldsymbol{B}-2\boldsymbol{E})^{-1}$.

5. 设 $\boldsymbol{A},\boldsymbol{B}$ 为 n 阶方阵，证明：$\begin{vmatrix}\boldsymbol{A}&-\boldsymbol{A}\\\boldsymbol{B}&\boldsymbol{B}\end{vmatrix}=2^n|\boldsymbol{A}||\boldsymbol{B}|$.

6. 设 $\boldsymbol{A}$ 为 n 阶方阵，且 $\boldsymbol{A}^3-\boldsymbol{A}^2+2\boldsymbol{A}-\boldsymbol{E}=\boldsymbol{0}$，其中 $\boldsymbol{E}$ 为 n 阶单位矩阵，证明：$\boldsymbol{A}$ 与 $\boldsymbol{E}-\boldsymbol{A}$ 均可逆，并求 $\boldsymbol{A}^{-1}$ 和 $(\boldsymbol{E}-\boldsymbol{A})^{-1}$.

7. 设 $\boldsymbol{A}$ 为 n 阶方阵，且 $\boldsymbol{A}^2-\boldsymbol{A}-2\boldsymbol{E}=\boldsymbol{0}$，其中 $\boldsymbol{E}$ 为 n 阶单位矩阵，证明：$\boldsymbol{A}$ 与 $\boldsymbol{A}+2\boldsymbol{E}$ 均可逆，并求 $\boldsymbol{A}^{-1}$ 和 $(\boldsymbol{A}+2\boldsymbol{E})^{-1}$.

五、应用题

1. 某甲仓库的三类商品 4 种型号的库存件数用矩阵 $\boldsymbol{A}$ 表示为

$\boldsymbol{A}=\begin{pmatrix}1&2&1&5\\3&4&8&7\\2&5&2&3\end{pmatrix}$，乙仓库的三类商品 4 种型号的库存件数用矩阵 $\boldsymbol{B}$ 表示为

$\boldsymbol{B}=\begin{pmatrix}3&5&2&1\\2&1&3&3\\4&3&5&4\end{pmatrix}$，已知甲仓库每件商品的保管费为 3(元/件)，乙仓库每件商品的保管费为 2(元/件)，求甲、乙两仓库同类且同一种型号库存商品的保管费之和.

2. 一般通用的传递信息方法是 26 个字母依次对应 1－26 个整数，空格对应 0，如

a	b	c	d	e	f	g	h	i	j	k	l	m
1	2	3	4	5	6	7	8	9	10	11	12	13
n	o	p	q	r	s	t	u	v	w	x	y	z
14	15	16	17	18	19	20	21	22	23	24	25	26

空格对应 0

若加密密钥为矩阵 $\boldsymbol{A}=\begin{pmatrix}-1&-1&2&0\\1&1&-1&0\\0&0&-1&1\\1&0&0&-1\end{pmatrix}$，传输出信息为：－19，19，25，－21，0，18，－18，15，3，10，－8，3，－2，20，－7，12，它传输了什么信息？

2.6 综合作业题

一、选择题

1. 设 $\boldsymbol{A}$ 为 n 阶方阵，且 $\boldsymbol{A}^3=\boldsymbol{0}$，则(　　).

A. $\boldsymbol{E}-\boldsymbol{A}$ 不可逆，且 $\boldsymbol{E}+\boldsymbol{A}$ 不可逆

B. $\boldsymbol{E}-\boldsymbol{A}$ 不可逆，但 $\boldsymbol{E}+\boldsymbol{A}$ 可逆

C. $\boldsymbol{E}-\boldsymbol{A}$ 可逆，且 $\boldsymbol{A}^2-\boldsymbol{A}+\boldsymbol{E}$ 可逆

D. $\boldsymbol{E}-\boldsymbol{A}$ 可逆，且 $\boldsymbol{A}^2+\boldsymbol{A}+\boldsymbol{E}$ 不可逆

2. 设 $\boldsymbol{A}$ 为 $n(n\geqslant 2)$ 阶可逆矩阵，$\boldsymbol{A}^*$ 是 $\boldsymbol{A}$ 的伴随矩阵，则下列等式中正确的是(　　).

A. $(-\boldsymbol{A})^*=-\boldsymbol{A}^*$　　B. $|\boldsymbol{A}^*|=|\boldsymbol{A}|^n$

C. $|-\boldsymbol{A}|=-|\boldsymbol{A}|$　　D. $(-\boldsymbol{A})^{-1}=-\boldsymbol{A}^{-1}$

3. 设 $\boldsymbol{A}$ 为 $n(n\geqslant 2)$ 阶可逆矩阵，$\boldsymbol{A}^*$ 是 $\boldsymbol{A}$ 的伴随矩阵，则 $(\boldsymbol{A}^*)^*=$(　　).

A. $|\boldsymbol{A}|^{n-1}\boldsymbol{A}$　　B. $|\boldsymbol{A}|^{n+1}\boldsymbol{A}$

C. $|\boldsymbol{A}|^{n-2}\boldsymbol{A}$　　D. $|\boldsymbol{A}|^{n+2}\boldsymbol{A}$

4. 设 $\boldsymbol{A},\boldsymbol{B},\boldsymbol{C}$ 均为 n 阶矩阵，若 $\boldsymbol{AB}=\boldsymbol{BA}$，$\boldsymbol{AC}=\boldsymbol{CA}$，则 $\boldsymbol{ABC}=$(　　).

A. $\boldsymbol{BCA}$　　B. $\boldsymbol{CBA}$　　C. $\boldsymbol{ACB}$　　D. $\boldsymbol{CAB}$

5. 设 $\boldsymbol{A},\boldsymbol{B},\boldsymbol{A}+\boldsymbol{B},\boldsymbol{A}^{-1}+\boldsymbol{B}^{-1}$ 均为 n 阶可逆矩阵，则 $(\boldsymbol{A}^{-1}+\boldsymbol{B}^{-1})^{-1}=$(　　).

A. $\boldsymbol{A}^{-1}+\boldsymbol{B}^{-1}$　　B. $\boldsymbol{A}+\boldsymbol{B}$

C. $\boldsymbol{B}(\boldsymbol{A}+\boldsymbol{B})^{-1}\boldsymbol{A}$　　D. $(\boldsymbol{A}+\boldsymbol{B})^{-1}$

6. $\boldsymbol{A},\boldsymbol{B}$ 均为 n 阶可逆矩阵,下列公式正确的是(　　).

A. $(k\boldsymbol{A})^{-1}=k\boldsymbol{A}^{-1}(k\neq 0)$　　B. $(\boldsymbol{A}^2)^{-1}=(\boldsymbol{A}^{-1})^2$

C. $(\boldsymbol{A}+\boldsymbol{B})^{-1}=\boldsymbol{A}^{-1}+\boldsymbol{B}^{-1}$　　D. $(\boldsymbol{A}^{-1}+\boldsymbol{B}^{-1})^{-1}=\boldsymbol{A}+\boldsymbol{B}$

7. 设 $\boldsymbol{A},\boldsymbol{B}$ 均为 n 阶矩阵,且 $(\boldsymbol{AB})^2=\boldsymbol{E}$,其中 $\boldsymbol{E}$ 为 n 阶单位矩阵,在下列命题中错误的是(　　).

A. $(\boldsymbol{BA})^2=\boldsymbol{E}$　　B. $\boldsymbol{A}^{-1}=\boldsymbol{B}$

C. $R(\boldsymbol{A})=R(\boldsymbol{B})$　　D. $\boldsymbol{A}^{-1}=\boldsymbol{BAB}$

8. 设 $\boldsymbol{A},\boldsymbol{B}$ 均为 n 阶可逆矩阵,且 $\boldsymbol{AB}=\boldsymbol{BA}$,下列等式中错误的是(　　).

A. $\boldsymbol{A}^{-1}\boldsymbol{B}=\boldsymbol{BA}^{-1}$　　B. $\boldsymbol{AB}^{-1}=\boldsymbol{B}^{-1}\boldsymbol{A}$

C. $\boldsymbol{A}^{-1}\boldsymbol{B}^{-1}=\boldsymbol{B}^{-1}\boldsymbol{A}^{-1}$　　D. $\boldsymbol{BA}^{-1}=\boldsymbol{AB}^{-1}$

9. 设 $\boldsymbol{A},\boldsymbol{B}$ 均为 n 阶矩阵,$\boldsymbol{A}^*$、$\boldsymbol{B}^*$ 分别是 $\boldsymbol{A}$、$\boldsymbol{B}$ 的伴随矩阵,$\boldsymbol{C}=\begin{pmatrix}\boldsymbol{A}&\boldsymbol{0}\\\boldsymbol{0}&\boldsymbol{B}\end{pmatrix}$,则 $\boldsymbol{C}^*=$(　　).

A. $\begin{pmatrix}|\boldsymbol{A}|\boldsymbol{A}^*&\boldsymbol{0}\\\boldsymbol{0}&|\boldsymbol{B}|\boldsymbol{B}^*\end{pmatrix}$　　B. $\begin{pmatrix}|\boldsymbol{B}|\boldsymbol{B}^*&\boldsymbol{0}\\\boldsymbol{0}&|\boldsymbol{A}|\boldsymbol{A}^*\end{pmatrix}$

C. $\begin{pmatrix}|\boldsymbol{A}|\boldsymbol{B}^*&\boldsymbol{0}\\\boldsymbol{0}&|\boldsymbol{B}|\boldsymbol{A}^*\end{pmatrix}$　　D. $\begin{pmatrix}|\boldsymbol{B}|\boldsymbol{A}^*&\boldsymbol{0}\\\boldsymbol{0}&|\boldsymbol{A}|\boldsymbol{B}^*\end{pmatrix}$

10. 设 $\boldsymbol{A}$ 为 n 阶矩阵,$\boldsymbol{B}$ 为 m 阶矩阵,下列等式中正确的是(　　).

A. $\begin{vmatrix}\boldsymbol{0}&\boldsymbol{A}\\\boldsymbol{B}&\boldsymbol{0}\end{vmatrix}=|\boldsymbol{A}|\,|\boldsymbol{B}|$　　B. $\begin{vmatrix}\boldsymbol{0}&\boldsymbol{A}\\\boldsymbol{B}&\boldsymbol{0}\end{vmatrix}=(-1)^{mn}|\boldsymbol{A}|\,|\boldsymbol{B}|$

C. $\begin{vmatrix}\boldsymbol{A}&\boldsymbol{B}\\\boldsymbol{B}&\boldsymbol{A}\end{vmatrix}=|\boldsymbol{A}^2-\boldsymbol{B}^2|$　　D. $\begin{vmatrix}\boldsymbol{A}&\boldsymbol{B}\\\boldsymbol{B}&\boldsymbol{A}\end{vmatrix}=|\boldsymbol{A}^2|-|\boldsymbol{B}^2|$

二、计算题

1. 设 4 阶矩阵 $\boldsymbol{A}=\begin{pmatrix}a&b&c&d\\-b&a&-d&c\\-c&d&a&-b\\-d&-c&b&a\end{pmatrix}$,计算 $|\boldsymbol{A}|$.

2. 设 $\boldsymbol{A}$、$\boldsymbol{B}$ 为 n 阶矩阵,且满足 $2\boldsymbol{B}^{-1}\boldsymbol{A}=\boldsymbol{A}-4\boldsymbol{E}$,证明 $\boldsymbol{B}-2\boldsymbol{E}$ 为可逆矩阵,若 $\boldsymbol{A}=\begin{pmatrix}1&-2&0\\1&2&0\\0&0&2\end{pmatrix}$,求 $\boldsymbol{B}$.

3. 设 n 阶矩阵 $\boldsymbol{A}=\begin{pmatrix}\frac{1}{n}-1&\frac{1}{n}&\cdots&\frac{1}{n}\\\frac{1}{n}&\frac{1}{n}-1&\cdots&\frac{1}{n}\\\cdots&\cdots&\cdots&\cdots\\\frac{1}{n}&\frac{1}{n}&\cdots&\frac{1}{n}-1\end{pmatrix}$,计算 $\boldsymbol{A}^k$,其中 k 为正整数.

4. 设矩阵 $\boldsymbol{A}=\begin{pmatrix}1&1&-1\\-1&1&1\\1&-1&1\end{pmatrix}$,已知 $\boldsymbol{A}^*\boldsymbol{X}=\boldsymbol{A}^{-1}+2\boldsymbol{X}$,求矩阵 $\boldsymbol{X}$.

5. 设矩阵 $\boldsymbol{A}$ 的伴随矩阵 $\boldsymbol{A}^*=\begin{pmatrix}\frac{1}{2}&0&1&0\\0&\frac{1}{2}&0&-2\\0&0&\frac{1}{2}&0\\0&0&0&1\end{pmatrix}$，矩阵 $\boldsymbol{X}$ 满足 $3\boldsymbol{AXA}^{-1}=\boldsymbol{XA}^{-1}+2\boldsymbol{E}$，其中 $\boldsymbol{E}$ 为 4 阶单位矩阵，求矩阵 $\boldsymbol{X}$.

6. 设矩阵 $\boldsymbol{A}=\begin{pmatrix}0&1&1&1\\1&0&-1&-1\\1&-1&0&-1\\1&-1&-1&0\end{pmatrix}$，已知 $\boldsymbol{A}^*\boldsymbol{XA}=3\boldsymbol{XA}-12\boldsymbol{E}$，其中 $\boldsymbol{E}$ 为 4 阶单位矩阵，$\boldsymbol{A}^*$ 是 $\boldsymbol{A}$ 的伴随矩阵，求矩阵 $\boldsymbol{X}$.

三、证明与综合题

1. 设 $\boldsymbol{A}$ 为 n 阶对称矩阵，$\boldsymbol{B}$ 为 n 阶反对称矩阵，判断 $\boldsymbol{A}^k,\boldsymbol{B}^k$ 是否为对称矩阵或反对称矩阵，其中 k 为正整数，并证明：$\boldsymbol{AB}+\boldsymbol{BA}$ 是反对称矩阵.

2. 设 $\boldsymbol{A}$ 为 n 阶矩阵，$\boldsymbol{A}^3=10\boldsymbol{E}$，证明：$\boldsymbol{A}-2\boldsymbol{E}$ 可逆，并求 $(\boldsymbol{A}-2\boldsymbol{E})^{-1}$.

3. 设 $\boldsymbol{A},\boldsymbol{B},\boldsymbol{A}+\boldsymbol{B},\boldsymbol{A}^{-1}+\boldsymbol{B}^{-1}$ 均为 n 阶可逆矩阵，试证：$\boldsymbol{A}^{-1}+\boldsymbol{B}^{-1}$ 可逆，且 $(\boldsymbol{A}^{-1}+\boldsymbol{B}^{-1})^{-1}=\boldsymbol{A}(\boldsymbol{A}+\boldsymbol{B})^{-1}\boldsymbol{B}$，而且 $\boldsymbol{A}(\boldsymbol{A}+\boldsymbol{B})^{-1}\boldsymbol{B}=\boldsymbol{B}(\boldsymbol{A}+\boldsymbol{B})^{-1}\boldsymbol{A}$.

4. 设 $\boldsymbol{A},\boldsymbol{B}$ 均为 n 阶可逆矩阵，且 $|\boldsymbol{A}|=|\boldsymbol{B}|=a\neq 0$，$|\boldsymbol{A}+\boldsymbol{B}|=b\neq 0$，证明：$|\boldsymbol{A}^*+\boldsymbol{B}^*|=a^{n-2}b$，其中 $\boldsymbol{A}^*$、$\boldsymbol{B}^*$ 分别是 $\boldsymbol{A}$、$\boldsymbol{B}$ 的伴随矩阵.

5. 设 $\boldsymbol{A},\boldsymbol{B}$ 均为 n 阶矩阵，证明：$\begin{vmatrix}\boldsymbol{E}&\boldsymbol{A}\\\boldsymbol{B}&\boldsymbol{E}\end{vmatrix}=|\boldsymbol{E}-\boldsymbol{AB}|$.

6. 设 $\boldsymbol{A}$ 为 n 阶实对称矩阵，且 $\boldsymbol{A}^2=\boldsymbol{0}$，证明：$\boldsymbol{A}=\boldsymbol{0}$.

7. 设 $\boldsymbol{A},\boldsymbol{B},\boldsymbol{C},\boldsymbol{D}$ 均为 n 阶矩阵，且 $|\boldsymbol{A}|\neq 0$，$\boldsymbol{AC}=\boldsymbol{CA}$，证明：$\begin{vmatrix}\boldsymbol{A}&\boldsymbol{B}\\\boldsymbol{C}&\boldsymbol{D}\end{vmatrix}=|\boldsymbol{AD}-\boldsymbol{CB}|$.

2.7　自测题(时间：120 分钟)

一、选择题(15 分)

1. 设 $\boldsymbol{A},\boldsymbol{B}$ 均为 n 阶矩阵，且 $(\boldsymbol{A}+\boldsymbol{B})(\boldsymbol{A}-\boldsymbol{B})=\boldsymbol{A}^2-\boldsymbol{B}^2$，则必有(　　).

   A. $\boldsymbol{A}=\boldsymbol{B}$　　B. $\boldsymbol{A}=\boldsymbol{E}$　　C. $\boldsymbol{AB}=\boldsymbol{BA}$　　D. $\boldsymbol{B}=\boldsymbol{E}$

2. 设 $\boldsymbol{A},\boldsymbol{B}$ 均为 n 阶矩阵，且 $\boldsymbol{AB}=\boldsymbol{0}$，则 $|\boldsymbol{A}|$ 和 $|\boldsymbol{B}|$ (　　).

   A. 至多一个等于零　　B. 都不等于零
   C. 只有一个等于零　　D. 都等于零

3. 设 $\boldsymbol{A},\boldsymbol{B}$ 均为 n 阶对称矩阵，$\boldsymbol{AB}$ 仍为对称矩阵的充分必要条件是(　　).

   A. $\boldsymbol{A}$ 可逆　　B. $\boldsymbol{B}$ 可逆　　C. $|\boldsymbol{AB}|\neq 0$　　D. $\boldsymbol{AB}=\boldsymbol{BA}$

4. 设 $\boldsymbol{A}$ 为 n 阶矩阵，$\boldsymbol{A}^*$ 是 $\boldsymbol{A}$ 的伴随矩阵，则 $|\boldsymbol{A}^*|=$(　　).

   A. $|\boldsymbol{A}|^{n-1}$　　B. $|\boldsymbol{A}|^{n-2}$　　C. $|\boldsymbol{A}^n|$　　D. $|\boldsymbol{A}|$

5. 设 $\boldsymbol{A},\boldsymbol{B}$ 均为 n 阶可逆矩阵,则下列公式成立的是(　　).

A. $(\boldsymbol{AB})^{\mathrm{T}}=\boldsymbol{A}^{\mathrm{T}}\boldsymbol{B}^{\mathrm{T}}$　　B. $(\boldsymbol{A}+\boldsymbol{B})^{\mathrm{T}}=\boldsymbol{A}^{\mathrm{T}}+\boldsymbol{B}^{\mathrm{T}}$

C. $(\boldsymbol{AB})^{-1}=\boldsymbol{A}^{-1}\boldsymbol{B}^{-1}$　　D. $(\boldsymbol{A}+\boldsymbol{B})^{-1}=\boldsymbol{A}^{-1}+\boldsymbol{B}^{-1}$

二、填空题(15 分)

1. 设 $\boldsymbol{A},\boldsymbol{B}$ 均为 3 阶矩阵,且 $|\boldsymbol{A}|=\frac{1}{2}$,$|\boldsymbol{B}|=3$,则 $|2\boldsymbol{B}^{\mathrm{T}}\boldsymbol{A}|=$______.

2. 设矩阵 $\boldsymbol{A}=\begin{pmatrix}1&-1\\2&3\end{pmatrix}$,$\boldsymbol{B}=\boldsymbol{A}^2-3\boldsymbol{A}+2\boldsymbol{E}$,则 $\boldsymbol{B}^{-1}=$______.

3. 设 $\boldsymbol{A}$ 为 4 阶矩阵,$\boldsymbol{A}^*$ 是 $\boldsymbol{A}$ 的伴随矩阵,若 $|\boldsymbol{A}|=-2$,则 $|\boldsymbol{A}^*|=$______.

4. 设 $\boldsymbol{A},\boldsymbol{B}$ 均为 n 阶矩阵,$|\boldsymbol{A}|=2$,$|\boldsymbol{B}|=-3$,则 $|2\boldsymbol{A}^*\boldsymbol{B}^{-1}|=$______.

5. 设 $\boldsymbol{A}=\begin{pmatrix}1&0&1\\0&2&0\\1&0&1\end{pmatrix}$,$n\geqslant2$ 为整数,则 $\boldsymbol{A}^n-2\boldsymbol{A}^{n-1}=$______.

三、计算题(每题 10 分,共 50 分)

1. 设 $\boldsymbol{A}=\begin{pmatrix}0&1&0\\-1&1&1\\-1&0&-1\end{pmatrix}$,$\boldsymbol{B}=\begin{pmatrix}1&-1\\2&0\\5&3\end{pmatrix}$,且 $\boldsymbol{X}=\boldsymbol{AX}+\boldsymbol{B}$,求矩阵 $\boldsymbol{X}$.

2. 设 $\boldsymbol{A}=\begin{pmatrix}1&0&1\\1&-1&0\\0&1&2\end{pmatrix}$,$\boldsymbol{B}=\begin{pmatrix}3&0&1\\1&1&0\\0&1&4\end{pmatrix}$,$\boldsymbol{X}$ 为未知矩阵,且满足:$\boldsymbol{AX}=\boldsymbol{B}$,求逆矩阵 $\boldsymbol{A}^{-1}$;并解矩阵方程 $\boldsymbol{AX}=\boldsymbol{B}$.

3. 设 $\boldsymbol{A}$ 为 n 阶正交矩阵,即 $\boldsymbol{A}^{\mathrm{T}}\boldsymbol{A}=\boldsymbol{E}$,且 $|\boldsymbol{A}|<0$,计算 $|\boldsymbol{A}|$ 和 $|\boldsymbol{E}+\boldsymbol{A}|$ 的值.

4. 设 $\boldsymbol{A}=\begin{pmatrix}1&1&-1\\-1&1&1\\1&-1&1\end{pmatrix}$,$\boldsymbol{A}^*\boldsymbol{X}=\boldsymbol{A}^{-1}+2\boldsymbol{X}$,求矩阵 $\boldsymbol{X}$.

5. $\boldsymbol{A}^{-1}=\begin{pmatrix}1&1&1\\1&2&1\\1&1&3\end{pmatrix}$,求 $(\boldsymbol{A}^*)^{-1}$.

四、证明题(每题 10 分,共 20 分)

1. 设 $\boldsymbol{A}$ 为 n 阶方阵,且 $\boldsymbol{A}^2-3\boldsymbol{A}-4\boldsymbol{E}=\boldsymbol{0}$,其中 $\boldsymbol{E}$ 为 n 阶单位矩阵,证明:$\boldsymbol{A}$ 可逆,并求 $\boldsymbol{A}^{-1}$;若 $|\boldsymbol{A}|=2$,求 $|6\boldsymbol{A}+8\boldsymbol{E}|$ 的值.

2. 设 $\boldsymbol{A},\boldsymbol{B}$ 为 n 阶方阵,$\boldsymbol{A}+\boldsymbol{B}=\boldsymbol{E}$,证明:$\boldsymbol{AB}=\boldsymbol{BA}$.

2.8 参考答案与提示

【基础作业题】

一、1. C;　2. A;　3. C;　4. D;　5. C;　6. A;　7. B;　8. D;　9. D;　10. D.

二、1. $-\frac{2^{2n-1}}{3}$ ；　2. $\frac{1}{2}\begin{pmatrix}2&0&0\\-1&1&0\\0&0&2\end{pmatrix}$ ；　3. $\frac{1}{10}\boldsymbol{A}$ ；　4. 2^n ；

5. $\begin{pmatrix}0&0\\0&0\end{pmatrix}$ ；　6. $\boldsymbol{B}=\begin{pmatrix}2&0&0\\0&-4&0\\0&0&2\end{pmatrix}$ ；　7. $\boldsymbol{B}^{-1}=\begin{pmatrix}0&\frac{1}{2}\\-1&-1\end{pmatrix}$ ；

8. $|\boldsymbol{A}|=1$ ；　9. $\begin{pmatrix}3&0&0\\0&3&0\\0&0&-1\end{pmatrix}$ ；　10. $|\boldsymbol{C}|=(-1)^{mn}ab$.

三、1. $\boldsymbol{AB}=\begin{pmatrix}a+b+c&a^2+b^2+c^2&2ac+b^2\\a+b+c&2ac+b^2&a^2+b^2+c^2\\3&a+b+c&a+b+c\end{pmatrix}$,

$\boldsymbol{BA}=\begin{pmatrix}a+ac+c&b+ab+c&2c+a^2\\a+bc+b&2b+b^2&c+ab+b\\2a+c^2&b+bc+a&c+ac+a\end{pmatrix}$,

$\boldsymbol{AB}-\boldsymbol{BA}$ 略.

2. $\boldsymbol{A}^{-1}=\begin{pmatrix}1&-4&-3\\1&-5&-3\\-1&6&4\end{pmatrix}$.

3. $\boldsymbol{X}=\begin{pmatrix}3&1\\2&2\\1&1\end{pmatrix}$.【提示】 $\boldsymbol{X}=\boldsymbol{AX}+\boldsymbol{B}$, $\boldsymbol{X}=(\boldsymbol{E}-\boldsymbol{A})^{-1}\boldsymbol{B}$, 代入即得.

4. $\boldsymbol{B}=\begin{pmatrix}2&0&1\\0&3&0\\-1&0&2\end{pmatrix}$.

5. $(-1)^n\frac{2^{n+1}}{3}$.【提示】 利用 $\boldsymbol{A}^*$、$\boldsymbol{B}^{-1}$ 的性质来求解.

6. $\boldsymbol{A}=\pm\frac{\sqrt{2}}{6}\begin{pmatrix}18&0&0\\-12&6&0\\-2&-5&3\end{pmatrix}$.【提示】因为 $\boldsymbol{AA}^*=\boldsymbol{A}^*\boldsymbol{A}=|\boldsymbol{A}|$，所以 $\boldsymbol{A}=|\boldsymbol{A}|(\boldsymbol{A}^*)^{-1}$，而 $|\boldsymbol{A}^*|=|\boldsymbol{A}|^{n-1}$，$|\boldsymbol{A}^*|=18$，所以 $|\boldsymbol{A}|=\pm3\sqrt{2}$，由已知可求得 $(\boldsymbol{A}^*)^{-1}=\frac{1}{18}\begin{pmatrix}18&0&0\\-12&6&0\\-2&-5&3\end{pmatrix}$，所以 $\boldsymbol{A}=\pm\frac{\sqrt{2}}{6}\begin{pmatrix}18&0&0\\-12&6&0\\-2&-5&3\end{pmatrix}$.

7. $\begin{pmatrix} -\frac{5}{2} & 1 & -\frac{1}{2} \\ 5 & -1 & 1 \\ \frac{7}{2} & -1 & \frac{1}{2} \end{pmatrix}$；$\begin{pmatrix} 1 & 0 & 1 \\ 0 & 1 & -2 \\ 2 & -4 & 8 \end{pmatrix}$；$\begin{pmatrix} -1 & 2 & -3 \\ 0 & -1 & 2 \\ 0 & 0 & 1 \end{pmatrix}$.

【提示】$(\boldsymbol{B}^*)^{-1} = \frac{1}{|\boldsymbol{B}|}\boldsymbol{B} = -\boldsymbol{B} = \begin{pmatrix} -1 & 2 & -3 \\ 0 & -1 & 2 \\ 0 & 0 & 1 \end{pmatrix}$.

8. $\boldsymbol{X} = \begin{pmatrix} 3 & -1 & -6 \\ 0 & 3 & 3 \\ 0 & 0 & -3 \end{pmatrix}$.【提示】$\boldsymbol{AXB} = \boldsymbol{AX} + \boldsymbol{A}^2\boldsymbol{B} - \boldsymbol{A}^2 + \boldsymbol{B}$,有：

$\boldsymbol{A}(\boldsymbol{X} - \boldsymbol{A})(\boldsymbol{B} - \boldsymbol{E}) = \boldsymbol{B}$,因为$\boldsymbol{A},\boldsymbol{B} - \boldsymbol{E}$可逆,$\boldsymbol{X} = \boldsymbol{A} + \boldsymbol{A}^{-1}\boldsymbol{B}(\boldsymbol{B} - \boldsymbol{E})^{-1}$，代入即得.

9. $\begin{pmatrix} 1 & 1 & 0 & 0 \\ -1 & 2 & 2 & 0 \\ 0 & -2 & 3 & 3 \\ 0 & 0 & -3 & 4 \end{pmatrix}$.【提示】 由于$\boldsymbol{E} + (\boldsymbol{E} + \boldsymbol{A})^{-1}(\boldsymbol{E} - \boldsymbol{A}) = (\boldsymbol{E} + \boldsymbol{A})^{-1}(\boldsymbol{E} + \boldsymbol{A}) +$

$(\boldsymbol{E} + \boldsymbol{A})^{-1}(\boldsymbol{E} - \boldsymbol{A}) = (\boldsymbol{E} + \boldsymbol{A})^{-1}(\boldsymbol{E} + \boldsymbol{A} + \boldsymbol{E} - \boldsymbol{A}) = 2(\boldsymbol{E} + \boldsymbol{A})^{-1}$，

故$(\boldsymbol{E} + \boldsymbol{B})^{-1} = \frac{1}{2}(\boldsymbol{E} + \boldsymbol{A}) = \begin{pmatrix} 1 & 1 & 0 & 0 \\ -1 & 2 & 2 & 0 \\ 0 & -2 & 3 & 3 \\ 0 & 0 & -3 & 4 \end{pmatrix}$.

10. $\boldsymbol{A}^* = \begin{pmatrix} 1 & 0 & 0 & \cdots & 0 \\ -1 & 1 & 0 & \cdots & 0 \\ -1 & 0 & 1 & \cdots & 0 \\ \cdots & \cdots & \cdots & \cdots & \cdots \\ -1 & 0 & 0 & \cdots & 1 \end{pmatrix}$.【提示】由于$\boldsymbol{A}^* = |\boldsymbol{A}|\boldsymbol{A}^{-1}$,

而$|\boldsymbol{A}| = 1$,用初等变换法求得$\boldsymbol{A}^{-1} = \begin{pmatrix} 1 & 0 & 0 & \cdots & 0 \\ -1 & 1 & 0 & \cdots & 0 \\ -1 & 0 & 1 & \cdots & 0 \\ \cdots & \cdots & \cdots & \cdots & \cdots \\ -1 & 0 & 0 & \cdots & 1 \end{pmatrix}$,

故$\boldsymbol{A}^* = \boldsymbol{A}^{-1} = \begin{pmatrix} 1 & 0 & 0 & \cdots & 0 \\ -1 & 1 & 0 & \cdots & 0 \\ -1 & 0 & 1 & \cdots & 0 \\ \cdots & \cdots & \cdots & \cdots & \cdots \\ -1 & 0 & 0 & \cdots & 1 \end{pmatrix}$.

四、1.【提示】$\boldsymbol{B} = 2\boldsymbol{A} - \boldsymbol{E}$,故$\boldsymbol{B}^2 = (2\boldsymbol{A} - \boldsymbol{E})(2\boldsymbol{A} - \boldsymbol{E}) = 4\boldsymbol{A}^2 - 4\boldsymbol{A} + \boldsymbol{E}$,于是$\boldsymbol{B}^2 = \boldsymbol{E} \Leftrightarrow 4\boldsymbol{A}^2 - 4\boldsymbol{A} = \boldsymbol{0} \Leftrightarrow \boldsymbol{A}^2 = \boldsymbol{A}$.

2.【提示】$\boldsymbol{A} + \boldsymbol{B} = \boldsymbol{AB}$,有$\boldsymbol{AB} - \boldsymbol{A} - \boldsymbol{B} + \boldsymbol{E} = \boldsymbol{A}(\boldsymbol{B} - \boldsymbol{E}) - (\boldsymbol{B} - \boldsymbol{E}) = (\boldsymbol{A} - \boldsymbol{E})(\boldsymbol{B} - \boldsymbol{E})$

$=\boldsymbol{E}$. 故 $\boldsymbol{A}-\boldsymbol{E},\boldsymbol{B}-\boldsymbol{E}$ 为可逆矩阵，于是$(\boldsymbol{B}-\boldsymbol{E})(\boldsymbol{A}-\boldsymbol{E})=\boldsymbol{E},\boldsymbol{BA}-\boldsymbol{A}-\boldsymbol{B}+\boldsymbol{E}=\boldsymbol{E}$.

即 $\boldsymbol{A}+\boldsymbol{B}=\boldsymbol{BA}$，所以 $\boldsymbol{AB}=\boldsymbol{BA}$. 同理可证另一情况.

3.【提示】因为 $\boldsymbol{A}^{\mathrm{T}}=\boldsymbol{A}^{-1}$，所以 $\boldsymbol{AA}^{\mathrm{T}}=\boldsymbol{AA}^{-1}=\boldsymbol{E}$，故

$$\begin{aligned}|\boldsymbol{E}-\boldsymbol{A}|&=|\boldsymbol{AA}^{\mathrm{T}}-\boldsymbol{A}|=|\boldsymbol{A}||\boldsymbol{A}^{\mathrm{T}}-\boldsymbol{E}|=|\boldsymbol{A}||(\boldsymbol{A}-\boldsymbol{E})^{\mathrm{T}}|\\&=|\boldsymbol{A}-\boldsymbol{E}|=(-1)^n|\boldsymbol{E}-\boldsymbol{A}|=-|\boldsymbol{E}-\boldsymbol{A}|,\end{aligned}$$

所以 $|\boldsymbol{E}-\boldsymbol{A}|=0$，即 $\boldsymbol{E}-\boldsymbol{A}$ 不可逆.

4.【提示】因为 $2\boldsymbol{B}^{-1}\boldsymbol{A}=\boldsymbol{A}-4\boldsymbol{E}$，两边同时左乘 $\boldsymbol{B}$，有 $2\boldsymbol{A}=\boldsymbol{BA}-4\boldsymbol{B},\boldsymbol{BA}-4\boldsymbol{B}-2\boldsymbol{A}+8\boldsymbol{E}=8\boldsymbol{E},(\boldsymbol{B}-2\boldsymbol{E})(\boldsymbol{A}-4\boldsymbol{E})=8\boldsymbol{E}$，故 $\boldsymbol{B}-2\boldsymbol{E}$ 可逆

$$(\boldsymbol{B}-2\boldsymbol{E})^{-1}=\frac{1}{8}(\boldsymbol{A}-4\boldsymbol{E}).$$

5.【提示】由行列式的性质 $\begin{vmatrix}\boldsymbol{A}&-\boldsymbol{A}\\\boldsymbol{B}&\boldsymbol{B}\end{vmatrix}=\begin{vmatrix}\boldsymbol{A}&\boldsymbol{0}\\\boldsymbol{B}&2\boldsymbol{B}\end{vmatrix}=|\boldsymbol{A}||2\boldsymbol{B}|=2^n|\boldsymbol{A}||\boldsymbol{B}|$.

6. $\boldsymbol{A}^{-1}=\boldsymbol{A}^2-\boldsymbol{A}+2\boldsymbol{E},(\boldsymbol{E}-\boldsymbol{A})^{-1}=\boldsymbol{A}^2+2\boldsymbol{E}$.

【提示】因为 $\boldsymbol{A}^3-\boldsymbol{A}^2+2\boldsymbol{A}-\boldsymbol{E}=\boldsymbol{0}$，得 $\boldsymbol{A}(\boldsymbol{A}^2-\boldsymbol{A}+2\boldsymbol{E})=(\boldsymbol{A}^2-\boldsymbol{A}+2\boldsymbol{E})\boldsymbol{A}=\boldsymbol{E}$，故 $\boldsymbol{A}^{-1}=\boldsymbol{A}^2-\boldsymbol{A}+2\boldsymbol{E}$. 又因为 $\boldsymbol{A}^3-\boldsymbol{A}^2+2\boldsymbol{A}-2\boldsymbol{E}=-\boldsymbol{E},\boldsymbol{A}^2(\boldsymbol{A}-\boldsymbol{E})+2(\boldsymbol{A}-\boldsymbol{E})=\boldsymbol{E}$；故 $(\boldsymbol{A}^2+2\boldsymbol{E})(\boldsymbol{E}-\boldsymbol{A})=\boldsymbol{E}$，所以 $\boldsymbol{E}-\boldsymbol{A}$ 可逆，且$(\boldsymbol{E}-\boldsymbol{A})^{-1}=\boldsymbol{A}^2+2\boldsymbol{E}$.

7. $\boldsymbol{A}^{-1}=\frac{1}{2}(\boldsymbol{A}-\boldsymbol{E}),(\boldsymbol{A}+2\boldsymbol{E})^{-1}=\frac{1}{4}(3\boldsymbol{E}-\boldsymbol{A})$.

【提示】因为 $\boldsymbol{A}^2-\boldsymbol{A}-2\boldsymbol{E}=\boldsymbol{0},\boldsymbol{A}(\boldsymbol{A}-\boldsymbol{E})=2\boldsymbol{E},\boldsymbol{A}\left[\frac{1}{2}(\boldsymbol{A}-\boldsymbol{E})\right]=\boldsymbol{E}$,

故 $\boldsymbol{A}^{-1}=\frac{1}{2}(\boldsymbol{A}-\boldsymbol{E})$；又因为 $\boldsymbol{A}^2-\boldsymbol{A}-6\boldsymbol{E}=-4E$,

故 $(\boldsymbol{A}+2\boldsymbol{E})(\boldsymbol{A}-3\boldsymbol{E})=-4\boldsymbol{E},(\boldsymbol{A}+2\boldsymbol{E})\left[\frac{1}{4}(3\boldsymbol{E}-\boldsymbol{A})\right]=\boldsymbol{E}$,

所以 $(\boldsymbol{A}+2\boldsymbol{E})^{-1}=\frac{1}{4}(3\boldsymbol{E}-\boldsymbol{A})$.

五、1. $\boldsymbol{F}=3\boldsymbol{A}+2\boldsymbol{B}=\begin{pmatrix}9&16&7&17\\13&14&30&27\\14&21&16&17\end{pmatrix}$

2. do your homework(提示：若明文矩阵为 $\boldsymbol{B}$，且信息放在矩阵 $\boldsymbol{B}$ 的各列，则经过密钥矩阵 $\boldsymbol{A}$ 对其加密 $\boldsymbol{AB}=\boldsymbol{C}$ 后成为密文 $\boldsymbol{C}$ 进行传输. 因此，要解密得到明文 $\boldsymbol{B}$，只需左乘 $\boldsymbol{A}^{-1}$，得 $\boldsymbol{B}=\boldsymbol{A}^{-1}\boldsymbol{C}$ 即可.)

【综合作业题】

一、1. C；　2. D；　3. C；　4. A；　5. C；　6. B；　7. B；　8. D；　9. D；　10. B.

二、1. $(a^2+b^2+c^2+d^2)^2$.【提示】$|\boldsymbol{AA}^{\mathrm{T}}|=|\boldsymbol{A}|^2=(a^2+b^2+c^2+d^2)^4$，则 $|\boldsymbol{A}|=(a^2+b^2+c^2+d^2)^2$.

2. $\boldsymbol{B}=\begin{pmatrix}0&2&0\\-1&-1&0\\0&0&-2\end{pmatrix}$.

【提示】因为 $2\boldsymbol{B}\boldsymbol{B}^{-1}\boldsymbol{A}=\boldsymbol{B}(\boldsymbol{A}-4\boldsymbol{E})$,$2\boldsymbol{A}=\boldsymbol{B}\boldsymbol{A}-4\boldsymbol{B}$,$\boldsymbol{B}\boldsymbol{A}-4\boldsymbol{B}-2\boldsymbol{A}+8\boldsymbol{E}=8\boldsymbol{E}$,$(\boldsymbol{B}-2\boldsymbol{E})(\boldsymbol{A}-4\boldsymbol{E})=8\boldsymbol{E}$,所以 $\boldsymbol{B}-2\boldsymbol{E}$ 为可逆矩阵,且 $(\boldsymbol{B}-2\boldsymbol{E})^{-1}=\frac{1}{8}(\boldsymbol{A}-4\boldsymbol{E})$;由于 $\boldsymbol{B}=8(\boldsymbol{A}-4\boldsymbol{E})^{-1}+2\boldsymbol{E}$,可求出 $\boldsymbol{B}=\begin{pmatrix}0&2&0\\-1&-1&0\\0&0&-2\end{pmatrix}$.

3. $\boldsymbol{A}^k=\begin{cases}\boldsymbol{A},n\text{ 为奇数},\\-\boldsymbol{A},n\text{ 为偶数}.\end{cases}$【提示】提出 $\boldsymbol{A}$ 中元素的公因子,则

$$\boldsymbol{A}=\frac{1}{n}\begin{pmatrix}1-n&1&\cdots&1\\1&1-n&\cdots&1\\\cdots&\cdots&\cdots&\cdots\\1&1&\cdots&1-n\end{pmatrix},\text{计算得到 }\boldsymbol{A}^2=-\boldsymbol{A},$$

$\boldsymbol{A}^3=\boldsymbol{A}^2\boldsymbol{A}=(-\boldsymbol{A})\boldsymbol{A}=-\boldsymbol{A}^2=\boldsymbol{A}$,$\boldsymbol{A}^4=\boldsymbol{A}^2\boldsymbol{A}^2=(-\boldsymbol{A})(-\boldsymbol{A})=-\boldsymbol{A}$,所以推出 $\boldsymbol{A}^k=\begin{cases}\boldsymbol{A},n\text{ 为奇数},\\-\boldsymbol{A},n\text{ 为偶数}.\end{cases}$

4. $\boldsymbol{X}=\frac{1}{4}\begin{pmatrix}1&1&0\\0&1&1\\1&0&1\end{pmatrix}$.【提示】$\boldsymbol{A}^*\boldsymbol{X}=\boldsymbol{A}^{-1}+2\boldsymbol{X}$,由于 $\boldsymbol{A}\boldsymbol{A}^*=|\boldsymbol{A}|\boldsymbol{E}$,方程两边同时左乘 $\boldsymbol{A}$,得 $|\boldsymbol{A}|\boldsymbol{X}=\boldsymbol{E}+2\boldsymbol{A}\boldsymbol{X}$,即 $(|\boldsymbol{A}|\boldsymbol{E}-2\boldsymbol{A})\boldsymbol{X}=\boldsymbol{E}$,故 $\boldsymbol{X}=(|\boldsymbol{A}|\boldsymbol{E}-2\boldsymbol{A})^{-1}$,所以代入得 $\boldsymbol{X}=\frac{1}{4}\begin{pmatrix}1&1&0\\0&1&1\\1&0&1\end{pmatrix}$.

5. $\boldsymbol{X}=\begin{pmatrix}1&0&1&0\\0&1&0&-4\\0&0&1&0\\0&0&0&2\end{pmatrix}$.【提示】由于 $|\boldsymbol{A}^*|=|\boldsymbol{A}|^{n-1}$,故 $|\boldsymbol{A}|=\frac{1}{2}$,因为 $3\boldsymbol{A}\boldsymbol{X}\boldsymbol{A}^{-1}=\boldsymbol{X}\boldsymbol{A}^{-1}+2\boldsymbol{E}$,

两边右乘 $\boldsymbol{A}$,得 $3\boldsymbol{A}\boldsymbol{X}=\boldsymbol{X}+2\boldsymbol{A}$,$(3\boldsymbol{A}-\boldsymbol{E})\boldsymbol{X}=2\boldsymbol{A}$,两边左乘 $\boldsymbol{A}^{-1}$,

得 $(3\boldsymbol{E}-\boldsymbol{A}^{-1})\boldsymbol{X}=2\boldsymbol{E}$,$(3\boldsymbol{E}-\frac{\boldsymbol{A}^*}{|\boldsymbol{A}|})\boldsymbol{X}=2\boldsymbol{E}$,$(3\boldsymbol{E}-2\boldsymbol{A})\boldsymbol{X}=2\boldsymbol{E}$,

由于 $|3\boldsymbol{E}-2\boldsymbol{A}^*|\neq 0$,所以可逆,$\boldsymbol{X}=2(3\boldsymbol{E}-2\boldsymbol{A}^*)^{-1}$.

6. $\boldsymbol{X}=\begin{pmatrix}1&1&1&1\\1&1&-1&-1\\1&-1&1&-1\\1&-1&-1&1\end{pmatrix}$.【提示】由于 $\boldsymbol{A}\boldsymbol{A}^*=|\boldsymbol{A}|\boldsymbol{E}$,方程两边同时左乘 $\boldsymbol{A}$,得 $|\boldsymbol{A}|\boldsymbol{X}\boldsymbol{A}=3\boldsymbol{A}\boldsymbol{X}\boldsymbol{A}-12\boldsymbol{A}$,因为 $|\boldsymbol{A}|=-3\neq 0$,$\boldsymbol{A}$ 可逆,两边右乘 $\boldsymbol{A}^{-1}$,有 $|\boldsymbol{A}|\boldsymbol{X}=3\boldsymbol{A}\boldsymbol{X}-12\boldsymbol{E}$,

于是 $\boldsymbol{X}=4(\boldsymbol{A}+\boldsymbol{E})^{-1}$,所以 $\boldsymbol{X}=\begin{pmatrix}1&1&1&1\\1&1&-1&-1\\1&-1&1&-1\\1&-1&-1&1\end{pmatrix}$.

三、1. A^k 为对称矩阵，当 k 为偶数时，B^k 是对称矩阵；当 k 为奇数时，B^k 是反对称矩阵.
【提示】$(A^k)^T=(A^T)^k=A^k$，$(B^k)^T=(B^T)^k=(-B)^k$，故 A^k 为对称矩阵. 当 k 为偶数时，B^k 是对称矩阵；当 k 为奇数时，B^k 是反对称矩阵.
而 $(AB+BA)^T=(AB)^T+(BA)^T=B^TA^T+A^TB^T=-BA-AB=-(AB+BA)$.

2.【提示】$A^3=10E$，$A^3-8E=2E$，$A^3-(2E)^3=2E$. $(A-2E)(A^2+2A+4E)=2E$，即 $(A-2E)(\frac{1}{2}A^2+A+2E)=E$，所以 $A-2E$ 可逆，且 $(A-2E)^{-1}=\frac{1}{2}A^2+A+2E$.

3.【提示】因为 $(A^{-1}+B^{-1})A(A+B)^{-1}B=(E+B^{-1}A)(A+B)^{-1}B$
$=(B^{-1}B+B^{-1}A)(A+B)^{-1}B=E$，所以 $A^{-1}+B^{-1}$ 可逆，$(A^{-1}+B^{-1})^{-1}=A(A+B)^{-1}B$.

又因为 $(A^{-1}+B^{-1})B(A+B)^{-1}A=(A^{-1}B+E)(A+B)^{-1}A$
$=(A^{-1}B+A^{-1}A)(A+B)^{-1}A=A^{-1}(A+B)(A+B)^{-1}A=E$，

所以 $(A^{-1}+B^{-1})^{-1}=B(A+B)^{-1}A$.

由于逆矩阵的唯一性，故 $A(A+B)^{-1}B=B(A+B)^{-1}A$.

4.【提示】由于 $A^*=|A|A^{-1}$，$B^*=|B|B^{-1}$，$|A|=|B|=a\neq 0$，$|A+B|=b\neq 0$，于是

$$
\begin{aligned}
|A^*+B^*| &= \left||A|A^{-1}+|B|B^{-1}\right| = a^n|A^{-1}+B^{-1}| \\
&= a^n|A^{-1}E+EB^{-1}| = a^n|A^{-1}BB^{-1}+A^{-1}AB^{-1}| \\
&= a^n|A^{-1}(A+B)B^{-1}| = a^n|A^{-1}|\,|A+B|\,|B^{-1}| \\
&= a^n\,|A|^{-1}|A+B|\,|B|^{-1} = a^{n-2}b.
\end{aligned}
$$

5.【提示】因为 $\begin{pmatrix}E & A\\ B & E\end{pmatrix}\begin{pmatrix}E & 0\\ -B & E\end{pmatrix}=\begin{pmatrix}E-AB & A\\ 0 & E\end{pmatrix}$，

两边取行列式，得到 $\begin{vmatrix}E & A\\ B & E\end{vmatrix}=|E-AB|$.

6. $A^T=A$，$A^2=AA=AA^T$，由于 $A^2=AA^T=0$，故考虑 AA^T 主对角线上的元素全为零. AA^T 主对角线上的第 i 行元素的平方和 $a_{i1}+a_{i2}+\cdots+a_{in}=0$，由此可得 $a_{i1}=a_{i2}=\cdots=a_{in}=0(i=1,2,\cdots,n)$，故 $A=0$.

7.【提示】由 $\begin{pmatrix}E & 0\\ -CA^{-1} & E\end{pmatrix}\begin{pmatrix}A & B\\ C & D\end{pmatrix}=\begin{pmatrix}A & B\\ 0 & D-CA^{-1}B\end{pmatrix}$，

则 $\begin{vmatrix}A & B\\ C & D\end{vmatrix}=|A|\,|D-CA^{-1}B|=|A(D-CA^{-1}B)|=|AD-CB|$.

【自测题】

一、1. C；　2. D；　3. D；　4. A；　5. B.

二、1. 48；　2. $\begin{pmatrix}0 & \frac{1}{2}\\ -1 & -1\end{pmatrix}$；　3. -8；　4. $-\frac{1}{3}\times 2^{2n-1}$；　5. $\begin{pmatrix}0&0&0\\0&0&0\\0&0&0\end{pmatrix}$.

三、1. $X=(E-A)^{-1}B=\begin{pmatrix}3 & 1\\ 2 & 2\\ 1 & 1\end{pmatrix}$.

2. $A^{-1}=\begin{pmatrix}2&-1&-1\\2&-2&-1\\-1&1&1\end{pmatrix}$, $X=\begin{pmatrix}5&-2&-2\\4&-3&-2\\-2&2&3\end{pmatrix}$.

【提示】$X=A^{-1}B=\begin{pmatrix}2&-1&-1\\2&-2&-1\\-1&1&1\end{pmatrix}\begin{pmatrix}3&0&1\\1&1&0\\0&1&4\end{pmatrix}=\begin{pmatrix}5&-2&-2\\4&-3&-2\\-2&2&3\end{pmatrix}$.

3. $|A|=-1$, $|E+A|=0$.【提示】由于 $|AA^{T}|=|A||A^{T}|=|A|^{2}=|E|=1$,则 $|A|=\pm1$,因为 $|A|<0$,所以 $|A|=-1$.

因为 $|E+A|=|A+AA^{T}|=|A||E+A^{T}|=-|E+A^{T}|=-|E+A|$,

所以 $|E+A|=0$.

4. $X=\frac{1}{4}\begin{pmatrix}1&1&0\\0&1&1\\1&0&1\end{pmatrix}$.【提示】因为 $AA^{*}=A^{*}A=|A|E$,方程两边左乘 A,$(|A|E-2A)X=E$,$X=(|A|E-2A)^{-1}$.

5. $(A^{*})^{-1}=\begin{pmatrix}5&-2&-1\\-2&2&0\\-1&0&1\end{pmatrix}$.【提示】$AA^{*}=A^{*}A=|A|E$,$(A^{*})^{-1}=\frac{1}{|A|}A$,由于 $A^{-1}=\begin{pmatrix}1&1&1\\1&2&1\\1&1&3\end{pmatrix}$,用初等变换可求出 $A=\frac{1}{2}\begin{pmatrix}5&-2&-1\\-2&2&0\\-1&0&1\end{pmatrix}$,而 $|A|=\frac{1}{2}$,所以 $(A^{*})^{-1}=\begin{pmatrix}5&-2&-1\\-2&2&0\\-1&0&1\end{pmatrix}$.

四、1. $A^{-1}=\frac{1}{4}(A-3E)$, $|6A+8E|=2^{n+2}$.【提示】因为 $A^{2}-3A-4E=0$,$A(\frac{1}{4}A-\frac{3}{4}E)=E$,所以 $A^{-1}=\frac{1}{4}(A-3E)$.

$|6A+8E|=|6A+2A^{2}-6A|=|2A^{2}|=2^{n}|A|^{2}=2^{n+2}$.

2.【提示】因为 $A+B=E$,$A=E-B$,$B=E-A$,于是 $BA=(E-A)(E-B)=E-A-B+AB=AB$.

第 3 章

矩阵的初等变换与线性方程组

3.1 教学要求

【基本要求】

了解矩阵等价的概念，理解矩阵秩的概念，了解初等矩阵的概念及它们与矩阵初等变换的关系；熟练掌握用初等行变换求矩阵的逆的方法；掌握齐次线性方程组有非零解的充分必要条件及非齐次线性方程组有解的充分必要条件.

【教学重点】

用初等行变换的方法求矩阵的逆、齐次线性方程组有非零解的充分必要条件及非齐次线性方程组有解的充分必要条件.

【教学难点】

齐次线性方程组有非零解的及非齐次线性方程组有解的充分必要条件.

3.2 知识要点

【知识要点】

1. 定义

定义 1 矩阵 $\boldsymbol{A}$ 非零子式的最大阶数称为 $\boldsymbol{A}$ 的秩. 零矩阵的秩规定为 0.

定义 2 矩阵 $\boldsymbol{A}$ 的行向量组的秩称为 $\boldsymbol{A}$ 的行秩；$\boldsymbol{A}$ 的列向量组的秩，称为 $\boldsymbol{A}$ 的列秩.

定义 3 以下变换称为矩阵的初等变换：

(1) 交换矩阵的任意两行(列)；

(2) 用数 $k \neq 0$ 乘矩阵的任一行(列)；

(3) 用数乘某一行(列)中所有元素并加到另一行(列)上去.

定义 4 单位矩阵 $\boldsymbol{E}$ 经过一次初等变换得到的矩阵，称为初等矩阵.

定义 5 矩阵 $\boldsymbol{A}$ 经过一系列初等变换得到矩阵 $\boldsymbol{B}$,则称矩阵 $\boldsymbol{A}$ 与 $\boldsymbol{B}$ 等价记作 $\boldsymbol{A} \sim \boldsymbol{B}$.

2. 定理

定理 1 行的初等变换不改变矩阵的秩.

定理 2 n 元线性方程组 $\boldsymbol{Ax} = \boldsymbol{b}$ 有解的充分必要条件是系数矩阵与增广矩阵的秩相同,即 $R(\boldsymbol{A}) = R(\boldsymbol{A},\boldsymbol{b})$,而且当方程组 $\boldsymbol{Ax} = \boldsymbol{b}$ 有解时,解由 $n - R(\boldsymbol{A})$ 个自由未知元决定.

3. 矩阵秩的性质

(1) $0 \leqslant R(\boldsymbol{A}_{m\times n}) \leqslant \min\{m,n\}$;

(2) $R(\boldsymbol{A}^{\mathrm{T}}) = R(\boldsymbol{A})$;

(3) 若 $\boldsymbol{A} \sim \boldsymbol{B}$,则 $R(\boldsymbol{A}) = R(\boldsymbol{B})$;

(4) 若 $\boldsymbol{P}$、$\boldsymbol{Q}$ 可逆,则 $R(\boldsymbol{PAQ}) = R(\boldsymbol{A})$;

(5) $\max\{R(\boldsymbol{A}),R(\boldsymbol{B})\} \leqslant R(\boldsymbol{A},\boldsymbol{B}) \leqslant R(\boldsymbol{A}) + R(\boldsymbol{B})$,特别地,当 $\boldsymbol{B} = \boldsymbol{b}$ 为列向量时,有 $R(\boldsymbol{A}) \leqslant R(A,\boldsymbol{b}) \leqslant R(\boldsymbol{A}) + 1$;

(6) $R(\boldsymbol{A} + \boldsymbol{B}) \leqslant R(\boldsymbol{A}) + R(\boldsymbol{B})$;

(7) $R(\boldsymbol{AB}) \leqslant \min\{R(\boldsymbol{A}),R(\boldsymbol{B})\}$;

(8) 若 $\boldsymbol{A}_{m\times n}\boldsymbol{B}_{n\times l} = \boldsymbol{0}$,则 $R(\boldsymbol{A}) + R(\boldsymbol{B}) \leqslant n$.

4. 关于 $\boldsymbol{Ax} = \boldsymbol{b}$ 解的讨论

(1) 若 $R(\boldsymbol{A}) = R(\boldsymbol{A},\boldsymbol{b}) = n$($n$ 为未知数个数),则 $\boldsymbol{Ax} = \boldsymbol{b}$ 有唯一解;

(2) 若 $R(\boldsymbol{A}) < R(\boldsymbol{A},\boldsymbol{b})$,则 $\boldsymbol{Ax} = \boldsymbol{b}$ 无解;

(3) 若 $R(\boldsymbol{A}) = R(\boldsymbol{A},\boldsymbol{b}) = r < n$,则 $\boldsymbol{Ax} = \boldsymbol{b}$ 有无穷多解.

【串讲小结】

为了简便地求解线性方程组和计算逆矩阵,本章引入了矩阵的初等变换和初等矩阵的概念.任何一个可逆矩阵总可以表示为若干个初等矩阵的乘积.利用矩阵的初等变换给出了可逆矩阵的逆矩阵的一种计算方法.

矩阵的秩是指它的非零子式的最大阶数,它在矩阵的初等变换下保持不变.利用矩阵的初等变换,总可以将一个矩阵化为行阶梯形矩阵,那么行阶梯形矩阵中非零行的个数就是该矩阵的秩.一个方阵是可逆的当且仅当它的秩等于它的阶数.

利用初等变换求解线性方程组,是对线性方程组的增广矩阵进行一系列初等行变换化成阶梯形(或行最简形),据此可以判断线性方程组是否有解;一般线性方程组可解当且仅当系数矩阵的秩等于增广矩阵的秩;在有解的情况下,若系数矩阵的秩等于未知元的个数,则有唯一解,否则有无穷多解,并且由增广矩阵所化成的行最简形直接给出一般解的表达式.利用初等变换是求解线性方程组的主要方法.

3.3 答疑解惑

1. 一个非零矩阵的行最简形与行阶梯形有什么区别和联系?

答:矩阵的行最简形和行阶梯形都是矩阵在某种意义下的标准型,任何一个矩阵总可以经有限次初等行变换化为行阶梯形和行最简形;行最简形是行阶梯形,但行阶梯形不一定是行最简形.它们的区别首先在于行的首个非零元素,前者必须为1,且该元素所在列中的其他元素均为 0，而后者则无上述要求；其次，矩阵的行阶梯形不是唯一的，但它的行最简形则是唯一的.

2. 矩阵 $\boldsymbol{A}$ 与 $\boldsymbol{B}$ 等价的充要条件是 $R(\boldsymbol{A})=R(\boldsymbol{B})$，这种说法是否正确？为什么？

答：不正确. 因为当 $\boldsymbol{A}$ 与 $\boldsymbol{B}$ 不是同型矩阵时，结论不成立.

反例：设 $\boldsymbol{A}=\begin{pmatrix}1&0\\0&1\end{pmatrix}$，$\boldsymbol{B}=\begin{pmatrix}1&0&0\\0&1&0\end{pmatrix}$，则 $R(\boldsymbol{A})=R(\boldsymbol{B})$，但显然任何的矩阵初等变换无法把 $\boldsymbol{A}$ 变成 $\boldsymbol{B}$. 于是，$\boldsymbol{A}$ 与 $\boldsymbol{B}$ 不等价.

如果矩阵 $\boldsymbol{A}$ 与 $\boldsymbol{B}$ 是同型矩阵时，则结论正确. 事实上，设 $\boldsymbol{A}$、$\boldsymbol{B}\in\boldsymbol{M}_{m\times n}$，若 $R(\boldsymbol{A})=R(\boldsymbol{B})=r$，则由矩阵的等价标准形，$\boldsymbol{A}$ 与 $\boldsymbol{B}$ 有相同的标准形 $\boldsymbol{F}=\begin{pmatrix}\boldsymbol{E}_r&\boldsymbol{0}\\\boldsymbol{0}&\boldsymbol{0}\end{pmatrix}_{m\times n}$，即 $\boldsymbol{A}$ 与 $\boldsymbol{B}$ 均与 $\boldsymbol{F}$ 等价，由矩阵等价的传递性即知 $\boldsymbol{A}$ 与 $\boldsymbol{B}$ 等价.

3. 当方程个数小于未知量个数时，线性方程组是否一定有解？

答：不一定有解. 例如

$$\begin{cases}x_1+2x_2+3x_3=4,\\2x_1+4x_2+6x_3=1,\end{cases}$$

方程个数 $m=2$，未知量个数 $n=3$，$m<n$，但此方程组显然无解. 如果考虑齐次线性方程组，则当方程个数小于未知量个数时，一定有非零解.

4. 初等变换有哪些应用？

答：(1) 求矩阵的秩；(2) 求逆矩阵；(3) 解线性方程组.

5. 求一个可逆矩阵的逆矩阵有哪些常用的方法？

答：求一个可逆矩阵的逆矩阵的常用方法有：

(1) 利用定义求逆矩阵，即若 $\boldsymbol{AB}=\boldsymbol{E}$（或 $\boldsymbol{BA}=\boldsymbol{E}$），则 $\boldsymbol{A}^{-1}=\boldsymbol{B}$.

(2) 利用伴随矩阵求逆矩阵，即 $\boldsymbol{A}^{-1}=\dfrac{1}{|\boldsymbol{A}|}\boldsymbol{A}^*$.

(3) 利用分块对角矩阵求逆矩阵. 即

$$\begin{pmatrix}\boldsymbol{A}_1&&&\\&\boldsymbol{A}_2&&\\&&\ddots&\\&&&\boldsymbol{A}_s\end{pmatrix}^{-1}=\begin{pmatrix}\boldsymbol{A}_1^{-1}&&&\\&\boldsymbol{A}_2^{-1}&&\\&&\ddots&\\&&&\boldsymbol{A}_s^{-1}\end{pmatrix},$$

$$\begin{pmatrix}&&&\boldsymbol{A}_1\\&&\boldsymbol{A}_2&\\&\iddots&&\\\boldsymbol{A}_s&&&\end{pmatrix}^{-1}=\begin{pmatrix}&&&\boldsymbol{A}_s^{-1}\\&&\iddots&\\&\boldsymbol{A}_2^{-1}&&\\\boldsymbol{A}_1^{-1}&&&\end{pmatrix},$$

其中 $\boldsymbol{A}_i\,(i=1,2,\cdots,s)$ 均可逆.

(4) 利用初等行变换求逆矩阵，即

$$(\boldsymbol{A}\,\vdots\,\boldsymbol{E})\xrightarrow{\text{初等行变换}}(\boldsymbol{E}\,\vdots\,\boldsymbol{A}^{-1}).$$

这是求逆矩阵最常用的方法.

6. 用初等行变换法求解线性方程组的主要步骤是什么？

答:(1) 对于非齐次线性方程组 $\boldsymbol{Ax}=\boldsymbol{b}$,将增广矩阵 $\boldsymbol{B}=(\boldsymbol{A},\boldsymbol{b})$ 用初等行变换化为行阶梯形;从 $\boldsymbol{B}$ 的行阶梯形可同时看出 $R(\boldsymbol{A})$ 和 $R(\boldsymbol{B})$. 若 $R(\boldsymbol{A})<R(\boldsymbol{B})$,则方程组无解.

(2) 若 $R(\boldsymbol{A})=R(\boldsymbol{B})$,则进一步把 $\boldsymbol{B}$ 化成行最简形. 而对于齐次线性方程组 $\boldsymbol{Ax}=\boldsymbol{0}$,则把系数矩阵 $\boldsymbol{A}$ 化成行最简形.

(3) 设 $R(\boldsymbol{A})=R(\boldsymbol{B})=r$,把行最简形中 r 个非零行的非零首元所对应的未知数取作非自由未知数,其余 $n-r$ 个未知数取作自由未知数,由 $\boldsymbol{B}$(或 $\boldsymbol{A}$)的行最简形,求解自由未知数,即可写出含 $n-r$ 个参数的通解.

注意:只能用初等行变换对增广矩阵(或系数矩阵)进行化简,如果用初等列变换化简,则不能保证变换前后的两个方程组同解.

7. 在求解带参数的线性方程组时,对系数矩阵或增广矩阵作初等行变换应注意些什么?

答:因为作初等行变换 $r_i\times k$ 及 $r_i\div k$ 均要求 $k\neq 0$,所以在对带参数(例如 λ)的矩阵作初等行变换时,不宜做如下的初等行变换:(1) 形如 $r_i\times(\lambda-\lambda_0)$ 的初等行变换;(2) 形如 $r_i\div(\lambda-\lambda_0)$ 的初等行变换;(3) 形如 $r_i+\dfrac{1}{\lambda-\lambda_0}r_j$ 的初等行变换. 如果作了上述三种变换,则一定是在假定 $\lambda\neq\lambda_0$ 的条件下作的,那么,需补充对 $\lambda=\lambda_0$ 情形的讨论.

8. 矩阵的初等变换与初等矩阵有什么关系? 引入初等矩阵有什么意义?

答:两者有不同意义:矩阵的初等变换是矩阵的一个运算,初等矩阵是一些矩阵. 它们的联系表现在:矩阵 $\boldsymbol{B}$ 是由矩阵 $\boldsymbol{A}$ 作一次初等行变换得到的充要条件是存在相应的初等矩阵 $\boldsymbol{P}$,使 $\boldsymbol{B}=\boldsymbol{PA}$;矩阵 $\boldsymbol{C}$ 是由矩阵 $\boldsymbol{A}$ 作一次初等列变换得到的充要条件是存在相应的初等矩阵 $\boldsymbol{Q}$,使 $\boldsymbol{C}=\boldsymbol{AQ}$. 如果把上述 $\boldsymbol{B}$ 与 $\boldsymbol{A}$(或 $\boldsymbol{C}$ 与 $\boldsymbol{A}$)看做矩阵集合上的一个关系,那么,引入初等矩阵后,就可以用初等矩阵与 $\boldsymbol{A}$ 的乘积来描述此关系;反过来,$\boldsymbol{A}$ 与初等矩阵的左(右)乘积所得矩阵,与 $\boldsymbol{A}$ 存在此关系. 由此看来,两者是用不同的语言描述矩阵 $\boldsymbol{A}$ 与 $\boldsymbol{B}$ 的同一个关系. 初等矩阵主要用于理论上的推导和证明,例如,用初等行变换求可逆矩阵的逆矩阵的方法就是用初等矩阵的理论推导得到的;初等变换侧重于给出具体数值的矩阵进行运算,例如,给定矩阵 $\boldsymbol{A}$,用初等行变换判断其是否可逆,并在可逆时求它的逆矩阵.

3.4 范例解析

例 1 设 $\boldsymbol{A}$ 为 3 阶矩阵,将 $\boldsymbol{A}$ 的第 2 行加到第 1 行得 $\boldsymbol{B}$,再将 $\boldsymbol{B}$ 的第 1 列的 -1 倍加到第 2 列,得 $\boldsymbol{C}$,记 $\boldsymbol{P}=\begin{pmatrix}1&1&0\\0&1&0\\0&0&1\end{pmatrix}$,则(　　).

A. $\boldsymbol{C}=\boldsymbol{P}^{-1}\boldsymbol{AP}$　　B. $\boldsymbol{C}=\boldsymbol{PAP}^{-1}$　　C. $\boldsymbol{C}=\boldsymbol{P}^{\mathrm{T}}\boldsymbol{AP}$　　D. $\boldsymbol{C}=\boldsymbol{PAP}^{\mathrm{T}}$

解析:选 B.

由初等变换与初等矩阵之间关系知:

$$\boldsymbol{PA}=\boldsymbol{B},\ \boldsymbol{B}\begin{pmatrix}1&-1&0\\0&1&0\\0&0&1\end{pmatrix}=\boldsymbol{C},\text{所以 }\boldsymbol{C}=\boldsymbol{PA}\begin{pmatrix}1&-1&0\\0&1&0\\0&0&1\end{pmatrix}=\boldsymbol{PAP}^{-1}.$$

例 2 已知矩阵方程 $\boldsymbol{AX}=\boldsymbol{B}+2\boldsymbol{X}$,其中 $\boldsymbol{A}=\begin{pmatrix}3&0&1\\2&3&0\\-3&2&-3\end{pmatrix}$,$\boldsymbol{B}=\begin{pmatrix}1&-2&-1\\4&-5&2\\1&-4&-1\end{pmatrix}$.

(1) 求 $(\boldsymbol{A}-2\boldsymbol{E})^{-1}$;

(2) 求矩阵 $\boldsymbol{X}$.

解析:(1) $\boldsymbol{A}-2\boldsymbol{E}=\begin{pmatrix}3&0&1\\2&3&0\\-3&2&-3\end{pmatrix}-\begin{pmatrix}2&0&0\\0&2&0\\0&0&2\end{pmatrix}=\begin{pmatrix}1&0&1\\2&1&0\\-3&2&-5\end{pmatrix}$,

$$(\boldsymbol{A}-2\boldsymbol{E}\vdots\boldsymbol{E})=\begin{pmatrix}1&0&1&1&0&0\\2&1&0&0&1&0\\-3&2&-5&0&0&1\end{pmatrix}\xrightarrow[3r_1+r_3]{-2r_1+r_2}\begin{pmatrix}1&0&1&1&0&0\\0&1&-2&-2&1&0\\0&2&-2&3&0&1\end{pmatrix}\xrightarrow{-2r_2+r_3}$$

$$\begin{pmatrix}1&0&1&1&0&0\\0&1&-2&-2&1&0\\0&0&2&7&-2&1\end{pmatrix}\xrightarrow{\frac{1}{2}r_3}\begin{pmatrix}1&0&1&1&0&0\\0&1&-2&-2&1&0\\0&0&1&\frac{7}{2}&-1&\frac{1}{2}\end{pmatrix}\xrightarrow[2r_3+r_2]{-r_3+r_1}$$

$$\begin{pmatrix}1&0&0&-\frac{5}{2}&1&-\frac{1}{2}\\0&1&0&5&-1&1\\0&0&1&\frac{7}{2}&-1&\frac{1}{2}\end{pmatrix}$$

所以 $(\boldsymbol{A}-2\boldsymbol{E})^{-1}=\begin{pmatrix}-\frac{5}{2}&1&-\frac{1}{2}\\5&-1&1\\\frac{7}{2}&-1&\frac{1}{2}\end{pmatrix}$.

(2) $\boldsymbol{X}=(\boldsymbol{A}-2\boldsymbol{E})^{-1}\boldsymbol{B}=\begin{pmatrix}1&2&5\\2&-9&-8\\0&-4&-6\end{pmatrix}$.

例 3 设 $\boldsymbol{A}$ 为 n 阶可逆阵,交换 $\boldsymbol{A}$ 的第 i 行与第 j 行后得到 $\boldsymbol{B}$.

(1) 证明 $\boldsymbol{B}$ 可逆;

(2) 求 $\boldsymbol{AB}^{-1}$.

解析:(1) 由初等变换与初等矩阵的关系知

$\boldsymbol{E}(i,j)\boldsymbol{A}=\boldsymbol{B}$,又 $|\boldsymbol{E}(i,j)\boldsymbol{A}|=|\boldsymbol{E}(i,j)||\boldsymbol{A}|=-|\boldsymbol{A}|=|\boldsymbol{B}|$,$|\boldsymbol{A}|\neq 0$,
故 $|\boldsymbol{B}|\neq 0$,即 $\boldsymbol{B}$ 可逆.

(2) 因为 $\boldsymbol{E}(i,j)\boldsymbol{A}=\boldsymbol{B}$,所以 $\boldsymbol{A}=\boldsymbol{E}(i,j)^{-1}\boldsymbol{B}=\boldsymbol{E}(i,j)\boldsymbol{B}$,
故 $\boldsymbol{AB}^{-1}=\boldsymbol{E}(i,j)\boldsymbol{BB}^{-1}=\boldsymbol{E}(i,j)$.

例 4 设三阶方阵 $\boldsymbol{A}=\begin{pmatrix}a&1&1\\1&a&1\\1&1&a\end{pmatrix}$,试求 $R(\boldsymbol{A})$.

解析:可以利用行列式或初等变换计算.

解法 1 $|\mathbf{A}|=\begin{vmatrix}a&1&1\\1&a&1\\1&1&a\end{vmatrix}=(a+2)(a-1)^2.$

(1) $a\neq 1,a\neq -2$ 时, $|\mathbf{A}|\neq 0,R(\mathbf{A})=3$;

(2) $a=1$ 时, $|\mathbf{A}|=0,\mathbf{A}=\begin{pmatrix}1&1&1\\1&1&1\\1&1&1\end{pmatrix}$,所以 $R(\mathbf{A})=1$;

(3) $a=-2$ 时, $|\mathbf{A}|=0,\mathbf{A}=\begin{pmatrix}-2&1&1\\1&-2&1\\1&1&-2\end{pmatrix}$, $R(\mathbf{A})=2$.

解法 2 $\mathbf{A}=\begin{pmatrix}a&1&1\\1&a&1\\1&1&a\end{pmatrix}\to\begin{pmatrix}1&1&a\\0&a-1&-(a-1)\\0&0&-(a+2)(a-1)\end{pmatrix}$,

(1) $a\neq 1,a\neq -2$ 时, $R(\mathbf{A})=3$;

(2) $a=1$ 时, $R(\mathbf{A})=1$;

(3) $a=-2$ 时, $R(\mathbf{A})=2$.

例 5 已知齐次线性方程组 $\begin{cases}x_1+2x_2+x_3=0,\\x_1+ax_2+2x_3=0,\\ax_1+4x_2+3x_3=0,\\2x_1+(a+2)x_2-5x_3=0,\end{cases}$ 有非零解,求 a.

解析:对系数矩阵进行初等行变换,有

$$\mathbf{A}=\begin{pmatrix}1&2&3\\1&a&2\\a&4&3\\2&a+2&-5\end{pmatrix}\to\begin{pmatrix}1&2&3\\0&a-2&1\\0&0&5-a\\0&0&-8\end{pmatrix},$$

可见 $R(\mathbf{A})<3\Leftrightarrow a=2$.

例 6 讨论含参数 λ 的线性方程组 $\begin{cases}x_1+\lambda x_2+x_3=0,\\x_1-x_2+x_3=0,\\\lambda x_1+x_2+2x_3=0,\end{cases}$ 并在有解时,求出方程组的解.

解析:这是含有 3 个方程、3 个未知量的齐次线性方程组,当其系数行列式 $D\neq 0$ 时,有唯一零解.

$$D=\begin{vmatrix}1&\lambda&1\\1&-1&1\\\lambda&1&2\end{vmatrix}=(\lambda+1)(\lambda-2).$$

(1) 当 $\lambda\neq -1$ 且 $\lambda\neq 2$ 时, $D\neq 0$, 线性方程组有唯一零解.

(2) 当 $\lambda=-1$ 时,原线性方程组化为 $\begin{cases}x_1-x_2+x_3=0,\\3x_3=0,\end{cases}$

方程组的通解为 $\begin{cases} x_1 = c, \\ x_2 = c, \\ x_3 = 0, \end{cases}$（$c$ 为任意常数）.

（3）当 $\lambda = 2$ 时，原线性方程组化为 $\begin{cases} x_1 - x_2 + x_3 = 0, \\ 3x_2 = 0, \end{cases}$

方程组的通解为 $\begin{cases} x_1 = -c, \\ x_2 = 0, \\ x_3 = c, \end{cases}$（$c$ 为任意常数）.

例 7　讨论方程组 $\begin{cases} x_1 + x_2 - 2x_3 + 3x_4 = 0, \\ 2x_1 + x_2 - 6x_3 + 4x_4 = -1, \\ 3x_1 + 2x_2 + px_3 + 7x_4 = -1, \\ x_1 - x_2 - 6x_3 - x_4 = t, \end{cases}$ 何时无解，何时有解？在方程组有解时，求出该方程组的解.

解析：对其增广矩阵施行初等行变换，有

$$\overline{\mathbf{A}} = \begin{pmatrix} 1 & 1 & -2 & 3 & 0 \\ 2 & 1 & -6 & 4 & -1 \\ 3 & 2 & p & 7 & -1 \\ 1 & -1 & -6 & -1 & t \end{pmatrix} \xrightarrow[-2r_1 + r_2]{\substack{-r_1 + r_3 \\ -r_2 + r_3}} \begin{pmatrix} 1 & 1 & -2 & 3 & 0 \\ 0 & -1 & -2 & -2 & -1 \\ 0 & 0 & p+8 & 0 & 0 \\ 1 & -1 & -6 & -1 & t \end{pmatrix} \xrightarrow{-r_2}$$

$$\begin{pmatrix} 1 & 1 & -2 & 3 & 0 \\ 0 & 1 & 2 & 2 & 1 \\ 0 & 0 & p+8 & 0 & 0 \\ 1 & -1 & -6 & -1 & t \end{pmatrix} \xrightarrow{\substack{-r_1 + r_4 \\ 2r_2 + r_4}} \begin{pmatrix} 1 & 1 & -2 & 3 & 0 \\ 0 & 1 & 2 & 2 & 1 \\ 0 & 0 & p+8 & 0 & 0 \\ 0 & 0 & 0 & 0 & t+2 \end{pmatrix}.$$

（1）当 $t \neq -2$ 时，无解.

（2）当 $t = -2$，且 $p = -8$ 时，有无穷多组解，且通解为

$$\begin{cases} x_1 = 4c_1 - c_2 - 1, \\ x_2 = 1 - 2c_1 - 2c_2, \\ x_3 = c_1, \\ x_4 = c_2, \end{cases} (c_1, c_2 \text{ 为任意常数}).$$

（3）当 $t = -2$，且 $p \neq -8$ 时，有无穷多组解，且通解为

$$\begin{cases} x_1 = -1 - c, \\ x_2 = 1 - 2c, \\ x_3 = 0, \\ x_4 = c, \end{cases} (c \text{ 为任意常数}).$$

例 8　已知线性方程组 $\begin{cases} x_1 + a_1 x_2 + a_1^2 x_3 = a_1^3, \\ x_1 + a_2 x_2 + a_2^2 x_3 = a_2^3, \\ x_1 + a_3 x_2 + a_3^2 x_3 = a_3^3, \\ x_1 + a_4 x_2 + a_4^2 x_3 = a_4^3, \end{cases}$

（1）证明：如果 a_1, a_2, a_3, a_4 互不相等，则方程组无解；

(2) 证明:如果 $a_1 = a_3 = \lambda, a_2 = a_4 = -\lambda(\lambda \neq 0)$,则方程组有解;并在有解时,求出其通解.

证明:(1) 由于 $a_i(i = 1,2,3,4)$ 互不相等,故有

$$|\overline{\mathbf{A}}| = \begin{vmatrix} 1 & a_1 & a_1^2 & a_1^3 \\ 1 & a_2 & a_2^2 & a_2^3 \\ 1 & a_3 & a_3^2 & a_3^3 \\ 1 & a_4 & a_4^2 & a_4^3 \end{vmatrix} = \prod_{1\leqslant j<i\leqslant 4}(a_i - a_j) \neq 0.$$

于是,$R(\overline{\mathbf{A}}) = 4, R(\mathbf{A}) \leqslant 3, R(\overline{\mathbf{A}}) \neq R(\mathbf{A})$. 所以,方程组无解.

(2) 由于 $a_1 = a_3 = \lambda, a_2 = a_4 = -\lambda\ (\lambda \neq 0)$,

方程组简化为 $\begin{cases} x_1 + \lambda x_2 + \lambda^2 x_3 = \lambda^3, \\ x_1 - \lambda x_2 + \lambda^2 x_3 = -\lambda^3, \end{cases}$

其增广矩阵记为 $\overline{\mathbf{B}}$,有 $\overline{\mathbf{B}} = \begin{pmatrix} 1 & \lambda & \lambda^2 & \lambda^3 \\ 1 & -\lambda & \lambda^2 & -\lambda^3 \end{pmatrix} \to \begin{pmatrix} 1 & 0 & \lambda^2 & 0 \\ 0 & 1 & 0 & \lambda^2 \end{pmatrix}$,

所以方程组有无穷多组解,其通解为 $\begin{cases} x_1 = -k\lambda^2 \\ x_2 = \lambda^2 \\ x_3 = k \end{cases}$ (k 为任意常数).

例 9 一个牧场,12 头牛 4 周吃草 $\frac{10}{3}$ 个单位面积,21 头牛 9 周吃草 10 个单位面积,问 24 个单位面积牧草,多少头牛 18 周吃完?

解析:设每头牛每周吃草量为 x,每单位面积草地每周的生长量(即草的生长量)为 y,每单位面积草地的原有草量为 a,另外,设有 24 个单位面积牧草,z 头牛 18 周吃完.

则根据题意得 $\begin{cases} 12 \times 4x = \frac{10}{3}a + \frac{10}{3} \times 4y, \\ 21 \times 9x = 10a + 10 \times 9y, \\ z \times 18x = 24a + 24 \times 18y, \end{cases}$ 其中 x,y,a 是线性方程组的未知数

化简得 $\begin{cases} 144x - 40y - 10a = 0, \\ 189x - 90y - 10a = 0, \\ 18zx - 432y - 24a = 0. \end{cases}$

根据题意知齐次线性方程组有非零解,故 $r(\mathbf{A}) < 3$,即系数行列式

$\begin{vmatrix} 144 & -40 & -10 \\ 189 & -90 & -10 \\ 18z & -432 & -24 \end{vmatrix} = 0$,计算得 $z = 36$.

所以 24 单位面积牧草 36 头牛 18 周吃完.

3.5　基础作业题

一、选择题

1. 矩阵 $\boldsymbol{A}=\begin{pmatrix} a_1b_1 & a_1b_2 & a_1b_3 & a_1b_4 \\ a_2b_1 & a_2b_2 & a_2b_3 & a_2b_4 \\ a_3b_1 & a_3b_2 & a_3b_3 & a_3b_4 \\ a_4b_1 & a_4b_2 & a_4b_3 & a_4b_4 \end{pmatrix}$，其中 $a_i\neq 0, b_i\neq 0, i=1,2,3,4$，则 $R(\boldsymbol{A})=$ (　　).

A. 1　　B. 2　　C. 3　　D. 4

2. $\boldsymbol{A}$ 为 $n\times n$ 矩阵，$\boldsymbol{b}$ 为 $n\times 1$ 矩阵，若 $|\boldsymbol{A}|=0$，则线性方程组 $\boldsymbol{Ax}=\boldsymbol{b}$ (　　).

A. 有无穷多解　　B. 有唯一解

C. 或者无解或者有无穷多解　　D. 无解

3. 当 $\boldsymbol{A}=$ (　　)时，$\boldsymbol{\alpha}_1=(1,0,2)^{\mathrm{T}}$，$\boldsymbol{\alpha}_2=(0,1,-1)^{\mathrm{T}}$ 都是线性方程组 $\boldsymbol{AX}=\boldsymbol{0}$ 的解.

A. $(-2,1,1)$　　B. $\begin{pmatrix} 2 & 0 & -1 \\ 0 & 1 & 1 \end{pmatrix}$

C. $\begin{pmatrix} -1 & 0 & 2 \\ 0 & 1 & 1 \end{pmatrix}$　　D. $\begin{pmatrix} 0 & 1 & -1 \\ 4 & -2 & -2 \\ 0 & 1 & 1 \end{pmatrix}$

4. 设矩阵 $\boldsymbol{A}=\begin{pmatrix} a_{11} & a_{12} & a_{13} & a_{14} \\ a_{21} & a_{22} & a_{23} & a_{24} \\ a_{31} & a_{32} & a_{33} & a_{34} \\ a_{41} & a_{42} & a_{43} & a_{44} \end{pmatrix}$，$\boldsymbol{B}=\begin{pmatrix} a_{14} & a_{13} & a_{12} & a_{11} \\ a_{24} & a_{23} & a_{22} & a_{21} \\ a_{34} & a_{33} & a_{32} & a_{31} \\ a_{44} & a_{43} & a_{42} & a_{41} \end{pmatrix}$，$\boldsymbol{P}_1=\begin{pmatrix} 0 & 0 & 0 & 1 \\ 0 & 1 & 0 & 0 \\ 0 & 0 & 1 & 0 \\ 1 & 0 & 0 & 0 \end{pmatrix}$，$\boldsymbol{P}_2=\begin{pmatrix} 1 & 0 & 0 & 0 \\ 0 & 0 & 1 & 0 \\ 0 & 1 & 0 & 0 \\ 0 & 0 & 0 & 1 \end{pmatrix}$，其中 $\boldsymbol{A}$ 可逆，则 $\boldsymbol{B}^{-1}$ 等于(　　).

A. $\boldsymbol{A}^{-1}\boldsymbol{P}_1\boldsymbol{P}_2$　　B. $\boldsymbol{P}_1\boldsymbol{A}^{-1}\boldsymbol{P}_2$　　C. $\boldsymbol{P}_1\boldsymbol{P}_2\boldsymbol{A}^{-1}$　　D. $\boldsymbol{P}_2\boldsymbol{A}^{-1}\boldsymbol{P}_1$

5. 设 $\boldsymbol{A},\boldsymbol{B}$ 都是 n 阶非零矩阵，且 $\boldsymbol{AB}=\boldsymbol{0}$，则 $\boldsymbol{A}$ 和 $\boldsymbol{B}$ 的秩(　　).

A. 必有一个等于零　　B. 都小于 n

C. 一个小于 n，一个等于 n　　D. 都等于 n

6. 设线性方程组 $\begin{cases} x_1+2x_2+3x_3+3x_4+7x_5=4, \\ 3x_1+x_2-x_3-x_4-9x_5=p-3, \\ 5x_1+3x_2+x_3+x_4-7x_5=q-3, \\ x_2+2x_3+2x_4+6x_5=3, \end{cases}$ 如果此方程组有解，则常数 p,q 应该满足的条件是(　　).

A. $p=0$ 且 $q=2$　　B. $p\neq 0$ 且 $q=2$

C. $p=0$ 且 $q\neq 2$　　D. $p\neq 0$ 且 $q\neq 2$

7. 设 $\boldsymbol{A}$ 为 $m\times n$ 矩阵,齐次线性方程组 $\boldsymbol{Ax}=\boldsymbol{0}$ 仅有零解的充分条件是系数矩阵的秩 $R(\boldsymbol{A})$ (　　).

A. 小于 m　　B. 小于 n　　C. 等于 m　　D. 等于 n

8. 设非齐次线性方程组 $\boldsymbol{Ax}=\boldsymbol{b}$ 的导出组为 $\boldsymbol{Ax}=\boldsymbol{0}$. 如果 $\boldsymbol{Ax}=\boldsymbol{0}$ 仅有零解,则 $\boldsymbol{Ax}=\boldsymbol{b}$ (　　).

A. 必有无穷多组解　　B. 必有唯一解

C. 必定无解　　D. 选项(A),(B),(C) 均不对

二、填空题

1. 设 $\boldsymbol{A}$ 为 $m\times n$ 矩阵, 非齐次线性方程组 $\boldsymbol{Ax}=\boldsymbol{b}$ 有唯一解的充要条件是 $R(\boldsymbol{A})$ ________ $R(\boldsymbol{A},\boldsymbol{b})=$ ________.

2. 设 $\boldsymbol{A}$ 为 $m\times n$ 矩阵,若方程组 $\boldsymbol{Ax}=\boldsymbol{0}$ 有非零解,则 $R(\boldsymbol{A})$ ________.

3. $R(\boldsymbol{A},\boldsymbol{B})$ 与 $R(\boldsymbol{A})$ 的大小关系是________.

4. $\boldsymbol{A}$ 为 $m\times n$ 矩阵, $\boldsymbol{b}$ 为 $m\times 1$ 矩阵,则线性方程组 $\boldsymbol{Ax}=\boldsymbol{b}$ 有解的充分必要条件是________.

5. 若线性方程组 $\begin{cases} x_1+x_2=-a_1, \\ x_2+x_3=a_2, \\ x_3+x_4=-a_3, \\ x_4+x_1=a_4, \end{cases}$ 有解,则常数 a_1,a_2,a_3,a_4 应满足条件________.

三、计算题

1. 利用初等变换方法或分块矩阵求逆矩阵 $\boldsymbol{A}^{-1}$:

(1) $\boldsymbol{A}=\begin{pmatrix} 1 & 1 & 2 \\ 2 & 1 & 2 \\ 0 & 1 & 1 \end{pmatrix}$; (2) $\boldsymbol{A}=\begin{pmatrix} 1 & 1 & 1 & 1 \\ 1 & 1 & -1 & -1 \\ 1 & -1 & 1 & -1 \\ 1 & -1 & -1 & 1 \end{pmatrix}$; (3) $\boldsymbol{A}=\begin{pmatrix} 2 & 0 & 0 & 0 & 0 \\ 0 & 1 & 4 & 0 & 0 \\ 0 & 0 & -1 & 0 & 0 \\ 0 & 0 & 0 & 1 & 2 \\ 0 & 0 & 0 & 1 & 3 \end{pmatrix}$.

2. 已知矩阵 $\boldsymbol{A}=\begin{pmatrix} 1 & 2 & -1 & 4 \\ 2 & 4 & 3 & 5 \\ -1 & -2 & 6 & -7 \end{pmatrix}$, 求 $R(\boldsymbol{A})$.

3. 对下列各矩阵,求 λ 的值,使矩阵秩最小.

(1) $\begin{pmatrix} 3 & 1 & 1 & 4 \\ \lambda & 4 & 10 & 1 \\ 1 & 7 & 17 & 3 \\ 2 & 2 & 4 & 3 \end{pmatrix}$; (2) $\begin{pmatrix} 1 & \lambda & -1 & 2 \\ 2 & -1 & \lambda & 5 \\ 1 & 10 & -6 & 1 \end{pmatrix}$.

4. 求下列方程组的通解:

(1) $\begin{cases} x_1+2x_2+x_3-x_4=0, \\ 3x_1+6x_2-x_3-3x_4=0; \end{cases}$ (2) $\begin{cases} x_1+2x_2+2x_3+x_4=0, \\ 2x_1+x_2-2x_3-2x_4=0, \\ x_1-2x_2-4x_3-3x_4=0; \end{cases}$

(3) $\begin{cases} 2x_1+3x_2-x_3+5x_4=0, \\ 3x_1-x_2+2x_3-7x_4=0, \\ 4x_1+x_2-3x_3+6x_4=0, \\ x_1-2x_2+4x_3-7x_4=0; \end{cases}$　(4) $\begin{cases} x_1+x_2+x_3+x_4+x_5=0, \\ 3x_1+2x_2+x_3+x_4-3x_5=0, \\ x_2+2x_3+2x_4+6x_5=0, \\ 5x_1+4x_2+2x_3+3x_4-x_5=0. \end{cases}$

5. 试用初等变换方法解下列线性方程组：

(1) $\begin{cases} x_1-2x_2+x_3+x_4=1, \\ x_1+2x_2+x_3-x_4=-1, \\ x_1-2x_2+x_3+5x_4=5; \end{cases}$　(2) $\begin{cases} x_1-x_2=1, \\ x_1+x_2+2x_3=0, \\ x_2+x_3+2x_4=0, \\ x_3+x_4=1; \end{cases}$

(3) $\begin{cases} x_1-2x_2+x_3+3x_4=2, \\ 2x_1+3x_2+5x_3-5x_4=3, \\ 4x_1-x_2+7x_3+x_4=7. \end{cases}$

6. 讨论当 k 取何值时，下列线性方程组有唯一解、有无穷多解、无解？并在有无穷多解时求其通解.

(1) $\begin{cases} x_1+x_2+kx_3=4, \\ -x_1+kx_2+x_3=k^2, \\ x_1-x_2+2x_3=-4; \end{cases}$　(2) $\begin{cases} (1+k)x_1+x_2+x_3=0, \\ x_1+(1+k)x_2+x_3=k, \\ x_1+x_2+(1+k)x_3=k^2. \end{cases}$

7. 当 a,b 为何值时线性方程组 $\begin{cases} 2x_1+x_2-x_3+x_4=1, \\ x_1-x_2+x_3+x_4=2, \\ 7x_1+2x_2-2x_3+4x_4=a, \\ 7x_1-x_2+x_3+5x_4=b, \end{cases}$ 有解？有解时求出线性方程组的全部解.

四、应用题

某家具厂生产桌子、椅子和沙发，每月可用资源有木材 550 单位，劳力 475 单位，纺织品 222 单位.

厂家为充分应用这些资源制作生产计划表，已知产品对资源的需求如下：

	桌子	椅子	沙发
木材	4	2	5
劳力	3	2	5
纺织品	0	2	4

建立方程组并确定每种产品的产量.

3.6 综合作业题

一、选择题

1. 设矩阵 $\boldsymbol{A}=\begin{pmatrix} a_{11} & a_{12} & a_{13} \\ a_{21} & a_{22} & a_{23} \\ a_{31} & a_{32} & a_{33} \end{pmatrix}$，$\boldsymbol{B}=\begin{pmatrix} a_{21} & a_{22} & a_{23} \\ a_{11} & a_{12} & a_{13} \\ a_{31}+a_{11} & a_{32}+a_{12} & a_{33}+a_{13} \end{pmatrix}$，

$\boldsymbol{P}_1=\begin{pmatrix} 0 & 1 & 0 \\ 1 & 0 & 0 \\ 0 & 0 & 1 \end{pmatrix}$，$\boldsymbol{P}_2=\begin{pmatrix} 1 & 0 & 0 \\ 0 & 1 & 0 \\ 1 & 0 & 1 \end{pmatrix}$，则必有(　　).

A. $\boldsymbol{AP}_1\boldsymbol{P}_2=\boldsymbol{B}$　　B. $\boldsymbol{AP}_2\boldsymbol{P}_1=\boldsymbol{B}$

C. $\boldsymbol{P}_1\boldsymbol{P}_2\boldsymbol{A}=\boldsymbol{B}$　　D. $\boldsymbol{P}_2\boldsymbol{P}_1\boldsymbol{A}=\boldsymbol{B}$

2. 设 $\boldsymbol{A}$ 为 3 阶非零矩阵，$\boldsymbol{B}=\begin{pmatrix} 1 & 2 & 3 \\ 2 & 4 & t \\ 3 & 6 & 9 \end{pmatrix}$，且 $\boldsymbol{AB}=\boldsymbol{0}$，则(　　).

A. $t=6$ 时，$R(\boldsymbol{A})$ 必为 1　　B. $t=6$ 时，$R(\boldsymbol{A})$ 必为 2

C. $t\neq 6$ 时，$R(\boldsymbol{A})$ 必为 1　　D. $t\neq 6$ 时，$R(\boldsymbol{A})$ 必为 2

3. 设 $\boldsymbol{A}$ 是 $m\times n$ 矩阵，$\boldsymbol{B}$ 是 $n\times m$ 矩阵，则(　　).

A. 当 $m>n$ 时，必有行列式 $|\boldsymbol{AB}|\neq 0$

B. 当 $m>n$ 时，必有行列式 $|\boldsymbol{AB}|=0$

C. 当 $n>m$ 时，必有行列式 $|\boldsymbol{AB}|\neq 0$

D. 当 $n>m$ 时，必有行列式 $|\boldsymbol{AB}|=0$

4. 设 3 阶矩阵 $\boldsymbol{A}=\begin{pmatrix} a & b & b \\ b & a & b \\ b & b & a \end{pmatrix}$，已知 $R(\boldsymbol{A}^*)=1$，则(　　).

A. $a=b$ 或 $a+2b=0$　　B. $a=b$ 或 $a+2b\neq 0$

C. $a\neq b$ 且 $a+2b=0$　　D. $a\neq b$ 且 $a+2b\neq 0$

5. 设 $n(n\geqslant 3)$ 阶矩阵 $\boldsymbol{A}=\begin{pmatrix} a & a & \cdots & a & b \\ a & a & \cdots & b & a \\ \vdots & \vdots & & \vdots & \vdots \\ a & b & \cdots & a & a \\ b & a & \cdots & a & a \end{pmatrix}$，其中 $ab\neq 0$，若 $R(\boldsymbol{A})=n-1$，则 a,b 应该满足的条件是(　　).

A. $a+b=0$　　B. $b=(1-n)a$

C. $a-b=0$　　D. $b=(n-1)a$

6. 设线性方程组 $\begin{cases} x_1+x_2+x_3=1, \\ x_2-x_3=1, \\ 2x_1+3x_2+(a+2)x_3=b+3, \\ 3x_1+5x_2+x_3=5, \end{cases}$

如果此方程组有唯一解，则常数 a,b 应该满足的条件是(　　).

A. $a=1$，且 b 为任意实数　　B. $b=0$，且 a 为任意实数

C. $a\neq 1$，且 b 为任意实数　　D. $b\neq 0$，且 a 为任意实数

7. 设 $\boldsymbol{A}$ 是 $m\times n$ 矩阵，非齐次线性方程组 $\boldsymbol{Ax}=\boldsymbol{b}$ 的导出组为 $\boldsymbol{Ax}=\boldsymbol{0}$. 如果 $m<n$，则(　　).

A. $\boldsymbol{Ax}=\boldsymbol{b}$ 必有无穷多组解　　B. $\boldsymbol{Ax}=\boldsymbol{b}$ 必有唯一解

C. $\boldsymbol{Ax}=\boldsymbol{0}$ 必有非零解　　D. $\boldsymbol{Ax}=\boldsymbol{0}$ 必有唯一解

8. 设 $\boldsymbol{A}$ 是 $m\times s$ 矩阵，$\boldsymbol{B}$ 是 $s\times n$ 矩阵，则方程组 $\boldsymbol{ABX}=\boldsymbol{0}$ 和 $\boldsymbol{BX}=\boldsymbol{0}$ 是同解方程组的充分条件是(　　).

A. $R(\boldsymbol{A})=m$　　B. $R(\boldsymbol{A})=s$　　C. $R(\boldsymbol{B})=s$　　D. $R(\boldsymbol{B})=n$

二、计算题

1. (1) $\boldsymbol{A}=\begin{pmatrix}1&2&3&4\\0&1&2&3\\0&0&1&2\\0&0&0&1\end{pmatrix}$，求 $\boldsymbol{A}^{-1}$；

(2) $\boldsymbol{A}=\begin{pmatrix}2&1&0&0\\1&1&0&0\\-1&2&2&5\\1&-1&1&3\end{pmatrix}$，求 $\boldsymbol{A}^{-1}$；

(3) 已知 3 阶矩阵 $\boldsymbol{A}$ 的逆矩阵 $\boldsymbol{A}^{-1}=\begin{pmatrix}1&1&1\\1&2&1\\1&1&3\end{pmatrix}$，试求其伴随矩阵 $\boldsymbol{A}^*$ 的逆矩阵；

(4) 设矩阵 $\boldsymbol{A}=\begin{pmatrix}0&1\\3&-2\end{pmatrix}$，$f(x)=\begin{vmatrix}x+1&x\\2&x+1\end{vmatrix}$，试求 $[f(\boldsymbol{A})]^{-1}$.

2. 求下列矩阵的秩：

(1) $\boldsymbol{A}=\begin{pmatrix}1&1&-1&2&0\\2&-2&-2&0&0\\-1&-1&1&1&0\\1&0&1&-1&2\end{pmatrix}$；

(2) $\boldsymbol{A}=\begin{pmatrix}1&0&0&1&4\\0&1&0&2&5\\0&0&1&3&6\\1&2&3&14&32\\4&5&6&32&77\end{pmatrix}$；

(3) $\boldsymbol{A}=\begin{pmatrix}1&\lambda&-1&2\\2&-1&\lambda&5\\1&10&-6&1\end{pmatrix}$，$\lambda$ 为参数；

(4) $\boldsymbol{A}=\begin{pmatrix} a & b & b & \cdots & b \\ b & a & b & \cdots & b \\ b & b & a & \cdots & b \\ \vdots & \vdots & \vdots & & \vdots \\ b & b & b & \cdots & a \end{pmatrix}$ $(n\geqslant 3)$.

3. 设矩阵 $\boldsymbol{A}=\begin{pmatrix} 3 & -2 & \lambda & -16 \\ 2 & -3 & 0 & 1 \\ 1 & -1 & 1 & -3 \\ 3 & \mu & 1 & -2 \end{pmatrix}$，其中 λ，μ 为参数.求矩阵 $\boldsymbol{A}$ 秩的最大值和最小值.

4. 设 $\boldsymbol{A}=\begin{pmatrix} 1 & 2 & 3 & 4 \\ 2 & 3 & 4 & 5 \\ 3 & 4 & 5 & 6 \\ 4 & 5 & 6 & 7 \end{pmatrix}$，$\boldsymbol{B}=\begin{pmatrix} 0 & -1 & 2 & 4 \\ 0 & 2 & 0 & 1 \\ 0 & 0 & 3 & -1 \\ 0 & 0 & 0 & 4 \end{pmatrix}$，求 $R(\boldsymbol{BA}+2\boldsymbol{A})$.

5. 3 阶矩阵 $\boldsymbol{A}=\begin{pmatrix} a & b & -3 \\ 2 & 0 & 2 \\ 3 & 2 & -1 \end{pmatrix}$，$\boldsymbol{B}=\begin{pmatrix} b-1 & a & 1 \\ -1 & 1 & 0 \\ 0 & 2 & 1 \end{pmatrix}$，已知 $R(\boldsymbol{AB})$ 小于 $R(\boldsymbol{A})$ 及 $R(\boldsymbol{B})$，求 a，b 和 $R(\boldsymbol{AB})$.

6. 解齐次方程组：$\begin{cases} 2x_1-4x_2+5x_3+3x_4=0, \\ 3x_1-6x_2+4x_3+2x_4=0, \\ 4x_1-8x_2+17x_3+11x_4=0. \end{cases}$

7. 解方程组：$\begin{cases} x_1-2x_2+3x_3-4x_4=4, \\ x_2-x_3+x_4=-3, \\ x_1+3x_2+x_4=1, \\ -7x_2+3x_3+x_4=-3. \end{cases}$

8. 问参数为何值时，下列方程组有解？并在有解时求其通解.

(1) $\begin{cases} x_1+3x_2+2x_3+x_4=1, \\ x_2+ax_3-ax_4=-1, \\ x_1+2x_2+3x_4=3; \end{cases}$ (2) $\begin{cases} ax_1+x_2+x_3=4, \\ x_1+bx_2+x_3=3, \\ x_1+2bx_2+x_3=4; \end{cases}$

(3) $\begin{cases} x_1+x_2+x_3+x_4=0, \\ x_2+2x_3+2x_4=1, \\ -x_2+(a-3)x_3-2x_4=b, \\ 3x_1+2x_2+x_3+ax_4=-1; \end{cases}$ (4) $\begin{cases} ax_1+bx_2+2x_3=1, \\ (b-1)x_2+x_3=0, \\ ax_1+bx_2+(1-b)x_3=3-2b. \end{cases}$

9. 设齐次线性方程组 $\begin{cases} (1+a)x_1+x_2+\cdots+x_n=0, \\ 2x_1+(2+a)x_2+\cdots+2x_n=0, \\ \cdots\cdots\cdots\cdots\cdots\cdots \\ nx_1+nx_2+\cdots+(n+a)x_n=0, \end{cases}$ $(n\geqslant 2)$，试问 a 为何值时，该方程组有非零解？并求其解.

三、证明题

1. 设 $\boldsymbol{A}$，$\boldsymbol{B}$ 分别为 m 阶、n 阶矩阵，$\boldsymbol{C}$ 为 $m\times n$ 矩阵，$\boldsymbol{D}$ 为 $n\times m$ 矩阵.

(1) 证明：分块矩阵 $\begin{pmatrix} \boldsymbol{A} & \boldsymbol{C} \\ \boldsymbol{0} & \boldsymbol{B} \end{pmatrix}$ 可逆，并求 $\begin{pmatrix} \boldsymbol{A} & \boldsymbol{C} \\ \boldsymbol{0} & \boldsymbol{B} \end{pmatrix}^{-1}$；

(2) 证明：分块矩阵 $\begin{pmatrix} \boldsymbol{A} & \boldsymbol{0} \\ \boldsymbol{D} & \boldsymbol{B} \end{pmatrix}$ 可逆，并求 $\begin{pmatrix} \boldsymbol{A} & \boldsymbol{0} \\ \boldsymbol{D} & \boldsymbol{B} \end{pmatrix}^{-1}$.

2. 线性方程组 $\begin{cases} x_1 - x_2 + 2x_3 = 1, \\ 2x_1 - x_2 + ax_3 = 2, \\ -x_1 + 2x_2 + x_3 = b, \end{cases}$

证明：当 $a \neq 7$ 时，无论 b 取何值，方程组有唯一解；当 $a = 7$ 时，b 取何值，方程组有无穷多组解？

四、应用题

一个饮食专家计划一份膳食，提供一定量的维生素C、钙和镁. 其中用到3种食物，它们的质量用适当的单位计量. 这些食品提供的营养以及食谱需要的营养如下表给出.

营养	单位食谱所含的营养(毫克)			需要的营养总量(毫克)
	食物1	食物2	食物3	
维生素C	10	20	20	100
钙	50	40	10	300
镁	30	10	40	200

针对这个问题写出一个向量方程. 说明方程中的变量表示什么，然后求解这个方程.

3.7 自测题(时间：120分钟)

一、选择题(15分)

1. 设 $\boldsymbol{A} = \begin{pmatrix} a_{11} & a_{12} & a_{13} \\ a_{21} & a_{22} & a_{23} \\ a_{31} & a_{32} & a_{33} \end{pmatrix}$，$\boldsymbol{B} = \begin{pmatrix} a_{21} & a_{22} + ka_{23} & a_{23} \\ a_{31} & a_{32} + ka_{33} & a_{33} \\ a_{11} & a_{12} + ka_{13} & a_{13} \end{pmatrix}$，$\boldsymbol{P}_1 = \begin{pmatrix} 0 & 1 & 0 \\ 0 & 0 & 1 \\ 1 & 0 & 0 \end{pmatrix}$，

$\boldsymbol{P}_2 = \begin{pmatrix} 1 & 0 & 0 \\ 0 & 1 & 0 \\ 0 & k & 1 \end{pmatrix}$，则 $\boldsymbol{A}$ 等于(　　).

A. $\boldsymbol{P}_1^{-1}\boldsymbol{B}\boldsymbol{P}_2^{-1}$　　B. $\boldsymbol{P}_2^{-1}\boldsymbol{B}\boldsymbol{P}_1^{-1}$　　C. $\boldsymbol{P}_1^{-1}\boldsymbol{P}_2^{-1}\boldsymbol{B}$　　D. $\boldsymbol{B}\boldsymbol{P}_1^{-1}\boldsymbol{P}_2^{-1}$

2. 设有齐次线性方程组 $\boldsymbol{Ax}=\boldsymbol{0}$ 和 $\boldsymbol{Bx}=\boldsymbol{0}$，其中 $\boldsymbol{A}$，$\boldsymbol{B}$ 均为 $m \times n$ 矩阵，现有4个命题：

(1) 若 $\boldsymbol{Ax}=\boldsymbol{0}$ 的解均是 $\boldsymbol{Bx}=\boldsymbol{0}$ 的解，则秩$(\boldsymbol{A}) \geqslant$ 秩$(\boldsymbol{B})$；

(2) 若秩$(\boldsymbol{A}) \geqslant$ 秩$(\boldsymbol{B})$，则 $\boldsymbol{Ax}=\boldsymbol{0}$ 的解均是 $\boldsymbol{Bx}=\boldsymbol{0}$ 的解；

(3) 若 $\boldsymbol{Ax}=\boldsymbol{0}$ 与 $\boldsymbol{Bx}=\boldsymbol{0}$ 同解，则秩$(\boldsymbol{A})=$ 秩$(\boldsymbol{B})$；

(4) 若秩$(\boldsymbol{A})=$ 秩$(\boldsymbol{B})$，则 $\boldsymbol{Ax}=\boldsymbol{0}$ 与 $\boldsymbol{Bx}=\boldsymbol{0}$ 同解.

以上命题中正确的是(　　).

A. (1)(2)　　B. (1)(3)　　C. (2)(4)　　D. (3)(4)

3. n 元非齐次线性方程组 $\boldsymbol{Ax} = \boldsymbol{b}$ 与其对应的齐次线性方程组 $\boldsymbol{Ax} = \boldsymbol{0}$ 满足(　　).

A. 若 $\boldsymbol{Ax} = \boldsymbol{0}$ 有唯一解，则 $\boldsymbol{Ax} = \boldsymbol{b}$ 也有唯一解

B. 若 $\boldsymbol{Ax}=\boldsymbol{b}$ 有无穷多解,则 $\boldsymbol{Ax}=\boldsymbol{0}$ 也有无穷多解

C. 若 $\boldsymbol{Ax}=\boldsymbol{0}$ 有无穷多解,则 $\boldsymbol{Ax}=\boldsymbol{b}$ 只有零解

D. 若 $\boldsymbol{Ax}=\boldsymbol{0}$ 有唯一解,则 $\boldsymbol{Ax}=\boldsymbol{b}$ 无解

4. 线性方程组 $\begin{cases} x_1+2x_2-x_3=\lambda-1, \\ 3x_2-x_3=\lambda-2, \\ \lambda x_2-x_3=(\lambda-3)(\lambda-4)+(\lambda-2), \end{cases}$ 有无穷多解,则 $\lambda=$ (　　).

A. 1　　B. 2　　C. 3　　D. 4

5. 非齐次线性方程组 $\boldsymbol{Ax}=\boldsymbol{b}$ 中未知量个数为 n,方程个数为 m,系数矩阵 $\boldsymbol{A}$ 的秩为 r,则(　　).

A. $r=m$ 时,方程组 $\boldsymbol{Ax}=\boldsymbol{b}$ 有解

B. $r=n$ 时,方程组 $\boldsymbol{Ax}=\boldsymbol{b}$ 有唯一解

C. $m=n$ 时,方程组 $\boldsymbol{Ax}=\boldsymbol{b}$ 有唯一解

D. $r<n$ 时,方程组 $\boldsymbol{Ax}=\boldsymbol{b}$ 有无穷多个解

二、填空题(共9分)

1. 设线性方程组 $\begin{cases} x_1-2x_2+2x_3=0, \\ 2x_1-x_2+\lambda x_3=0, \\ x_1+2x_2-x_3=0, \end{cases}$ 的系数矩阵为 $\boldsymbol{A}$,且存在三阶矩阵 $\boldsymbol{B}\neq\boldsymbol{0}$,使得 $\boldsymbol{AB}=\boldsymbol{0}$,则 $\lambda=$ ________.

2. 设 n 阶矩阵 $\boldsymbol{A}$ 的各行元素之和均为零,且 $\boldsymbol{A}$ 的秩为 $n-1$,则线性方程组 $\boldsymbol{Ax}=\boldsymbol{0}$ 的通解为________.

3. 设方程组 $\begin{pmatrix} a & 1 & 1 \\ 1 & a & 1 \\ 1 & 1 & a \end{pmatrix}\begin{pmatrix} x_1 \\ x_2 \\ x_3 \end{pmatrix}=\begin{pmatrix} 1 \\ 1 \\ -2 \end{pmatrix}$ 有无穷多解,则 $a=$ ________.

三、计算题(共51分)

1. (8分)利用初等变换求矩阵 $\begin{pmatrix} 2 & 2 & 3 \\ 1 & -1 & 0 \\ -1 & 2 & 1 \end{pmatrix}$ 的逆.

2. (8分)已知矩阵 $\boldsymbol{A}=\begin{pmatrix} 3 & -3 & -1 & 5 \\ 1 & -2 & -1 & 2 \\ 5 & -1 & 5 & 3 \\ -2 & 2 & 3 & -4 \end{pmatrix}$,求 $R(\boldsymbol{A})$.

3. (10分)解齐次线性方程组 $\begin{cases} x_1-x_2+5x_3-x_4=0, \\ x_1+x_2-2x_3+3x_4=0, \\ 3x_1-x_2+8x_3+x_4=0, \\ x_1+3x_2-9x_3+7x_4=0. \end{cases}$

4. (10分)求非齐次线性方程组 $\begin{cases} x_1+3x_2-2x_3+4x_4+x_5=7, \\ 2x_1+6x_2+5x_4+2x_5=5, \\ 4x_1+11x_2+8x_3+5x_5=3, \\ x_1+3x_2+2x_3+x_4+x_5=1, \end{cases}$ 的通解.

5.(15分)设 $\begin{cases}(2-\lambda)x_1+2x_2-2x_3=1,\\2x_1+(5-\lambda)x_2-4x_3=2,\\-2x_1-4x_2+(5-\lambda)x_3=-\lambda-1,\end{cases}$ 问 λ 取何值时，此方程组无解，有唯一解或有无穷多解？

四、证明题(共25分)

1.(10分)证明线性方程组 $\begin{cases}x_1-x_2=a_1,\\x_2-x_3=a_2,\\x_3-x_4=a_3,\\x_4-x_5=a_4,\\x_5-x_1=a_5\end{cases}$ 有解的充分必要条件是 $\sum_{i=1}^{5}a_i=0$.

2.(15分)已知平面上3条不同直线的方程分别为 $l_1:ax+2by+3c=0$，$l_2:bx+2cy+3a=0$，$l_3:cx+2ay+3b=0$. 试证这3条直线交于一点的充要条件是 $a+b+c=0$.

3.8　参考答案与提示

【基础作业题】

一、1. A；　2. C；　3. A；　4. C；　5. B；　6. A；　7. D；　8. D.

二、1. $R(\boldsymbol{A})=R(\boldsymbol{A},\boldsymbol{b})=n$.　2. $<n$.　3. $R(\boldsymbol{A},\boldsymbol{B})\geqslant R(\boldsymbol{A})$.

4. $R(\boldsymbol{A})=R(\boldsymbol{A},\boldsymbol{b})$.

5. $a_1+a_2+a_3+a_4=0$.【提示】对其增广矩阵施行初等行变换，化成阶梯形

$$(\boldsymbol{A},\boldsymbol{b})=\begin{pmatrix}1&1&0&0&-a_1\\0&1&1&0&a_2\\0&0&1&1&-a_3\\1&0&0&1&a_4\end{pmatrix}\to\begin{pmatrix}1&1&0&0&-a_1\\0&1&1&0&a_2\\0&0&1&1&-a_3\\0&0&0&0&a_1+a_2+a_3+a_4\end{pmatrix}$$，若线性方程组有解，则必有 $a_1+a_2+a_3+a_4=0$.

三、1.(1) $\boldsymbol{A}^{-1}=\begin{pmatrix}-1&1&0\\-2&1&2\\2&-1&-1\end{pmatrix}$；

(2) $\boldsymbol{A}^{-1}=\frac{1}{4}\begin{pmatrix}1&1&1&1\\1&1&-1&-1\\1&-1&1&-1\\1&-1&-1&1\end{pmatrix}$；(3) $\boldsymbol{A}^{-1}=\begin{pmatrix}\frac{1}{2}&0&0&0&0\\0&1&4&0&0\\0&0&-1&0&0\\0&0&0&3&-2\\0&0&0&-1&1\end{pmatrix}$.

2. $R(\boldsymbol{A})=2$.

3.(1) 0；　(2) 3.

4.(1) $x = c_1\begin{pmatrix}-2\\1\\0\\0\end{pmatrix} + c_2\begin{pmatrix}1\\0\\0\\1\end{pmatrix}, c_1, c_2 \in \mathbf{R}$.

(2) 先对系数矩阵化简：

$$\begin{pmatrix}1&2&2&1\\2&1&-2&-2\\1&-2&-4&-3\end{pmatrix}\to\begin{pmatrix}1&2&2&1\\0&-3&-6&-4\\0&-4&-6&-4\end{pmatrix}\to\begin{pmatrix}1&2&2&1\\0&1&0&0\\0&0&6&4\end{pmatrix}\to\begin{pmatrix}1&0&0&-1/3\\0&1&0&0\\0&0&1&2/3\end{pmatrix},$$

原方程组有解：$\begin{pmatrix}x_1\\x_2\\x_3\\x_4\end{pmatrix} = k\begin{pmatrix}1/3\\0\\-2/3\\1\end{pmatrix}$.

(3) 唯一零解：$x_1 = x_2 = x_3 = x_4 = 0$.

(4) $\begin{cases}x_1 = c_1 + 5c_2,\\x_2 = -2c_1 - 6c_2,\\x_3 = 0,\\x_4 = c_1,\\x_5 = c_2,\end{cases}$ (c_1, c_2 为任意常数).

5.(1) 通解：$x = \begin{pmatrix}0\\0\\0\\1\end{pmatrix} + c\begin{pmatrix}-1\\0\\1\\0\end{pmatrix}$ ($c \in \mathbf{R}$)；(2) $x = \frac{1}{4}\begin{pmatrix}-1\\-5\\3\\1\end{pmatrix}$；

(3) 原方程组的一般解为：$\begin{cases}x_1 = \frac{12}{7} - \frac{13}{7}x_3 + \frac{1}{7}x_4,\\x_2 = \frac{1}{7} - \frac{3}{7}x_3 + \frac{11}{7}x_4,\end{cases}$ (x_3, x_4 为自由未知量),

或令 $x_3 = c_1, x_4 = c_2$，则 $\begin{cases}x_1 = \frac{12}{7} - \frac{13}{7}c_1 + \frac{1}{7}c_2,\\x_2 = \frac{1}{7} - \frac{3}{7}c_1 + \frac{11}{7}c_2,\\x_3 = c_1,\\x_4 = c_2,\end{cases}$ (c_1, c_2 为任意常数).

6.(1) $D = \begin{vmatrix}1&1&k\\-1&k&1\\1&-1&2\end{vmatrix} = (k+1)(4-k)$,

当 $k \neq -1$ 且 $k \neq 4$ 时，$D \neq 0$，线性方程组有唯一解；

当 $k = -1$ 时，方程组无解；

当 $k = 4$ 时，方程组有无穷多解，通解为 $\begin{pmatrix}x_1\\x_2\\x_3\end{pmatrix} = c\begin{pmatrix}-3\\-1\\1\end{pmatrix} + \begin{pmatrix}0\\4\\0\end{pmatrix}$ ($c \in \mathbf{R}$).

(2) $k \neq -3$ 且 $k \neq 0$ 时，有唯一解；$k = 0$ 时，有无穷多解；$k = -3$ 时无解.

7. $a = 5, b = 8$ 时有解，通解：$x = \begin{pmatrix} 1 \\ -1 \\ 0 \\ 0 \end{pmatrix} + c_1 \begin{pmatrix} 0 \\ 1 \\ 1 \\ 0 \end{pmatrix} + c_2 \begin{pmatrix} -2 \\ 1 \\ 0 \\ 3 \end{pmatrix} (c_1, c_2 \in \mathbf{R})$.

四、生产桌子 75 张，椅子 55 把，沙发 28 套.

【综合作业题】

一、1. C.【提示】因为 $\boldsymbol{A}$ 的第 1 行加到第 3 行，再交换第 1,2 行，从而得到 $\boldsymbol{B}$，故 $\boldsymbol{A}$ 左乘 $\boldsymbol{P}_2$，再左乘 $\boldsymbol{P}_1$，即 $\boldsymbol{P}_1\boldsymbol{P}_2\boldsymbol{A} = \boldsymbol{B}$.

2. C.【提示】由于 $\boldsymbol{A},\boldsymbol{B}$ 均为 3 阶矩阵，$\boldsymbol{AB} = \boldsymbol{0}$，故 $R(\boldsymbol{A}) + R(\boldsymbol{B}) \leqslant 3$. 当 $t = 6$ 时，$R(\boldsymbol{B}) = 1$，推知 $R(\boldsymbol{A}) \leqslant 2$，但 $R(\boldsymbol{A}) \neq 0$，所以 $R(\boldsymbol{A}) = 1$ 或 $R(\boldsymbol{A}) = 2$，故 A,B 不对，当 $t \neq 6$ 时，$R(\boldsymbol{B}) = 2$，推知 $R(\boldsymbol{A}) \leqslant 1$. 但 $R(\boldsymbol{A}) \neq 0$，故 $R(\boldsymbol{A}) = 1$. 因此 C 正确.

3. B.【提示】由于 $\boldsymbol{A}$ 是 $m \times n$ 矩阵，$\boldsymbol{B}$ 是 $n \times m$ 矩阵，则 $\boldsymbol{AB}$ 是 m 阶矩阵. 当 $m > n$ 时，因为 $R(\boldsymbol{AB}) \leqslant \min\{R(\boldsymbol{A}), R(\boldsymbol{B})\} \leqslant n < m$，所以 $|\boldsymbol{AB}| = 0$. 故 B 正确，A 不对. 对于选项 C，D，当 $n > m$ 时，则 $R(\boldsymbol{AB}) \leqslant m$，无法判断 $|\boldsymbol{AB}| = 0$ 还是 $|\boldsymbol{AB}| \neq 0$，故 C,D 均不对.

4. C.【提示】由于 $\boldsymbol{A}$ 是 3 阶矩阵，当 $R(\boldsymbol{A}) = 3$ 时，则 $R(\boldsymbol{A}^*) = 3$；当 $R(\boldsymbol{A}) < 2$ 时，则 $R(\boldsymbol{A}^*) = 0$. 故有 $R(\boldsymbol{A}) = 2$，于是

$$|\boldsymbol{A}| = \begin{vmatrix} a & b & b \\ b & a & b \\ b & b & a \end{vmatrix} = (a + 2b)(a - b)^2 = 0.$$

所以，$a + 2b = 0$ 或 $a = b$. 但是，当 $a = b$ 时，$R(\boldsymbol{A}) = 1$ 或 0，这与 $R(\boldsymbol{A}) = 2$ 矛盾. 因此 C 正确.

5. B.【提示】因为 $R(\boldsymbol{A}) = n - 1$，所以 $|\boldsymbol{A}| = 0$. 而 $|\boldsymbol{A}| = (-1)^{\frac{n(n-1)}{2}}[(n-1)a + b](b - a)^{n-1} = 0$，由此可得 $b = (1-n)a$ 或 $a = b$. 但是，当 $a = b$ 时，$R(\boldsymbol{A}) = 1$，这与条件 $R(\boldsymbol{A}) = n - 1 (n \geqslant 3)$ 矛盾. 故 $b = (1 - n)a$，B 正确.

6. C.

7. C.

8. B.【提示】显然，$\boldsymbol{BX} = \boldsymbol{0}$ 的解必是 $\boldsymbol{ABX} = \boldsymbol{0}$ 的解. 如果 $R(\boldsymbol{A}) = s$，则方程组 $\boldsymbol{AY} = \boldsymbol{0}$ 仅有零解. 故知，若 $\boldsymbol{ABX} = \boldsymbol{0}$，必有 $\boldsymbol{BX} = \boldsymbol{0}$，即 $\boldsymbol{ABX} = \boldsymbol{0}$ 的解，也是 $\boldsymbol{BX} = \boldsymbol{0}$ 的解. 因此，$\boldsymbol{ABX} = \boldsymbol{0}$ 和 $\boldsymbol{BX} = \boldsymbol{0}$ 同解，应选 B.

二、1.【提示】前两题都可以利用分块矩阵求逆.

(1) $\boldsymbol{A}^{-1} = \begin{pmatrix} 1 & -2 & 1 & 0 \\ 0 & 1 & -2 & 1 \\ 0 & 0 & 1 & -2 \\ 0 & 0 & 0 & 1 \end{pmatrix}$；(2) $\boldsymbol{A}^{-1} = \begin{pmatrix} 1 & -1 & 0 & 0 \\ -1 & 2 & 0 & 0 \\ 19 & -30 & 3 & -5 \\ -7 & 11 & -1 & 2 \end{pmatrix}$；

(3)【提示】因为 $\boldsymbol{AA}^* = \boldsymbol{A}^*\boldsymbol{A} = |\boldsymbol{A}|\boldsymbol{E}$，故 $(\boldsymbol{A}^*)^{-1} = \frac{1}{|\boldsymbol{A}|}\boldsymbol{A}$. 由于 $\boldsymbol{A}^{-1} = \begin{pmatrix} 1 & 1 & 1 \\ 1 & 2 & 1 \\ 1 & 1 & 3 \end{pmatrix}$，

用初等变换，求得 $\boldsymbol{A}=\frac{1}{2}\begin{pmatrix}5&-2&-1\\-2&2&0\\-1&0&1\end{pmatrix}$，且 $|\boldsymbol{A}|=\frac{1}{2}$，所以 $(\boldsymbol{A}^*)^{-1}=\begin{pmatrix}5&-2&-1\\-2&2&0\\-1&0&1\end{pmatrix}$；

(4) 因为 $f(x)=(x+1)^2-2x$，所以 $f(\boldsymbol{A})=(\boldsymbol{A}+1\cdot\boldsymbol{E})^2-2\boldsymbol{A}$. $[f(\boldsymbol{A})]^{-1}=\frac{1}{10}\begin{pmatrix}4&1\\3&2\end{pmatrix}$.

2. (1) 4； (2) 3.

(3)【提示】对 $\boldsymbol{A}$ 作初等行变换，得 $\boldsymbol{A}\to\begin{pmatrix}1&10&-6&1\\0&\lambda-10&5&1\\0&9-3\lambda&\lambda-3&0\end{pmatrix}$，当 $\lambda=3$ 时，$R(\boldsymbol{A})=2$；当 $\lambda\neq3$ 时，$R(\boldsymbol{A})=3$.

(4)【提示】对 $\boldsymbol{A}$ 作初等行变换，得

$$\boldsymbol{A}\to\begin{pmatrix}a+(n-1)b&b&b&\cdots&b\\0&a-b&0&\cdots&0\\0&0&a-b&\cdots&0\\\vdots&\vdots&\vdots&&\vdots\\0&0&0&0&a-b\end{pmatrix}.$$

当 $a=b=0$ 时，$R(\boldsymbol{A})=0$；

当 $a=b\neq0$ 时，$R(\boldsymbol{A})=1$；

当 $a\neq b$，且 $a+(n-1)b=0$ 时，$R(\boldsymbol{A})=n-1$；

当 $a\neq b$，且 $a+(n-1)b\neq0$ 时，$R(\boldsymbol{A})=n$.

3.【提示】对 $\boldsymbol{A}$ 作行、列的初等变换，得 $\boldsymbol{A}\to\begin{pmatrix}1&3&1&-1\\0&7&2&1\\0&0&\lambda-5&0\\0&0&0&\mu+4\end{pmatrix}$.

当 $\lambda=5,\mu=-4$ 时，$R(\boldsymbol{A})$ 的最小值是2；当 $\lambda\neq5,\mu\neq-4$ 时，$R(\boldsymbol{A})$ 的最大值是4.

4. $R(\boldsymbol{BA}+2\boldsymbol{A})=R[(\boldsymbol{B}+2\boldsymbol{E})\boldsymbol{A}]$，

又　$\boldsymbol{B}+2\boldsymbol{E}=\begin{pmatrix}2&-1&2&4\\0&4&0&1\\0&0&5&-1\\0&0&0&6\end{pmatrix}$，所以 $\boldsymbol{B}+2\boldsymbol{E}$ 可逆，

故　$R(\boldsymbol{BA}+2\boldsymbol{A})=R(\boldsymbol{A})$.

又　$\boldsymbol{A}=\begin{pmatrix}1&2&3&4\\2&3&4&5\\3&4&5&6\\4&5&6&7\end{pmatrix}\to\begin{pmatrix}1&2&3&4\\1&1&1&1\\1&1&1&1\\1&1&1&1\end{pmatrix}$，$R(\boldsymbol{A})=2$，

所以 $R(\boldsymbol{BA}+2\boldsymbol{A})=2$.

5. $a=1,b=2,R(\boldsymbol{AB})=1$.

6. $x_1=2x_2+\frac{2}{7}x_4,x_3=-\frac{5}{7}x_4$.

7. $x_1=-8,x_2=3,x_3=6,x_4=0$.

8.(1)【提示】对方程组的增广矩阵进行初等行变换

$$\overline{\boldsymbol{A}}=\begin{pmatrix}1&3&2&1&1\\0&1&a&-a&-1\\1&2&0&3&3\end{pmatrix}\to\begin{pmatrix}1&3&2&1&1\\0&-1&-2&2&2\\0&0&a-2&2-a&1\end{pmatrix}=\boldsymbol{A}_1,$$

当 $a\neq-2$ 时, $R(\boldsymbol{A})=R(\overline{\boldsymbol{A}})=3<4=n$, 故方程组有无穷多解;

对 $\boldsymbol{A}_1$,再从下自上进行初等行变换,得

$$\boldsymbol{A}_1\to\begin{pmatrix}1&0&0&3&(7a-10)/a-2\\0&1&0&0&(2-2a)/a-2\\0&0&1&-1&1/a-2\end{pmatrix},$$

令 $x_4=0$,得特解 $\gamma_0=((7a-10)/a-2,(2-2a)/a-2,1/a-2,0)$,

令 $x_4=1$,得基础解系 $\boldsymbol{\eta}=(-3\quad 0\quad 1\quad 1)$,

所以 通解为 $\alpha=r_0+k\eta$.

(2)【提示】作初等行变换,得 $\overline{\boldsymbol{A}}\to\begin{pmatrix}1&b&1&3\\0&1&1-a&4-2a\\0&0&b(a-1)&1-4b+2ab\end{pmatrix}$.

当 $a\neq1$ 且 $b\neq0$ 时,有唯一解 $\begin{cases}x_1=\dfrac{2b-1}{b(a-1)},\\x_2=\dfrac{1}{b},\\x_3=\dfrac{1-4b+2ab}{b(a-1)};\end{cases}$

当 $a=1$ 且 $b=\frac{1}{2}$ 时,有无穷多组解 $\begin{cases}x_1=2-c,\\x_2=2,\\x_3=c,\end{cases}$ （c 为任意常数）;

当 $a=1$ 且 $b\neq\frac{1}{2}$, 或者当 $b=0$ 时,无解.

(3)【提示】作初等行变换,得 $\overline{\boldsymbol{A}}\to\begin{pmatrix}1&1&1&1&0\\0&1&2&2&1\\0&0&a-1&0&b+1\\0&0&0&a-1&0\end{pmatrix}$.

当 $a\neq1$ 时,有唯一解 $\begin{cases}x_1=\dfrac{b-a+2}{a-1},\\x_2=\dfrac{a-2b-3}{a-1},\\x_3=\dfrac{b+1}{a-1},\\x_4=0;\end{cases}$

当 $a=1$ 且 $b\neq-1$ 时,无解;

当 $a=1$ 且 $b=-1$ 时,有无穷多组解 $\begin{cases} x_1=-1+c_1+c_2, \\ x_2=1-2c_1-2c_2, \\ x_3=c_1, \\ x_4=c_2, \end{cases}$ (c_1,c_2 为任意常数).

(4)【提示】作初等行变换,得 $\overline{\mathbf{A}}\to\begin{pmatrix} a & b & 2 & 1 \\ 0 & b-1 & 1 & 0 \\ 0 & 0 & b+1 & 2(b-1) \end{pmatrix}$.

① 当 $a\neq0$ 且 $b\neq\pm1$ 时,有唯一解 $\begin{cases} x_1=\dfrac{5-b}{a(b+1)}, \\ x_2=-\dfrac{2}{b+1}, \\ x_3=\dfrac{2(b-1)}{b+1}; \end{cases}$

② 当 $a\neq0$ 且 $b=1$ 时,有无穷多组解 $\begin{cases} x_1=\dfrac{1}{a}(1-c), \\ x_2=c, \\ x_3=0, \end{cases}$ (c 为任意常数);

③ 当 $a\neq0$ 且 $b=-1$ 时,无解;

④ 当 $a=0$ 时,有 $\overline{\mathbf{A}}\to\begin{pmatrix} 0 & 1 & 1 & 1 \\ 0 & 0 & 1 & \dfrac{1}{3}(b-1) \\ 0 & 0 & 0 & (b-1)(b-5) \end{pmatrix}$,

若 $b\neq1$ 且 $b\neq5$,则方程组无解;

⑤ 当 $a=0$ 且 $b=1$ 时,有无穷多组解 $\begin{cases} x_1=c, \\ x_2=1, \\ x_3=0, \end{cases}$ (c 为任意常数);

⑥ 当 $a=0$ 且 $b=5$ 时,有无穷多组解 $\begin{cases} x_1=c, \\ x_2=-\dfrac{1}{3}, \\ x_3=\dfrac{4}{3}, \end{cases}$ (c 为任意常数).

9. **方法 1:**

对系数矩阵进行初等行变换

$$\mathbf{A}=\begin{pmatrix} 1+a & 1 & 1 & \cdots & 1 \\ 2 & 2+a & 2 & \cdots & 2 \\ 3 & 3 & 3+a & \cdots & 3 \\ \cdots & \cdots & \cdots & \cdots & \cdots \\ n & n & n & \cdots & n+a \end{pmatrix}\to\begin{pmatrix} 1+a & 1 & 1 & \cdots & 1 \\ -2a & a & 0 & \cdots & 0 \\ -3a & 0 & a & \cdots & 0 \\ \cdots & \cdots & \cdots & \cdots & \cdots \\ -na & 0 & 0 & \cdots & a \end{pmatrix}=\boldsymbol{B}.$$

(1) 若 $a=0$,$R(\mathbf{A})=1$,方程组有非零解,其同解方程为 $x_1+x_2+\cdots+x_n=0$,所以

方程组的通解为

$$k_1\boldsymbol{\eta}_1+k_2\boldsymbol{\eta}_2+\cdots+k_{n-1}\boldsymbol{\eta}_{n-1}\ (k_1,\cdots,k_{n-1}\text{ 为任意常数}),$$

其中 $\boldsymbol{\eta}_1=(-1,1,0,\cdots,0)^{\mathrm{T}},\boldsymbol{\eta}_2=(-1,0,1,0,\cdots,0)^{\mathrm{T}},\cdots,\boldsymbol{\eta}_{n-1}=(-1,0,\cdots,0,1)^{\mathrm{T}}$.

(2) 若 $a\neq 0$，对矩阵 $\boldsymbol{B}$ 继续作初等行变换，有

$$\boldsymbol{B}\rightarrow\begin{pmatrix}1+a&1&1&\cdots&1\\-2&1&0&\cdots&0\\-3&0&1&\cdots&0\\\cdots&\cdots&\cdots&\cdots&\cdots\\-n&0&0&\cdots&1\end{pmatrix}\rightarrow\begin{pmatrix}a+\frac{1}{2}n(n+1)&0&0&\cdots&0\\-2&1&0&\cdots&0\\-3&0&1&\cdots&0\\\cdots&\cdots&\cdots&\cdots&\cdots\\-n&0&0&\cdots&1\end{pmatrix},$$

当 $a=-\frac{1}{2}n(n+1)$ 时，$R(\boldsymbol{A})=n-1<n$，方程组有非零解，其同解方程为

$$\begin{cases}-2x_1+x_2=0,\\-3x_1+x_3=0,\\\cdots\cdots\cdots\cdots\cdots\cdots\\-nx_1+x_n=0,\end{cases}$$
所以通解为 $k\boldsymbol{\eta}$ (k 为任意常数)，其中 $\boldsymbol{\eta}=(1,2,\cdots,n)^{\mathrm{T}}$.

方法 2:由于系数行列式

$$|\boldsymbol{A}|=\begin{vmatrix}1+a&1&\cdots&1\\2&2+a&\cdots&2\\\cdots&\cdots&\cdots&\cdots\\n&n&\cdots&n+a\end{vmatrix}=\left(a+\frac{n(n+1)}{2}\right)a^{n-1},$$

故当 $a=0$ 或 $a=-\frac{n(n+1)}{2}$ 时，方程组有非零解.

(1) 当 $a=0$ 时，有 $\boldsymbol{A}=\begin{pmatrix}1&1&\cdots&1\\2&2&\cdots&2\\\cdots&\cdots&\cdots&\cdots\\n&n&\cdots&n\end{pmatrix}\rightarrow\begin{pmatrix}1&1&\cdots&1\\0&0&\cdots&0\\\cdots&\cdots&\cdots&\cdots\\0&0&\cdots&0\end{pmatrix}$，故方程组的同解方程为 $x_1+x_2+\cdots+x_n=0$.

通解为 $k_1\boldsymbol{\eta}_1+k_2\boldsymbol{\eta}_2+\cdots+k_{n-1}\boldsymbol{\eta}_{n-1}$ ($k_1,\cdots,k_{n-1}$ 为任意常数)，
其中 $\boldsymbol{\eta}_1=(-1,1,\cdots,0)^{\mathrm{T}}$，$\boldsymbol{\eta}_2=(-1,0,1,\cdots,0)^{\mathrm{T}}$，$\cdots$，$\boldsymbol{\eta}_{n-1}=(-1,0,\cdots,1)^{\mathrm{T}}$.

(2) 当 $a=\frac{1}{2}n(n+1)$ 时，对系数矩阵进行初等行变换，有

$$\boldsymbol{A}=\begin{pmatrix}1+a&1&\cdots&1\\2&2+a&\cdots&2\\\cdots&\cdots&\cdots&\cdots\\n&n&\cdots&n+a\end{pmatrix}\rightarrow\begin{pmatrix}1+a&1&\cdots&1\\-2a&a&\cdots&0\\\cdots&\cdots&\cdots&\cdots\\-na&0&\cdots&a\end{pmatrix}\rightarrow$$

$$\begin{pmatrix}1+a&1&\cdots&1\\-2&1&\cdots&0\\\cdots&\cdots&\cdots&\cdots\\-n&0&\cdots&1\end{pmatrix}\rightarrow\begin{pmatrix}0&0&\cdots&0\\-2&1&\cdots&0\\\cdots&\cdots&\cdots&\cdots\\-n&0&\cdots&1\end{pmatrix},$$

故方程组的同解方程为：$\begin{cases}-2x_1+x_2=0,\\-3x_1+x_3=0,\\\cdots\cdots\cdots\cdots\cdots\cdots\\-nx_1+x_n=0,\end{cases}$

故通解为 $k\boldsymbol{\eta}$（k 为任意常数），其中 $\boldsymbol{\eta}=(1,2,\cdots,n)^{\mathrm{T}}$.

三、1.(1) $\begin{pmatrix}\boldsymbol{A}&\boldsymbol{C}\\\boldsymbol{0}&\boldsymbol{B}\end{pmatrix}^{-1}=\begin{bmatrix}\boldsymbol{A}^{-1}&-\boldsymbol{A}^{-1}\boldsymbol{C}\boldsymbol{B}^{-1}\\\boldsymbol{0}&\boldsymbol{B}^{-1}\end{bmatrix}$.【提示】由于 $\boldsymbol{A},\boldsymbol{B}$ 可逆，故 $|\boldsymbol{A}|\neq 0,|\boldsymbol{B}|\neq 0$. 于是，$\begin{vmatrix}\boldsymbol{A}&\boldsymbol{C}\\\boldsymbol{0}&\boldsymbol{B}\end{vmatrix}=|\boldsymbol{A}||\boldsymbol{B}|\neq 0$，从而 $\begin{pmatrix}\boldsymbol{A}&\boldsymbol{C}\\\boldsymbol{0}&\boldsymbol{B}\end{pmatrix}$ 可逆. 设 $\begin{pmatrix}\boldsymbol{A}&\boldsymbol{C}\\\boldsymbol{0}&\boldsymbol{B}\end{pmatrix}^{-1}=\begin{bmatrix}\boldsymbol{X}_{11}&\boldsymbol{X}_{12}\\\boldsymbol{X}_{21}&\boldsymbol{X}_{22}\end{bmatrix}$，其中 $\boldsymbol{X}_{11}$，$\boldsymbol{X}_{22}$ 分别为 m 阶、n 阶矩阵，$\boldsymbol{X}_{12}$ 为 $m\times n$ 矩阵，$\boldsymbol{X}_{21}$ 为 $n\times m$ 矩阵. 由于 $\begin{pmatrix}\boldsymbol{A}&\boldsymbol{C}\\\boldsymbol{0}&\boldsymbol{B}\end{pmatrix}\begin{bmatrix}\boldsymbol{X}_{11}&\boldsymbol{X}_{12}\\\boldsymbol{X}_{21}&X_{22}\end{bmatrix}=\begin{bmatrix}\boldsymbol{E}_m&\boldsymbol{0}\\\boldsymbol{0}&\boldsymbol{E}_n\end{bmatrix}$，得方程组

$$\begin{cases}\boldsymbol{A}\boldsymbol{X}_{11}+\boldsymbol{C}\boldsymbol{X}_{21}=\boldsymbol{E}_m,\\\boldsymbol{A}\boldsymbol{X}_{12}+\boldsymbol{C}\boldsymbol{X}_{22}=\boldsymbol{0},\\\boldsymbol{B}\boldsymbol{X}_{21}=\boldsymbol{0},\\\boldsymbol{B}\boldsymbol{X}_{22}=\boldsymbol{E}_n,\end{cases}$$

解得 $\boldsymbol{X}_{11}=\boldsymbol{A}^{-1},\boldsymbol{X}_{21}=\boldsymbol{0},\boldsymbol{X}_{12}=-\boldsymbol{A}^{-1}\boldsymbol{C}\boldsymbol{B}^{-1},\boldsymbol{X}_{22}=\boldsymbol{B}^{-1}$.

(2) $\begin{pmatrix}\boldsymbol{A}&\boldsymbol{0}\\\boldsymbol{D}&\boldsymbol{B}\end{pmatrix}^{-1}=\begin{bmatrix}\boldsymbol{A}^{-1}&\boldsymbol{0}\\-\boldsymbol{B}^{-1}\boldsymbol{D}\boldsymbol{A}^{-1}&\boldsymbol{B}^{-1}\end{bmatrix}$.

2.【提示】作初等行变换，得 $\overline{\boldsymbol{A}}\rightarrow\begin{bmatrix}1&-1&2&1\\0&1&3&b+1\\0&0&a-7&-b-1\end{bmatrix}$.

当 $a\neq 7$ 时，无论 b 取何值，均有 $R(\boldsymbol{A})=R(\overline{\boldsymbol{A}})=3$，方程组有唯一解；

当 $a=7$，且 $b=-1$ 时，$R(\boldsymbol{A})=R(\overline{\boldsymbol{A}})=2<n=3$，方程组有无穷多组解.

四、【提示】设 x_1,x_2,x_3 分别表示这三种食物的量. 对每一种食物考虑一个向量，其分量依次表示每单位食物中营养成分维生素 C、钙和镁的含量：

食物 1：$\alpha_1=\begin{bmatrix}10\\50\\30\end{bmatrix}$，食物 2：$\alpha_2=\begin{bmatrix}20\\40\\10\end{bmatrix}$，食物 3：$\alpha_3=\begin{bmatrix}20\\10\\40\end{bmatrix}$，需求：$\beta=\begin{bmatrix}100\\300\\200\end{bmatrix}$；

则 $x_1\alpha_1,x_2\alpha_2,x_3\alpha_3$ 分别表示三种食物提供的营养成分，所以，需要的向量方程为

$x_1\alpha_1+x_2\alpha_2+x_3\alpha_3=\beta$

解此方程组，得到 $x_1=\frac{50}{11},x_2=\frac{50}{33},x_3=\frac{40}{33}$，因此食谱中应该包含 $\frac{50}{11}$ 个单位的食物 1，$\frac{50}{33}$ 个单位的食物 2，$\frac{40}{33}$ 个单位的食物 3.

【自测题】

一、1. A.【提示】注意到 $P_1^{-1}=\begin{pmatrix}0&0&1\\1&0&0\\0&1&0\end{pmatrix}$，$P_2^{-1}=\begin{pmatrix}1&0&0\\0&1&0\\0&-k&1\end{pmatrix}$，故 $P_1^{-1}BP_2^{-1}=A$.

2. B.【提示】若 $Ax=0$ 与 $Bx=0$ 同解，则 $n-R(A)=n-R(B)$，即 $R(A)=R(B)$，命题③成立，可排除 A，C；但反过来，若 $R(A)=R(B)$，则不能推出 $Ax=0$ 与 $Bx=0$ 同解，如 $A=\begin{pmatrix}1&0\\0&0\end{pmatrix}$，$B=\begin{pmatrix}0&0\\0&1\end{pmatrix}$，则 $R(A)=R(B)=1$，但 $Ax=0$ 与 $Bx=0$ 不同解，可见命题④不成立，排除 D，故正确选项为 B.

3. B.　4. C.

5. A.【提示】由于 $R(A)=r=m$，$\overline{A}$ 是 $m\times(n+1)$ 矩阵，必有 $R(\overline{A})=m$，$R(A)=R(\overline{A})$，故 $Ax=b$ 有解，应选 A. 对于 B，C，D，均不能判断 $R(A)=R(\overline{A})$ 是否成立，故都不对.

二、1. $\frac{7}{4}$；　2. $c\begin{pmatrix}1\\1\\1\\1\end{pmatrix}$，$c$ 为任意常数；　3. -2.

三、1. $\begin{pmatrix}1&-4&-3\\1&-5&-3\\-1&6&4\end{pmatrix}$.　2. 4.

3. $x=c_1\xi_1+c_2\xi_2$（c_1,c_2 为任意常数），其中 $\xi_1=\begin{pmatrix}-\frac{3}{2}\\\frac{7}{2}\\1\\0\end{pmatrix}$，$\xi_2=\begin{pmatrix}-1\\-2\\0\\1\end{pmatrix}$.

4. $x=\eta^*+c_1\xi_1+c_2\xi_2=\begin{pmatrix}\frac{71}{2}\\-11\\-\frac{9}{4}\\0\\0\end{pmatrix}+c_1\begin{pmatrix}\frac{19}{2}\\-4\\\frac{3}{4}\\1\\0\end{pmatrix}+c_2\begin{pmatrix}-4\\1\\0\\0\\1\end{pmatrix}$（$c_1,c_2$ 为任意常数）.

5. $|A|=\begin{vmatrix}2-\lambda&2&-2\\2&5-\lambda&-4\\-2&-4&5-\lambda\end{vmatrix}=-(\lambda-1)^2(\lambda-10)$.

(1) 当 $\lambda\neq1$ 且 $\lambda\neq10$ 时，$R(A)=R(\overline{A})=3=n$，有唯一解；

(2) 当 $\lambda=1$ 时，通解 $\alpha=r_0+k_1\eta_1+k_2\eta_2$，其中 $r_0=(1\ 0\ 0)$，$\eta_1=(-2\quad1\quad0)$，$\eta_2=(2\quad0\quad1)$；

(3) 当 $\lambda=10$ 时，无解.

四、1.【提示】利用方程组有解等价于 $R(\mathbf{A})=R(\mathbf{A},b)$ 即可证明.

2. 充分条件"$\Rightarrow$"设 l_1,l_2,l_3 交于一点,则线性方程组

$$\begin{cases} ax+2by=-3c \\ bx+2cy=-3a \\ cx+2ay=-3b \end{cases} \tag{1}$$

有唯一解,故系数矩阵 $A=\begin{pmatrix} a & 2b \\ b & 2c \\ c & 2a \end{pmatrix}$ 与增广矩阵 $\overline{\mathbf{A}}=\begin{pmatrix} a & 2b & -3c \\ b & 2c & -3a \\ c & 2a & -3b \end{pmatrix}$ 的秩相等且均为2,于是 $|\overline{\mathbf{A}}|=0$,由于

$$|\overline{\mathbf{A}}|=\begin{vmatrix} a & 2b & -3c \\ b & 2c & -3a \\ c & 2a & -3b \end{vmatrix}=3(a+b+c)[(a-b)^2+(b-c)^2+(c-a)^2],$$

又 $(a-b)^2+(b-c)^2+(c-a)^2\neq 0$,故 $a+b+c=0$.

必要条件"$\Leftarrow$" 由 $a+b+c=0$,由必要性知 $|\overline{\mathbf{A}}|=0$,故 $R(\overline{\mathbf{A}})<3$,

又由于 $\begin{vmatrix} a & 2b \\ b & 2c \end{vmatrix}=2(ac-b^2)=-2\left[\left(a+\dfrac{1}{2}b\right)^2+\dfrac{3}{4}b^2\right]\neq 0$,

从而 $R(\mathbf{A})=2$,于是 $R(\mathbf{A})=R(\overline{\mathbf{A}})=2$ 故方程组有唯一解,即三直线交于一点.

第4章

向量组的线性相关性

4.1 教学要求

【基本要求】

理解 n 维向量的概念,理解向量组的线性组合、线性相关、线性无关的概念.掌握向量组线性相关、线性无关的有关性质及判别法.了解向量组的极大线性无关组和向量组的秩的概念,会求向量组的极大线性无关组及秩.了解 n 维向量空间、线性子空间、基底、维数、坐标等概念,理解齐次线性方程组的基础解系及通解等概念,理解非齐次线性方程组解的结构及通解等概念,掌握用初等行变换求线性方程组通解的方法.

【教学重点】

向量组线性相关、线性无关的有关性质及判别法,向量组的秩及最大无关组的求法,用初等行变换求线性方程组通解的方法.

【教学难点】

向量组线性相关性的判别和证明.

4.2 知识要点

【知识要点】

1. 向量组及其线性组合

(1) n 维向量及向量组的概念.

定义1 n 个有次序的数 $a_1,a_2,\cdots,a_n$ 构成的数组称为 n 维向量,其中 a_i 称为这个向量的第 i 个分量,记

$$\boldsymbol{\alpha}=\begin{pmatrix}a_1\\a_2\\\vdots\\a_n\end{pmatrix},\boldsymbol{\alpha}^{\mathrm{T}}=(a_1,a_2,\cdots,a_n),$$

$\boldsymbol{\alpha}$ 与 $\boldsymbol{\alpha}^{\mathrm{T}}$ 分别称为“列向量”与“行向量”,也就是列矩阵与行矩阵.并规定向量的运算规则与矩阵相同.同时教材规定所讨论的向量若未指明是列向量还是行向量时,都当作是列向量.

向量组:若干同维数的列向量(或同维数的行向量)所组成的集合叫作向量组.

(2) 线性组合与线性表示.

定义 2 给定向量组 (A):$\boldsymbol{\alpha}_1,\boldsymbol{\alpha}_2,\cdots,\boldsymbol{\alpha}_m$,对于任何一组实数 $k_1,k_2,\cdots,k_m$,表达式 $k_1\boldsymbol{\alpha}_1+k_2\boldsymbol{\alpha}_2+\cdots+k_m\boldsymbol{\alpha}_m$ 称为向量组 (A) 的一个线性组合,$k_1,k_2,\cdots,k_m$ 称为这个线性组合的系数.

给定向量组 (A):$\boldsymbol{\alpha}_1,\boldsymbol{\alpha}_2,\cdots,\boldsymbol{\alpha}_m$ 和向量 $\boldsymbol{b}$,如果存在一组数 $\lambda_1,\lambda_2,\cdots,\lambda_m$,使 $\boldsymbol{b}=\lambda_1\boldsymbol{\alpha}_1+\lambda_2\boldsymbol{\alpha}_2+\cdots+\lambda_m\boldsymbol{\alpha}_m$,则向量 $\boldsymbol{b}$ 是向量组 (A) 的线性组合,这时称向量 $\boldsymbol{b}$ 能由向量组 (A) 线性表示.

定义 3 设有两个向量组 (A):$\boldsymbol{\alpha}_1,\boldsymbol{\alpha}_2,\cdots,\boldsymbol{\alpha}_m$ 及 (B):$\boldsymbol{b}_1,\boldsymbol{b}_2,\cdots,\boldsymbol{b}_l$,若 (B) 组中的每个向量都能由向量组 (A) 线性表示,则称向量组 (B) 能由向量组 (A) 线性表示,若向量组 (A) 与向量组 (B) 能相互线性表示,则称这两个向量组等价.

定理 1 向量 $\boldsymbol{b}$ 能由向量组 (A):$\boldsymbol{\alpha}_1,\boldsymbol{\alpha}_2,\cdots,\boldsymbol{\alpha}_m$ 线性表示的充要条件是矩阵 $\boldsymbol{A}=(\boldsymbol{\alpha}_1,\boldsymbol{\alpha}_2,\cdots,\boldsymbol{\alpha}_m)$ 的秩等于矩阵 $\boldsymbol{B}=(\boldsymbol{\alpha}_1,\boldsymbol{\alpha}_2,\cdots,\boldsymbol{\alpha}_m,\boldsymbol{b})$ 的秩.

定理 2 向量组 (B):$\boldsymbol{b}_1,\boldsymbol{b}_2,\cdots,\boldsymbol{b}_l$ 能由向量组 (A):$\boldsymbol{\alpha}_1,\boldsymbol{\alpha}_2,\cdots,\boldsymbol{\alpha}_m$ 线性表示的充要条件是矩阵 $\boldsymbol{A}=(\boldsymbol{\alpha}_1,\boldsymbol{\alpha}_2,\cdots,\boldsymbol{\alpha}_m)$ 的秩等于矩阵 $(\boldsymbol{A},\boldsymbol{B})=(\boldsymbol{\alpha}_1,\boldsymbol{\alpha}_2,\cdots,\boldsymbol{\alpha}_m,\boldsymbol{b}_1,\boldsymbol{b}_2,\cdots,\boldsymbol{b}_l)$ 的秩,即 $R(\boldsymbol{A})=R(\boldsymbol{A},\boldsymbol{B})$.

推论 向量组 (A):$\boldsymbol{\alpha}_1,\boldsymbol{\alpha}_2,\cdots,\boldsymbol{\alpha}_m$ 与向量组 (B):$\boldsymbol{b}_1,\boldsymbol{b}_2,\cdots,\boldsymbol{b}_l$ 等价的充要条件是 $R(\boldsymbol{A})=R(\boldsymbol{B})=R(\boldsymbol{A},\boldsymbol{B})$,其中 $\boldsymbol{A}$ 和 $\boldsymbol{B}$ 是向量组(A)和(B)所构成的矩阵.

定理 3 设向量组 (B):$\boldsymbol{b}_1,\boldsymbol{b}_2,\cdots,\boldsymbol{b}_l$ 能由向量组 (A):$\boldsymbol{\alpha}_1,\boldsymbol{\alpha}_2,\cdots,\boldsymbol{\alpha}_m$ 线性表示,则 $R(\boldsymbol{b}_1,\boldsymbol{b}_2,\cdots,\boldsymbol{b}_l)\leqslant R(\boldsymbol{\alpha}_1,\boldsymbol{\alpha}_2,\cdots,\boldsymbol{\alpha}_m)$.

2. 向量组的线性相关性

定义 4 给定向量组 (A):$\boldsymbol{\alpha}_1,\boldsymbol{\alpha}_2,\cdots,\boldsymbol{\alpha}_m$,如果存在不全为零的数 $k_1,k_2,\cdots,k_m$,使得 $k_1\boldsymbol{\alpha}_1+k_2\boldsymbol{\alpha}_2+\cdots+k_m\boldsymbol{\alpha}_m=\boldsymbol{0}$,则称向量组 (A) 是线性相关的,否则称它线性无关.

定理 4 向量组 $\boldsymbol{\alpha}_1,\boldsymbol{\alpha}_2,\cdots,\boldsymbol{\alpha}_m$ 线性相关的充要条件是它所构成的矩阵 $\boldsymbol{A}=(\boldsymbol{\alpha}_1,\boldsymbol{\alpha}_2,\cdots,\boldsymbol{\alpha}_m)$ 的秩小于向量个数 m;向量组线性无关的充要条件是 $R(\boldsymbol{A})=m$.

定理 5 (1) 若向量组 (A):$\boldsymbol{\alpha}_1,\boldsymbol{\alpha}_2,\cdots,\boldsymbol{\alpha}_m$ 线性相关,则向量组 (B):$\boldsymbol{\alpha}_1,\boldsymbol{\alpha}_2,\cdots,\boldsymbol{\alpha}_m,\boldsymbol{\alpha}_{m+1}$ 也线性相关.反言之,若向量组 (B) 线性无关,则向量组 (A) 也线性无关.简言之,相关组增加向量仍相关,无关组减少向量仍无关.

(2) m 个 n 维向量组成的向量组,当维数 n 小于向量个数 m 时,一定线性相关;特别地,$n+1$ 个 n 维向量一定线性相关.

(3) 设向量组 (A):$\boldsymbol{\alpha}_1,\boldsymbol{\alpha}_2,\cdots,\boldsymbol{\alpha}_m$ 线性无关,而向量组 (B):$\boldsymbol{\alpha}_1,\boldsymbol{\alpha}_2,\cdots,\boldsymbol{\alpha}_m,\boldsymbol{b}$ 线性相关,则向量 $\boldsymbol{b}$ 必能由向量组 (A) 线性表示,且表示式是唯一的.

3. 向量组的秩

定义 5　设有向量组 (A)，如果在 (A) 中能选出 r 个向量 $\boldsymbol{\alpha}_1,\boldsymbol{\alpha}_2,\cdots,\boldsymbol{\alpha}_r$，满足：

(1) 向量组 (A_0)：$\boldsymbol{\alpha}_1,\boldsymbol{\alpha}_2,\cdots,\boldsymbol{\alpha}_r$ 线性无关；

(2) 向量组 (A) 中任意 $r+1$ 个向量(如果有的话)都线性相关；

那么称向量组 (A_0) 是向量组 (A) 的一个最大线性无关向量组. 最大无关组所含向量个数 r 称为向量组 (A) 的秩，记作 R_A. 只含零向量的向量组没有最大无关组，规定它的秩为 0.

定理 6　矩阵的秩等于它的列向量组的秩，也等于它的行向量组的秩.

推论　设向量组 (A_0)：$\boldsymbol{\alpha}_1,\boldsymbol{\alpha}_2,\cdots,\boldsymbol{\alpha}_r$ 是向量组 (A) 的一个部分组，且满足

(1) 向量组 (A_0) 线性无关；

(2) 向量组 (A) 的任一向量都能由向量组 (A_0) 线性表示；

那么向量组 (A_0) 便是向量组 (A) 的一个最大无关组. 这也是最大无关组的等价定义.

4. 线性方程组的解的结构

(1) 解向量.

齐次线性方程组

$$\begin{cases} a_{11}x_1+a_{12}x_2+\cdots+a_{1n}x_n=0, \\ a_{21}x_1+a_{22}x_2+\cdots+a_{2n}x_n=0, \\ \cdots\cdots\cdots\cdots\cdots\cdots\cdots\cdots \\ a_{m1}x_1+a_{m2}x_2+\cdots+a_{mn}x_n=0, \end{cases}$$

记 $\boldsymbol{A}=\begin{pmatrix} a_{11} & a_{12} & \cdots & a_{1n} \\ a_{21} & a_{22} & \cdots & a_{2n} \\ \vdots & \vdots & & \vdots \\ a_{m1} & a_{m2} & \cdots & a_{mn} \end{pmatrix}$，$\boldsymbol{x}=\begin{pmatrix} x_1 \\ x_2 \\ \vdots \\ x_n \end{pmatrix}$，写成向量方程 $\boldsymbol{Ax}=\boldsymbol{0}$.

若 $x_1=\xi_{11},x_2=\xi_{21},\cdots,x_n=\xi_{n1}$ 为方程组的解，则

$$\boldsymbol{x}=\boldsymbol{\xi}_1=\begin{pmatrix} \xi_{11} \\ \xi_{21} \\ \vdots \\ \xi_{n1} \end{pmatrix}$$

称为方程组的解向量，同时也是向量方程的解.

(2) 解向量的性质.

性质 1：若 $\boldsymbol{x}=\boldsymbol{\xi}_1,\boldsymbol{x}=\boldsymbol{\xi}_2$ 为 $\boldsymbol{Ax}=\boldsymbol{0}$ 的解，则 $\boldsymbol{x}=\boldsymbol{\xi}_1+\boldsymbol{\xi}_2$ 也是其解.

性质 2：若 $\boldsymbol{x}=\boldsymbol{\xi}_1$ 为 $\boldsymbol{Ax}=\boldsymbol{0}$ 的解，k 为实数，则 $\boldsymbol{x}=k\boldsymbol{\xi}_1$ 也是其解.

性质 3：设 $\boldsymbol{x}=\boldsymbol{\eta}_1$ 及 $\boldsymbol{x}=\boldsymbol{\eta}_2$ 都是 $\boldsymbol{Ax}=\boldsymbol{b}$ 的解，则 $\boldsymbol{x}=\boldsymbol{\eta}_1-\boldsymbol{\eta}_2$ 为对应的齐次线性方程组 $\boldsymbol{Ax}=\boldsymbol{0}$ 的解.

性质 4：设 $\boldsymbol{x}=\boldsymbol{\eta}$ 是方程 $\boldsymbol{Ax}=\boldsymbol{b}$ 的解，$\boldsymbol{x}=\boldsymbol{\xi}$ 是方程 $\boldsymbol{Ax}=\boldsymbol{0}$ 的解，则 $\boldsymbol{x}=\boldsymbol{\xi}+\boldsymbol{\eta}$ 仍是方程 $\boldsymbol{Ax}=\boldsymbol{b}$ 的解.

(3) 齐次线性方程组的基础解系.

① 设 $\boldsymbol{\xi}_1,\boldsymbol{\xi}_2,\cdots,\boldsymbol{\xi}_s$ 为齐次线性方程组 $\boldsymbol{Ax}=\boldsymbol{0}$ 的一组线性无关解向量，如果方程组 $\boldsymbol{Ax}=\boldsymbol{0}$ 的任意一个解均可表示为 $\boldsymbol{\xi}_1,\boldsymbol{\xi}_2,\cdots,\boldsymbol{\xi}_s$ 的线性组合，则称 $\boldsymbol{\xi}_1,\boldsymbol{\xi}_2,\cdots,\boldsymbol{\xi}_s$ 为方程组 $\boldsymbol{Ax}=\boldsymbol{0}$ 的一

个基础解系.

② 若$R(\boldsymbol{A})=r<n$,则齐次线性方程组$\boldsymbol{Ax}=\boldsymbol{0}$有基础解系,且基础解系包含$n-r$个线性无关的解向量,方程组的通解为

$$\boldsymbol{x}=k_1\boldsymbol{\xi}_1+k_2\boldsymbol{\xi}_2+\cdots+k_{n-r}\boldsymbol{\xi}_{n-r},$$

其中,$k_1,k_2,\cdots,k_{n-r}$为任意常数,$\boldsymbol{\xi}_1,\boldsymbol{\xi}_2,\cdots,\boldsymbol{\xi}_{n-r}$为齐次方程$\boldsymbol{Ax}=\boldsymbol{0}$的一个基础解系.

定理7 设$m\times n$阶矩阵$\boldsymbol{A}$的秩$R(\boldsymbol{A})=r$,则n元齐次线性方程组$\boldsymbol{Ax}=\boldsymbol{0}$的解集$\boldsymbol{S}$的秩$R(\boldsymbol{S})=n-r$.

(4) 非齐次线性方程组的通解.

非齐次线性方程组$\boldsymbol{Ax}=\boldsymbol{b}$的任意解均可表示为方程组$\boldsymbol{Ax}=\boldsymbol{b}$的一个特解与其导出组$\boldsymbol{Ax}=\boldsymbol{0}$的通解之和.

当非齐次线性方程组有无穷多解时,它的通解表示为

$$\boldsymbol{x}=k_1\boldsymbol{\xi}_1+k_2\boldsymbol{\xi}_2+\cdots+k_{n-r}\boldsymbol{\xi}_{n-r}+\boldsymbol{\eta}^*,$$

其中,$\boldsymbol{\eta}^*$为$\boldsymbol{Ax}=\boldsymbol{b}$的一个特解,$k_1,k_2,\cdots,k_{n-r}$为任意常数,$\boldsymbol{\xi}_1,\boldsymbol{\xi}_2,\cdots,\boldsymbol{\xi}_{n-r}$是$\boldsymbol{Ax}=\boldsymbol{0}$的一个基础解系.

5. 向量空间

定义6 设$\boldsymbol{V}$为n维向量的集合,如果集合$\boldsymbol{V}$非空,且集合$\boldsymbol{V}$对于加法及乘数两种运算封闭,那么就称集合$\boldsymbol{V}$为向量空间.

定义7 设向量空间$\boldsymbol{V}_1$及$\boldsymbol{V}_2$,若$\boldsymbol{V}_1\subseteq\boldsymbol{V}_2$,就称$\boldsymbol{V}_1$是$\boldsymbol{V}_2$的子空间.

定义8 (向量空间的基与维数)设$\boldsymbol{V}$为向量空间,如果r个向量$\boldsymbol{\alpha}_1,\boldsymbol{\alpha}_2,\cdots,\boldsymbol{\alpha}_r\in\boldsymbol{V}$,且满足

(1) $\boldsymbol{\alpha}_1,\boldsymbol{\alpha}_2,\cdots,\boldsymbol{\alpha}_r$线性无关;

(2) $\boldsymbol{V}$中任一向量都可由$\boldsymbol{\alpha}_1,\boldsymbol{\alpha}_2,\cdots,\boldsymbol{\alpha}_r$线性表示.

那么,向量组$\boldsymbol{\alpha}_1,\boldsymbol{\alpha}_2,\cdots,\boldsymbol{\alpha}_r$就称为向量空间$\boldsymbol{V}$的一个基,$r$称为向量空间$V$的维数,并称$\boldsymbol{V}$为$r$维向量空间.

定义9 (向量在基中的坐标)如果在向量空间$\boldsymbol{V}$中取定一个基$\boldsymbol{\alpha}_1,\boldsymbol{\alpha}_2,\cdots,\boldsymbol{\alpha}_r$,那么$\boldsymbol{V}$中任一向量$\boldsymbol{x}$可唯一表示为$\boldsymbol{x}=\lambda_1\boldsymbol{\alpha}_1+\lambda_2\boldsymbol{\alpha}_2+\cdots+\lambda_r\boldsymbol{\alpha}_r$,数组$\lambda_1,\lambda_2,\cdots,\lambda_r$称为向量$\boldsymbol{x}$在基$\boldsymbol{\alpha}_1,\boldsymbol{\alpha}_2,\cdots,\boldsymbol{\alpha}_r$中的坐标.

定义10 ($\boldsymbol{R}^n$中的自然基)在n维向量空间$\boldsymbol{R}^n$中取单位坐标向量组$\boldsymbol{e}_1,\boldsymbol{e}_2,\cdots,\boldsymbol{e}_n$为基,则以$x_1,x_2,\cdots,x_n$为分量的向量$\boldsymbol{x}$,可以表示为$\boldsymbol{x}=x_1\boldsymbol{e}_1+x_2\boldsymbol{e}_2+\cdots+x_n\boldsymbol{e}_n$,可见向量在基$\boldsymbol{e}_1,\boldsymbol{e}_2,\cdots,\boldsymbol{e}_n$中的坐标就是向量的分量,因此$\boldsymbol{e}_1,\boldsymbol{e}_2,\cdots,\boldsymbol{e}_n$叫作$\boldsymbol{R}^n$中的自然基.

【串讲小结】

n维向量、向量空间、向量间的线性关系、向量组与矩阵的秩这部分内容对于初学者来说比较抽象,是难点.但重要的是首先要透彻理解向量组线性相关与线性无关的概念,在此基础上,搞清楚向量间的线性关系,并通过初等变换的方法来求矩阵的秩和向量组的秩,确定向量组的最大无关组以及向量间的线性关系.

当线性方程组有无穷多解时,如何将全部解(或称通解)表示出来?这就是解的结构问题.要搞清楚齐次线性方程组基础解系的含义、求法以及基础解系与全部解的关系,非齐次线性方程组解的性质以及解的结构.

4.3 答疑解惑

1. 如果向量组 (A)：$\boldsymbol{\alpha}_1,\boldsymbol{\alpha}_2,\cdots,\boldsymbol{\alpha}_m$ 线性相关，那么是否对于任意不全为零的数 $k_1,k_2,\cdots,k_m$，都有 $k_1\boldsymbol{\alpha}_1+k_2\boldsymbol{\alpha}_2+\cdots+k_m\boldsymbol{\alpha}_m=\mathbf{0}$？

答：结论是否定的，因为按定义，向量组 (A) 线性相关是指存在 m 个不全为零的数 $k_1,k_2,\cdots,k_m$，使得 $k_1\boldsymbol{\alpha}_1+k_2\boldsymbol{\alpha}_2+\cdots+k_m\boldsymbol{\alpha}_m=\mathbf{0}$，而并不是对任意不全为零的数 $k_1,k_2,\cdots,k_m$，都能使上式成立（否则 $\boldsymbol{\alpha}_1=\boldsymbol{\alpha}_2=\cdots=\boldsymbol{\alpha}_m=\mathbf{0}$）.

例如，设 $\boldsymbol{\alpha}_1=(1,0,0),\boldsymbol{\alpha}_2=(0,1,0),\boldsymbol{\alpha}_3=(2,-3,0)$，则 $2\boldsymbol{\alpha}_1-3\boldsymbol{\alpha}_2-\boldsymbol{\alpha}_3=\mathbf{0}$，因而 $\boldsymbol{\alpha}_1,\boldsymbol{\alpha}_2,\boldsymbol{\alpha}_3$ 线性相关，这里存在 3 个数 $k_1=2,k_2=-3,k_3=-1$. 如果任取一组数：$k_1=1,k_2=-2,k_3=1$，那么 $k_1\boldsymbol{\alpha}_1+k_2\boldsymbol{\alpha}_2+k_3\boldsymbol{\alpha}_3=\boldsymbol{\alpha}_1-2\boldsymbol{\alpha}_2+\boldsymbol{\alpha}_3=(3,-5,0)\neq(0,0,0)$，这说明并非对任意不全为零的数 k_1,k_2,k_3 都能使 $k_1\boldsymbol{\alpha}_1+k_2\boldsymbol{\alpha}_2+k_3\boldsymbol{\alpha}_3=\mathbf{0}$ 成立.

2. 如果向量组 (A)：$\boldsymbol{\alpha}_1,\boldsymbol{\alpha}_2,\cdots,\boldsymbol{\alpha}_m\ (m\geqslant 2)$ 是线性相关的，那么，其中每一个向量都可表示为其余向量的线性组合吗？

答：结论是否定的. 因为按线性相关的定义，只要求其中至少有一向量能由其余向量线性表示，并不要求向量组 (A) 中每个向量都能表示为其余向量的线性组合.

例如，$\boldsymbol{\alpha}_1=(0,0,0),\boldsymbol{\alpha}_2=(1,1,0)$，很明显向量组 (A)：$\boldsymbol{\alpha}_1,\boldsymbol{\alpha}_2$ 是线性相关的，但 $\boldsymbol{\alpha}_2$ 不能由 $\boldsymbol{\alpha}_1$ 线性表示.

3. 设向量组 (A)：$\boldsymbol{\alpha}_1,\boldsymbol{\alpha}_2,\cdots,\boldsymbol{\alpha}_m$ 线性相关，向量组 (B)：$\boldsymbol{\beta}_1,\boldsymbol{\beta}_2,\cdots,\boldsymbol{\beta}_m$ 也线性相关，则有 m 个不全为零的数 $k_1,k_2,\cdots,k_m$，使

$$k_1\boldsymbol{\alpha}_1+k_2\boldsymbol{\alpha}_2+\cdots+k_m\boldsymbol{\alpha}_m=\mathbf{0},k_1\boldsymbol{\beta}_1+k_2\boldsymbol{\beta}_2+\cdots+k_m\boldsymbol{\beta}_m=\mathbf{0},$$

从而有 $k_1(\boldsymbol{\alpha}_1+\boldsymbol{\beta}_1)+k_2(\boldsymbol{\alpha}_2+\boldsymbol{\beta}_2)+\cdots+k_m(\boldsymbol{\alpha}_m+\boldsymbol{\beta}_m)=\mathbf{0}$. 所以 $\boldsymbol{\alpha}_1+\boldsymbol{\beta}_1,\boldsymbol{\alpha}_2+\boldsymbol{\beta}_2,\cdots,\boldsymbol{\alpha}_m+\boldsymbol{\beta}_m$ 线性相关. 这个结论正确吗？

答：此结论不一定正确.

由 (A)：$\boldsymbol{\alpha}_1,\boldsymbol{\alpha}_2,\cdots,\boldsymbol{\alpha}_m$ 线性相关知，存在一组不全为零的数 $\lambda_1,\lambda_2,\cdots,\lambda_m$，使

$$\lambda_1\boldsymbol{\alpha}_1+\lambda_2\boldsymbol{\alpha}_2+\cdots+\lambda_m\boldsymbol{\alpha}_m=\mathbf{0}.\qquad ①$$

这是正确的，但是这里的 $\lambda_1,\lambda_2,\cdots,\lambda_m$ 是对向量组 (A) 而言的，仅与该组向量有关，也就是说，使①式成立的 m 个不全为零的数 $\lambda_1,\lambda_2,\cdots,\lambda_m$ 不一定能使

$$\lambda_1\boldsymbol{\beta}_1+\lambda_2\boldsymbol{\beta}_2+\cdots+\lambda_m\boldsymbol{\beta}_m=\mathbf{0}$$

同时成立. 同样的，由 $\boldsymbol{\beta}_1,\boldsymbol{\beta}_2,\cdots,\boldsymbol{\beta}_m$ 线性相关，也存在一组不全为零的数 $c_1,c_2,\cdots,c_m$，使

$$c_1\boldsymbol{\beta}_1+c_2\boldsymbol{\beta}_2+\cdots+c_m\boldsymbol{\beta}_m=\mathbf{0},\qquad ②$$

而这一组数 $c_1,c_2,\cdots,c_m$ 也仅与向量组 (B) 有关，不一定能使 $c_1\boldsymbol{\alpha}_1+c_2\boldsymbol{\alpha}_2+\cdots+c_m\boldsymbol{\alpha}_m=\mathbf{0}$ 同时成立. 因而虽然使①式与②式分别成立的不全为零的数组可能有很多，但不一定能找到一组公共的不全为零的数 $k_1,k_2,\cdots,k_m$，使 $\sum\limits_{i=1}^{m}k_i\boldsymbol{\alpha}_i=\mathbf{0}$ 和 $\sum\limits_{j=1}^{m}k_j\boldsymbol{\beta}_j=\mathbf{0}$ 同时成立. 如能找到，上述结论正确；找不到，则不正确.

例如，设有向量组 (A)：$\boldsymbol{\alpha}_1=(1,0,1),\boldsymbol{\alpha}_2=(2,0,2)$；

向量组 (B)：$\boldsymbol{\beta}_1=(0,3,0),\boldsymbol{\beta}_2=(0,1,0)$.

则对于向量组 (A) 与 (B) 来说找不到一组公共的不全为零的数 k_1,k_2 使 $k_1\boldsymbol{\alpha}_1+k_2\boldsymbol{\alpha}_2=\mathbf{0}$ 和

$k_1\boldsymbol{\beta}_1+k_2\boldsymbol{\beta}_2=\mathbf{0}$ 同时成立. 当然也就找不到不全为零的数 k_1,k_2 使 $k_1(\boldsymbol{\alpha}_1+\boldsymbol{\beta}_1)+k_2(\boldsymbol{\alpha}_2+\boldsymbol{\beta}_2)=\mathbf{0}$ 成立,事实上,$\boldsymbol{\alpha}_1+\boldsymbol{\beta}_1=(1,3,1)$ 与 $\boldsymbol{\alpha}_2+\boldsymbol{\beta}_2=(2,1,2)$ 是线性无关的.

如果取 (A):$\boldsymbol{\alpha}_1=(1,0,1),\boldsymbol{\alpha}_2=(2,0,2)$;

(B):$\boldsymbol{\beta}_1=(0,1,0),\boldsymbol{\beta}_2=(0,2,0)$.

则可以找到一组公共的不全为零的 $k_1=-2,k_2=1$,使得

$$-2\boldsymbol{\alpha}_1+\boldsymbol{\alpha}_2=\mathbf{0},\ -2\boldsymbol{\beta}_1+\boldsymbol{\beta}_2=\mathbf{0},$$

从而有 $-2(\boldsymbol{\alpha}_1+\boldsymbol{\beta}_1)+1\cdot(\boldsymbol{\alpha}_2+\boldsymbol{\beta}_2)=\mathbf{0}$. 故 $\boldsymbol{\alpha}_1+\boldsymbol{\beta}_1=(1,1,1)$ 与 $\boldsymbol{\alpha}_2+\boldsymbol{\beta}_2=(2,2,2)$ 线性相关.

4. 设有向量组 (A):$\boldsymbol{\alpha}_1,\boldsymbol{\alpha}_2,\cdots,\boldsymbol{\alpha}_m\ (m\geqslant 2)$,如果从(A) 中任取 r 个向量($r<m$)所组成的部分向量组都线性无关,问向量组(A) 本身是否线性无关?

答: $\boldsymbol{\alpha}_1,\boldsymbol{\alpha}_2,\cdots,\boldsymbol{\alpha}_m$ 未必是线性无关的. 例如,取(A):$\boldsymbol{\alpha}_1=(1,0),\boldsymbol{\alpha}_2=(0,1),\boldsymbol{\alpha}_3=(1,1)$,显然向量组(A) 中的任一部分向量组都是线性无关的,但向量组(A):$\boldsymbol{\alpha}_1,\boldsymbol{\alpha}_2,\boldsymbol{\alpha}_3$ 是线性相关的,这是因为 $\boldsymbol{\alpha}_1+\boldsymbol{\alpha}_2-\boldsymbol{\alpha}_3=\mathbf{0}$.

注意: 当向量组 $\boldsymbol{\alpha}_1,\boldsymbol{\alpha}_2,\cdots,\boldsymbol{\alpha}_m\ (m\geqslant 2)$ 线性无关时,则其任何一部分向量组必定线性无关,简称为"整体无关,部分无关";反言之"部分相关,整体也相关".

5. 证明或判断一个向量组线性相关或线性无关的常用方法有哪些?

答:(1) 如果向量组的各个分量已给出,即

$$\boldsymbol{\alpha}_1=(a_{11},a_{21},\cdots,a_{n1})^{\mathrm{T}},$$
$$\boldsymbol{\alpha}_2=(a_{12},a_{22},\cdots,a_{n2})^{\mathrm{T}},$$
$$\cdots\cdots$$
$$\boldsymbol{\alpha}_m=(a_{1m},a_{2m},\cdots,a_{nm})^{\mathrm{T}}.$$

方法 1　由定义出发得到一个齐次线性方程组,即

$$x_1\boldsymbol{\alpha}_1+x_2\boldsymbol{\alpha}_2+\cdots+x_m\boldsymbol{\alpha}_m=\mathbf{0},$$

亦即 $$\begin{cases}a_{11}x_1+a_{12}x_2+\cdots+a_{1m}x_m=0,\\a_{21}x_1+a_{22}x_2+\cdots+a_{2m}x_m=0,\\\cdots\cdots\\a_{n1}x_1+a_{n2}x_2+\cdots+a_{nm}x_m=0.\end{cases}$$

若该齐次线性方程组有非零解,则向量组 $\boldsymbol{\alpha}_1,\boldsymbol{\alpha}_2,\cdots,\boldsymbol{\alpha}_m$ 线性相关;若该齐次线性方程组只有零解,则向量组 $\boldsymbol{\alpha}_1,\boldsymbol{\alpha}_2,\cdots,\boldsymbol{\alpha}_m$ 线性无关.

方法 2　以 $\boldsymbol{\alpha}_1,\boldsymbol{\alpha}_2,\cdots,\boldsymbol{\alpha}_m$ 作为列向量构成矩阵

$$\boldsymbol{A}=(\boldsymbol{\alpha}_1,\boldsymbol{\alpha}_2,\cdots,\boldsymbol{\alpha}_m)=\begin{pmatrix}a_{11}&a_{12}&\cdots&a_{1m}\\a_{21}&a_{22}&\cdots&a_{2m}\\\vdots&\vdots&&\vdots\\a_{n1}&a_{n2}&\cdots&a_{nm}\end{pmatrix},$$

对矩阵 $\boldsymbol{A}$ 施行初等变换化为阶梯形矩阵,由此求出 $\boldsymbol{A}$ 的秩 $R(\boldsymbol{A})$.

当 $R(\boldsymbol{A})<m$ 时,向量组 $\boldsymbol{\alpha}_1,\boldsymbol{\alpha}_2,\cdots,\boldsymbol{\alpha}_m$ 线性相关;

当 $R(\boldsymbol{A})=m$ 时,向量组 $\boldsymbol{\alpha}_1,\boldsymbol{\alpha}_2,\cdots,\boldsymbol{\alpha}_m$ 线性无关.

(2) 如果向量组的各个分量未给出,则一般利用线性相关性的定义或有关定理等知识

去证明.

方法 1　用定义证明，即若由

$$k_1\boldsymbol{\alpha}_1+k_2\boldsymbol{\alpha}_2+\cdots+k_m\boldsymbol{\alpha}_m=\mathbf{0}$$

推导出 $k_1,k_2,\cdots,k_m$ 全为零，则 $\boldsymbol{\alpha}_1,\boldsymbol{\alpha}_2,\cdots,\boldsymbol{\alpha}_m$ 线性无关；若推导出 $k_1,k_2,\cdots,k_m$ 不全为零，则 $\boldsymbol{\alpha}_1,\boldsymbol{\alpha}_2,\cdots,\boldsymbol{\alpha}_m$ 线性相关.

方法 2　用等价向量组秩相等证明，即证明两个向量组可互相线性表示，因而等价，进而秩相同，于是可以利用其中一个向量组的线性相关性判断另一个向量组的线性相关性.

方法 3　用满秩向量组线性无关，降秩向量组线性相关证明，即证明向量组的秩等于或小于向量的个数.

方法 4　用反证法，即根据相反结论，推出矛盾，反证法也是一种常用的方法.

6. 怎样判断一个向量能否用另一个向量组线性表示？

答：设有向量 $\boldsymbol{\beta}$ 及向量组(A)：$\boldsymbol{\alpha}_1,\boldsymbol{\alpha}_2,\cdots,\boldsymbol{\alpha}_m$，$\boldsymbol{\beta}$ 可否由 $\boldsymbol{\alpha}_1,\boldsymbol{\alpha}_2,\cdots,\boldsymbol{\alpha}_m$ 线性表示？若可以，则表达式是否唯一？

解决此类问题一般可用下列方法：

(1) 令 $\boldsymbol{\beta}=x_1\boldsymbol{\alpha}_1+x_2\boldsymbol{\alpha}_2+\cdots+x_m\boldsymbol{\alpha}_m$，则 $\boldsymbol{\beta}$ 能否由 $\boldsymbol{\alpha}_1,\boldsymbol{\alpha}_2,\cdots,\boldsymbol{\alpha}_m$ 线性表示的问题就转化为此方程组（向量形式）有无解的问题. 若有解，则 $\boldsymbol{\beta}$ 能由向量组(A)线性表示，解唯一，表示式就唯一，解不唯一，则表示式就不唯一；若无解，则 $\boldsymbol{\beta}$ 不能由向量组(A)线性表示.

(2) 将 $\boldsymbol{\alpha}_1,\boldsymbol{\alpha}_2,\cdots,\boldsymbol{\alpha}_m$ 及 $\boldsymbol{\beta}$ 作为列向量构成矩阵 $\boldsymbol{A}=(\boldsymbol{\alpha}_1,\boldsymbol{\alpha}_2,\cdots,\boldsymbol{\alpha}_m)$ 及 $\boldsymbol{B}=(\boldsymbol{\alpha}_1,\boldsymbol{\alpha}_2,\cdots,\boldsymbol{\alpha}_m,\boldsymbol{\beta})$，则向量 $\boldsymbol{\beta}$ 能由向量组(A)线性表示的充分必要条件是 $R(\boldsymbol{A})=R(\boldsymbol{B})$（见同济《线性代数(第六版)》第 83 页定理 1）.

(3) 若向量组 A：$\boldsymbol{\alpha}_1,\boldsymbol{\alpha}_2,\cdots,\boldsymbol{\alpha}_m$ 线性无关，而向量组(B)：$\boldsymbol{\alpha}_1,\boldsymbol{\alpha}_2,\cdots,\boldsymbol{\alpha}_m,\boldsymbol{\beta}$ 线性相关，则向量 $\boldsymbol{\beta}$ 必能由向量组(A)线性表示，且表示式唯一（见同济《线性代数(第六版)》第 90 页定理 5）.

7. 如果向量组(A)：$\boldsymbol{\alpha}_1,\boldsymbol{\alpha}_2,\cdots,\boldsymbol{\alpha}_m$ 的秩为 r，那么其中任意 r 个向量是否都可以构成它的一个最大线性无关组？

答：不一定！因为按秩的定义，若 $\boldsymbol{\alpha}_1,\boldsymbol{\alpha}_2,\cdots,\boldsymbol{\alpha}_m$ 秩为 r，则只能得到在(A)中存在 r 个向量构成它的一个最大线性无关组，而并不能得到(A)中任意 r 个向量都能构成它的一个最大线性无关组（因为这 r 个向量可能是线性相关的）. 例如，取(A)：$\boldsymbol{\alpha}_1=(2,4,10)$，$\boldsymbol{\alpha}_2=(1,2,5)$，$\boldsymbol{\alpha}_3=(1,0,1)$，显然向量组 $\boldsymbol{\alpha}_1,\boldsymbol{\alpha}_2,\boldsymbol{\alpha}_3$ 的秩为 2，但 $\boldsymbol{\alpha}_1,\boldsymbol{\alpha}_2$ 不构成(A)的最大线性无关组. 但容易看出，若 $\boldsymbol{\alpha}_1,\boldsymbol{\alpha}_2,\cdots,\boldsymbol{\alpha}_m$ 的秩为 r，则其中任意 r 个线性无关的向量都可以构成它的一个最大无关组.

8. 求向量组的最大线性无关向量组有哪些方法？

答：通常有如下方法：

方法 1　根据定义求（见同济大学《线性代数》(第六版)第 91 页定义 5 及第 92 页推论）.

例如，设有向量组(A)：$\boldsymbol{\alpha}_1=(1,2,3)$，$\boldsymbol{\alpha}_2=(2,4,6)$，$\boldsymbol{\alpha}_3=(1,0,1)$，显然 $\boldsymbol{\alpha}_1,\boldsymbol{\alpha}_3$ 线性无关，且向量组(A)中的任一向量均能由 $\boldsymbol{\alpha}_1,\boldsymbol{\alpha}_3$ 线性表示，$\boldsymbol{\alpha}_2=2\boldsymbol{\alpha}_1+0\cdot\boldsymbol{\alpha}_3$，所以向量组 A_0：$\boldsymbol{\alpha}_1,\boldsymbol{\alpha}_3$ 就是(A)的一个最大无关组.

方法 2　初等行变换法：以所给向量组为矩阵 $\boldsymbol{A}$ 的列向量，对矩阵 $\boldsymbol{A}$ 进行初等行变换，化为行阶梯形矩阵，找到行阶梯形矩阵列向量组的一个最大无关组，此最大无关组在原向量组中所对应的向量组就是所求的一个最大无关组.

例如,求向量组 (A):$\boldsymbol{\alpha}_1=(2,1,4,3)^{\mathrm{T}}$,$\boldsymbol{\alpha}_2=(-1,1,-6,6)^{\mathrm{T}}$,$\boldsymbol{\alpha}_3=(-1,-2,2,-9)^{\mathrm{T}}$,$\boldsymbol{\alpha}_4=(1,1,-2,7)^{\mathrm{T}}$,$\boldsymbol{\alpha}_5=(2,4,4,9)^{\mathrm{T}}$ 的一个最大无关组.

令 $\boldsymbol{A}=\begin{pmatrix}2&-1&-1&1&2\\1&1&-2&1&4\\4&-6&2&-2&4\\3&6&-9&7&9\end{pmatrix}$,对 $\boldsymbol{A}$ 实行若干次初等行变换,得 $\boldsymbol{A}\to$ $\begin{pmatrix}1&0&-1&0&4\\0&1&-1&0&3\\0&0&0&1&-3\\0&0&0&0&0\end{pmatrix}$,易知 $R(\boldsymbol{A})=3$,故列向量组的最大无关组含3个向量,而3个非零行的首非零元在第1、2、4三列,所以 $\boldsymbol{\alpha}_1,\boldsymbol{\alpha}_2,\boldsymbol{\alpha}_4$ 为该向量组的一个最大无关组,且 $\boldsymbol{\alpha}_3=-\boldsymbol{\alpha}_1-\boldsymbol{\alpha}_2$,$\boldsymbol{\alpha}_5=4\boldsymbol{\alpha}_1+3\boldsymbol{\alpha}_2-3\boldsymbol{\alpha}_4$.

方法3　行列式法,即以所给向量为行(或列)向量作矩阵 $\boldsymbol{A}$,如果 $\boldsymbol{A}$ 的某个 r 阶子式 D 是 $\boldsymbol{A}$ 的最高阶不等于零的子式,则 D 所在的 r 个行(或列)向量即是矩阵 $\boldsymbol{A}$ 的行(或列)向量组的一个最大无关组.

9. 如何求齐次线性方程组的基础解系?

答:求齐次线性方程组 $\boldsymbol{A}_{m\times n}\boldsymbol{x}=\boldsymbol{0}$ 的基础解系是本章的一个重点,其一般程序如下:

第1步　将方程组 $\boldsymbol{A}_{m\times n}\boldsymbol{x}=\boldsymbol{0}$ 的系数矩阵 $\boldsymbol{A}$ 用初等行变换化为阶梯形矩阵,若 $R(\boldsymbol{A})=r<n$,则方程组 $\boldsymbol{A}_{m\times n}\boldsymbol{x}=\boldsymbol{0}$ 有基础解系. 由阶梯形矩阵写出它的同解方程组

$$\begin{cases}c_{11}x_1+c_{12}x_2+\cdots+c_{1r}x_r=-c_{1,r+1}x_{r+1}-\cdots-c_{1n}x_n,\\ \qquad c_{22}x_2+\cdots+c_{2r}x_r=-c_{2,r+1}x_{r+1}-\cdots-c_{2n}x_n,\\ \qquad\cdots\cdots\cdots\cdots\\ \qquad\qquad c_{rr}x_r=-c_{r,r+1}x_{r+1}-\cdots-c_{rn}x_n,\end{cases}$$

其中 $c_{ii}\neq 0(i=1,2,\cdots,r)$.

第2步　令

$$\begin{pmatrix}x_{r+1}\\x_{r+2}\\\vdots\\x_n\end{pmatrix}=\begin{pmatrix}1\\0\\\vdots\\0\end{pmatrix},\begin{pmatrix}0\\1\\\vdots\\0\end{pmatrix},\cdots,\begin{pmatrix}0\\0\\\vdots\\1\end{pmatrix},$$

由同解方程组分别解得:

$$\begin{pmatrix}x_1\\x_2\\\vdots\\x_r\end{pmatrix}=\begin{pmatrix}d_{11}\\d_{21}\\\vdots\\d_{r1}\end{pmatrix},\begin{pmatrix}d_{12}\\d_{22}\\\vdots\\d_{r2}\end{pmatrix},\cdots,\begin{pmatrix}d_{1,n-r}\\d_{2,n-r}\\\vdots\\d_{r,n-r}\end{pmatrix}.$$

第3步　把 $\begin{pmatrix}x_1\\x_2\\\vdots\\x_r\end{pmatrix}$,$\begin{pmatrix}x_{r+1}\\x_{r+2}\\\vdots\\x_n\end{pmatrix}$ 合成一个向量,便得到方程组 $\boldsymbol{A}_{m\times n}\boldsymbol{x}=\boldsymbol{0}$ 的基础解系:

$$\boldsymbol{\xi}_1=\begin{pmatrix}d_{11}\\d_{21}\\\vdots\\d_{r1}\\1\\0\\\vdots\\0\end{pmatrix},\boldsymbol{\xi}_2=\begin{pmatrix}d_{12}\\d_{22}\\\vdots\\d_{r2}\\0\\1\\\vdots\\0\end{pmatrix},\cdots,\boldsymbol{\xi}_{n-r}=\begin{pmatrix}d_{1,n-r}\\d_{2,n-r}\\\vdots\\d_{r,n-r}\\0\\0\\\vdots\\1\end{pmatrix}.$$

故齐次方程组的通解为 $\boldsymbol{x}=k_1\boldsymbol{\xi}_1+k_2\boldsymbol{\xi}_2+\cdots+k_{n-r}\boldsymbol{\xi}_{n-r}$，其中 $k_1,k_2,\cdots,k_{n-r}$ 为任意常数.

注意:

(1) 齐次方程组 $\boldsymbol{A}_{m\times n}\boldsymbol{x}=0$ 的基础解系不是唯一的,因此有时为了使得它的解是整数,在第 2 步中 $x_{r+1},x_{r+2},\cdots,x_n$ 所取的这 $n-r$ 个向量不一定是基本单位向量,只要保证这 $n-r$ 个向量线性无关即可.

(2) 若齐次线性方程组 $\boldsymbol{A}_{m\times n}\boldsymbol{x}=\boldsymbol{0}$ 的系数矩阵 $\boldsymbol{A}$ 的秩 $R(\boldsymbol{A})=n$，则该方程组只有唯一零解,这时它没有基础解系.

10. 怎样判断 n 元非齐次线性方程组 $\boldsymbol{Ax}=\boldsymbol{b}$ 解的存在性?

答:如果要判断 $\boldsymbol{Ax}=\boldsymbol{b}$ 无解,只需证 $R(\boldsymbol{A})\neq R(\boldsymbol{A},\boldsymbol{b})$.

如果要判断 $\boldsymbol{Ax}=\boldsymbol{b}$ 有唯一解,只需证 $R(\boldsymbol{A})=R(\boldsymbol{A},\boldsymbol{b})=n$. 特别地,若方程的个数等于未知量的个数时,只需证 $|\boldsymbol{A}|\neq 0$，则 $\boldsymbol{Ax}=\boldsymbol{b}$ 就有唯一解.

如果要判断 $\boldsymbol{Ax}=\boldsymbol{b}$ 有无穷多解,只需证 $R(\boldsymbol{A})=R(\boldsymbol{A},\boldsymbol{b})<n$，则 $\boldsymbol{Ax}=\boldsymbol{b}$ 有无穷多解.

11. 非齐次线性方程组 $\boldsymbol{Ax}=\boldsymbol{b}$ 与其对应的齐次方程组 $\boldsymbol{Ax}=\boldsymbol{0}$ 的解之间有什么关系?

答:有如下关系:

(1) 若 $\boldsymbol{Ax}=\boldsymbol{b}$ 有唯一解,则其对应的齐次方程组 $\boldsymbol{Ax}=\boldsymbol{0}$ 只有零解;若 $\boldsymbol{Ax}=\boldsymbol{b}$ 有无穷多解,则其对应的齐次方程组 $\boldsymbol{Ax}=\boldsymbol{0}$ 必有非零解. 这是因为:若 $\boldsymbol{Ax}=\boldsymbol{b}$ 有唯一解,则 $R(\boldsymbol{A})=R(\boldsymbol{A},\boldsymbol{b})=n$，故 $\boldsymbol{Ax}=\boldsymbol{0}$ 只有零解;若 $\boldsymbol{Ax}=\boldsymbol{b}$ 有无穷多解,则 $R(\boldsymbol{A})=R(\boldsymbol{A},\boldsymbol{b})<n$，故 $\boldsymbol{Ax}=\boldsymbol{0}$ 有非零解.

注意:下列两种说法是不对的.

①若 $\boldsymbol{Ax}=\boldsymbol{0}$ 仅有零解,则 $\boldsymbol{Ax}=\boldsymbol{b}$ 有唯一解;

②若 $\boldsymbol{Ax}=\boldsymbol{0}$ 有非零解,则 $\boldsymbol{Ax}=\boldsymbol{b}$ 有无穷多解.

因为由 $\boldsymbol{Ax}=\boldsymbol{0}$ 仅有零解,只能推出 $R(\boldsymbol{A})=n$，但不能推出 $R(\boldsymbol{A})=R(\boldsymbol{A},\boldsymbol{b})$；同理,由 $\boldsymbol{Ax}=\boldsymbol{0}$ 有非零解,只能推出 $R(\boldsymbol{A})<n$，但不能推出 $R(\boldsymbol{A})=R(\boldsymbol{A},\boldsymbol{b})$. 因此可能出现 $\boldsymbol{Ax}=\boldsymbol{0}$ 仅有零解(有非零解),而 $\boldsymbol{Ax}=\boldsymbol{b}$ 却没有解的情况.

(2) 非齐次线性方程组 $\boldsymbol{Ax}=\boldsymbol{b}$ 的一个解与其对应的齐次线性方程组 $\boldsymbol{Ax}=\boldsymbol{0}$ 的一个解之和还是非齐次线性方程组的解.

4.4 范例解析

例1 设 n 阶方阵 $\boldsymbol{A}$ 的秩 $R(\boldsymbol{A})=r<n$，则在 $\boldsymbol{A}$ 的 n 个行向量中(　　).

A. 必有 r 个行向量线性无关

B. 任意 r 个行向量均可构成最大无关组

C. 任意 r 个行向量均线性无关

D. 任意一个行向量均可由其他 r 个行向量线性表示

解析:由于 $R(\boldsymbol{A})=r<n$，所以 $\boldsymbol{A}$ 的 n 个行向量组的秩也为 r，故 $\boldsymbol{A}$ 的行向量组的最大线性无关组所含的向量个数为 r，向量组的最大线性无关组必线性无关，因此 $\boldsymbol{A}$ 中必有 r 个行向量线性无关，故选 A.

例2 向量组 $\boldsymbol{\alpha}_1,\boldsymbol{\alpha}_2,\cdots,\boldsymbol{\alpha}_s$ 线性无关的充要条件是(　　).

A. $\boldsymbol{\alpha}_1,\boldsymbol{\alpha}_2,\cdots,\boldsymbol{\alpha}_s$ 均不为零向量

B. $\boldsymbol{\alpha}_1,\boldsymbol{\alpha}_2,\cdots,\boldsymbol{\alpha}_s$ 中任意两个向量的分量不成比例

C. $\boldsymbol{\alpha}_1,\boldsymbol{\alpha}_2,\cdots,\boldsymbol{\alpha}_s$ 中任意一个向量均不能由其余 $s-1$ 个向量线性表示

D. $\boldsymbol{\alpha}_1,\boldsymbol{\alpha}_2,\cdots,\boldsymbol{\alpha}_s$ 有一部分向量线性相关

解析:若 $\boldsymbol{\alpha}_1,\boldsymbol{\alpha}_2,\cdots,\boldsymbol{\alpha}_s$ 中有一个向量可由其余向量线性表示，则 $\boldsymbol{\alpha}_1,\boldsymbol{\alpha}_2,\cdots,\boldsymbol{\alpha}_s$ 线性相关，这与选项 C 矛盾，故 $\boldsymbol{\alpha}_1,\boldsymbol{\alpha}_2,\cdots,\boldsymbol{\alpha}_s$ 线性无关. 另外，若 $\boldsymbol{\alpha}_1,\boldsymbol{\alpha}_2,\cdots,\boldsymbol{\alpha}_s$ 线性无关，则 $k_1\boldsymbol{\alpha}_1+k_2\boldsymbol{\alpha}_2+\cdots+k_s\boldsymbol{\alpha}_s=\boldsymbol{0}$，当且仅当 $k_1=k_2=\cdots=k_s=0$ 时成立，故 $\boldsymbol{\alpha}_1,\boldsymbol{\alpha}_2,\cdots,\boldsymbol{\alpha}_s$ 中任意一个向量均不能由其余 $s-1$ 个向量线性表示，所以选 C.

例3 设向量 $\boldsymbol{\alpha}_1=(1,-1,2,4)$，$\boldsymbol{\alpha}_2=(0,3,1,2)$，$\boldsymbol{\alpha}_3=(3,0,7,14)$，$\boldsymbol{\alpha}_4=(1,-2,2,0)$，$\boldsymbol{\alpha}_5=(2,1,5,10)$，则这个向量组的最大线性无关组是(　　).

A. $\boldsymbol{\alpha}_1,\boldsymbol{\alpha}_2,\boldsymbol{\alpha}_3$　　B. $\boldsymbol{\alpha}_1,\boldsymbol{\alpha}_2,\boldsymbol{\alpha}_4$

C. $\boldsymbol{\alpha}_1,\boldsymbol{\alpha}_2,\boldsymbol{\alpha}_5$　　D. $\boldsymbol{\alpha}_1,\boldsymbol{\alpha}_2,\boldsymbol{\alpha}_4,\boldsymbol{\alpha}_5$

解析:以 $\boldsymbol{\alpha}_1,\boldsymbol{\alpha}_2,\boldsymbol{\alpha}_3,\boldsymbol{\alpha}_4,\boldsymbol{\alpha}_5$ 作为列向量构成矩阵 $\boldsymbol{A}$，并对 $\boldsymbol{A}$ 进行初等行变换，将 $\boldsymbol{A}$ 变成行阶梯形，取阶梯形中非零行的首非零元所在的列向量构成向量组即为所求.

$$\boldsymbol{A}=(\boldsymbol{\alpha}_1,\boldsymbol{\alpha}_2,\boldsymbol{\alpha}_3,\boldsymbol{\alpha}_4,\boldsymbol{\alpha}_5)$$

$$=\begin{pmatrix}1&0&3&1&2\\-1&3&0&-2&1\\2&1&7&2&5\\4&2&14&0&10\end{pmatrix}\rightarrow\begin{pmatrix}1&0&3&1&2\\0&3&3&-1&3\\0&1&1&0&1\\0&0&0&-4&0\end{pmatrix}\rightarrow\begin{pmatrix}1&0&3&1&2\\0&1&1&0&1\\0&0&0&1&0\\0&0&0&0&0\end{pmatrix}.$$

所以，$\boldsymbol{\alpha}_1,\boldsymbol{\alpha}_2,\boldsymbol{\alpha}_4$ 构成向量组的最大线性无关组，故应选 B.

例4 设 $\boldsymbol{\alpha}_1,\boldsymbol{\alpha}_2,\cdots,\boldsymbol{\alpha}_s$ 和 $\boldsymbol{\beta}_1,\boldsymbol{\beta}_2,\cdots,\boldsymbol{\beta}_t$ 是两个 n 维向量组，它们的秩都为 r，则(　　).

A. 两个向量组等价

B. 向量组 $\boldsymbol{\alpha}_1,\boldsymbol{\alpha}_2,\cdots,\boldsymbol{\alpha}_s,\boldsymbol{\beta}_1,\boldsymbol{\beta}_2,\cdots,\boldsymbol{\beta}_t$ 和向量组 $\boldsymbol{\alpha}_1,\boldsymbol{\alpha}_2,\boldsymbol{\alpha}_3,\boldsymbol{\beta}_1+k\boldsymbol{\beta}_2$ 的秩都为 r

C. 当 $\boldsymbol{\alpha}_1,\boldsymbol{\alpha}_2,\cdots,\boldsymbol{\alpha}_s$ 可由 $\boldsymbol{\beta}_1,\boldsymbol{\beta}_2,\cdots,\boldsymbol{\beta}_t$ 线性表示时，$\boldsymbol{\beta}_1,\boldsymbol{\beta}_2,\cdots,\boldsymbol{\beta}_t$ 也可由 $\boldsymbol{\alpha}_1,\boldsymbol{\alpha}_2,\cdots,\boldsymbol{\alpha}_s$ 线性表示

D. 当 $t=s$ 时，两个向量组等价

解析:当 $\boldsymbol{\alpha}_1,\boldsymbol{\alpha}_2,\cdots,\boldsymbol{\alpha}_s$ 可由 $\boldsymbol{\beta}_1,\boldsymbol{\beta}_2,\cdots,\boldsymbol{\beta}_t$ 线性表示时，则 $\boldsymbol{\alpha}_1,\boldsymbol{\alpha}_2,\cdots,\boldsymbol{\alpha}_s$ 的最大无关组可由

$\boldsymbol{\beta}_1,\boldsymbol{\beta}_2,\cdots,\boldsymbol{\beta}_t$ 的最大无关组线性表示，又两个向量组有相同的秩 r，故两个向量组的极大无关组所含向量个数相等，故 $\boldsymbol{\beta}_1,\boldsymbol{\beta}_2,\cdots,\boldsymbol{\beta}_t$ 的极大无关组可由 $\boldsymbol{\alpha}_1,\boldsymbol{\alpha}_2,\cdots,\boldsymbol{\alpha}_s$ 的极大无关组线性表示，所以 $\boldsymbol{\beta}_1,\boldsymbol{\beta}_2,\cdots,\boldsymbol{\beta}_t$ 也可由 $\boldsymbol{\alpha}_1,\boldsymbol{\alpha}_2,\cdots,\boldsymbol{\alpha}_s$ 线性表示，故应选 C.

例 5　设非齐次线性方程组 $\boldsymbol{Ax}=\boldsymbol{b}$ 的系数矩阵 $\boldsymbol{A}$ 是 4×5 阶矩阵，且 $\boldsymbol{A}$ 的行向量组线性无关，则有(　　).

A. $\boldsymbol{A}$ 的列向量组线性无关

B. 增广矩阵 $\boldsymbol{B}$ 的行向量组线性无关

C. 增广矩阵 $\boldsymbol{B}$ 的任意 4 个列向量线性无关

D. 增广矩阵 $\boldsymbol{B}$ 的列向量组线性无关

解析：因为"无关组增加分量仍无关"，增广矩阵 $\boldsymbol{B}$ 的 4 个行向量是由 $\boldsymbol{A}$ 的 4 个行向量增加一个分量(即方程的常数项)得到的，故由 $\boldsymbol{A}$ 的行向量组线性无关知，$\boldsymbol{B}$ 的行向量组也线性无关，故 B 正确.

例 6　已知 ξ_1,ξ_2,ξ_3,ξ_4 为齐次方程组 $\boldsymbol{Ax}=\boldsymbol{0}$ 的一个基础解系，则此方程组的基础解系还可选用(　　).

A. $\xi_1+\xi_2,\ \xi_2+\xi_3,\ \xi_3+\xi_4,\ \xi_4+\xi_1$

B. 与 ξ_1,ξ_2,ξ_3,ξ_4 等价的解向量组 $\boldsymbol{\alpha}_1,\boldsymbol{\alpha}_2,\boldsymbol{\alpha}_3,\boldsymbol{\alpha}_4$

C. 与 ξ_1,ξ_2,ξ_3,ξ_4 所含向量个数相等的解向量组 $\boldsymbol{\alpha}_1,\boldsymbol{\alpha}_2,\boldsymbol{\alpha}_3,\boldsymbol{\alpha}_4$

D. $\xi_1+\xi_2,\ \xi_2+\xi_3,\ \xi_3-\xi_4,\xi_4-\xi_1$

解析：因为 $\boldsymbol{\alpha}_1,\boldsymbol{\alpha}_2,\boldsymbol{\alpha}_3,\boldsymbol{\alpha}_4$ 与 ξ_1,ξ_2,ξ_3,ξ_4 等价，所以 $\boldsymbol{\alpha}_1,\boldsymbol{\alpha}_2,\boldsymbol{\alpha}_3,\boldsymbol{\alpha}_4$ 都可由 ξ_1,ξ_2,ξ_3,ξ_4 线性表示，于是 $\boldsymbol{\alpha}_1,\boldsymbol{\alpha}_2,\boldsymbol{\alpha}_3,\boldsymbol{\alpha}_4$ 都是 $\boldsymbol{Ax}=\boldsymbol{0}$ 的解向量；又因 $\boldsymbol{Ax}=\boldsymbol{0}$ 的任意解向量 $\boldsymbol{\eta}$ 都可由 ξ_1,ξ_2,ξ_3,ξ_4 线性表示，而 ξ_1,ξ_2,ξ_3,ξ_4 可由 $\boldsymbol{\alpha}_1,\boldsymbol{\alpha}_2,\boldsymbol{\alpha}_3,\boldsymbol{\alpha}_4$ 线性表示，故 $\boldsymbol{\eta}$ 可由 $\boldsymbol{\alpha}_1,\boldsymbol{\alpha}_2,\boldsymbol{\alpha}_3,\boldsymbol{\alpha}_4$ 线性表示，于是 $\boldsymbol{\alpha}_1,\boldsymbol{\alpha}_2,\boldsymbol{\alpha}_3,\boldsymbol{\alpha}_4$ 也是方程组 $\boldsymbol{Ax}=\boldsymbol{0}$ 的基础解系，故应选 B.

例 7　已知 $\boldsymbol{\beta}_1,\boldsymbol{\beta}_2$ 是非齐次线性方程组 $\boldsymbol{Ax}=\boldsymbol{b}$ 的两个不同的解，$\boldsymbol{\alpha}_1,\boldsymbol{\alpha}_2$ 是对应齐次线性方程组 $\boldsymbol{Ax}=\boldsymbol{0}$ 的基础解系，k_1,k_2 为任意常数，则方程组 $\boldsymbol{Ax}=\boldsymbol{b}$ 的通解(一般解)必是(　　).

A. $k_1\boldsymbol{\alpha}_1+k_2(\boldsymbol{\alpha}_1+\boldsymbol{\alpha}_2)+\dfrac{\boldsymbol{\beta}_1-\boldsymbol{\beta}_2}{2}$　　B. $k_1\boldsymbol{\alpha}_1+k_2(\boldsymbol{\alpha}_1-\boldsymbol{\alpha}_2)+\dfrac{\boldsymbol{\beta}_1+\boldsymbol{\beta}_2}{2}$

C. $k_1\boldsymbol{\alpha}_1+k_2(\boldsymbol{\beta}_1+\boldsymbol{\beta}_2)+\dfrac{\boldsymbol{\beta}_1-\boldsymbol{\beta}_2}{2}$　　D. $k_1\boldsymbol{\alpha}_1+k_2(\boldsymbol{\beta}_1-\boldsymbol{\beta}_2)+\dfrac{\boldsymbol{\beta}_1+\boldsymbol{\beta}_2}{2}$

解析：令 $\boldsymbol{\eta}_0=\dfrac{\boldsymbol{\beta}_1+\boldsymbol{\beta}_2}{2},\boldsymbol{\eta}_1=\dfrac{\boldsymbol{\beta}_1-\boldsymbol{\beta}_2}{2}$，根据题意及线性方程组解的性质可知，$\boldsymbol{\eta}_0$ 是方程组 $\boldsymbol{Ax}=\boldsymbol{b}$ 的解，$\boldsymbol{\eta}_1$ 是方程组 $\boldsymbol{Ax}=\boldsymbol{0}$ 的解，不是方程组 $\boldsymbol{Ax}=\boldsymbol{b}$ 的解. 由非齐次线性方程组解的结构定理可知 A、C 不是方程组 $\boldsymbol{Ax}=\boldsymbol{b}$ 的解. 由题设条件可知 $\boldsymbol{\alpha}_1,\boldsymbol{\beta}_1-\boldsymbol{\beta}_2$ 是齐次方程组 $\boldsymbol{Ax}=\boldsymbol{0}$ 的解，但不能确定 $\boldsymbol{\alpha}_1,\boldsymbol{\beta}_1-\boldsymbol{\beta}_2$ 线性无关；显然 $\boldsymbol{\alpha}_1,\boldsymbol{\alpha}_1-\boldsymbol{\alpha}_2$ 是方程组 $\boldsymbol{Ax}=\boldsymbol{0}$ 的解，并且线性无关，所以 B 是方程组 $\boldsymbol{Ax}=\boldsymbol{b}$ 的解.

例 8　设 $\boldsymbol{\alpha}$ 是 n 维向量，$\boldsymbol{A}$ 是 n 阶方阵，如果 $\boldsymbol{A}^{m-1}\boldsymbol{\alpha}\neq\boldsymbol{0},\boldsymbol{A}^m\boldsymbol{\alpha}=\boldsymbol{0}$，证明 $\boldsymbol{\alpha},\boldsymbol{A\alpha},\boldsymbol{A}^2\boldsymbol{\alpha},\cdots,\boldsymbol{A}^{m-1}\boldsymbol{\alpha}$ 线性无关.

解析：利用已知条件，由线性无关的定义证明.

设
$$k_1\boldsymbol{\alpha}+k_2A\boldsymbol{\alpha}+\cdots+k_mA^{m-1}\boldsymbol{\alpha}=\boldsymbol{0},\tag{1}$$
用 $\boldsymbol{A}^{m-1}$ 左乘此式的两边，有 $k_1\boldsymbol{A}^{m-1}\boldsymbol{\alpha}+k_2\boldsymbol{A}^m\boldsymbol{\alpha}+\cdots+k_m\boldsymbol{A}^{2m-2}\boldsymbol{\alpha}=\boldsymbol{0}$.

由已知条件 $\boldsymbol{A}^{m-1}\boldsymbol{\alpha}\neq\boldsymbol{0},\boldsymbol{A}^{m}\boldsymbol{\alpha}=\boldsymbol{0}$,知 $k_1=0$, 则(1) 变为

$$k_2\boldsymbol{A\alpha}+k_3\boldsymbol{A}^2\boldsymbol{\alpha}+\cdots+k_m\boldsymbol{A}^{m-1}\boldsymbol{\alpha}=\boldsymbol{0},$$

用 $\boldsymbol{A}^{m-2}$ 左乘此式的两边,有

$$k_2\boldsymbol{A}^{m-1}\boldsymbol{\alpha}+k_3\boldsymbol{A}^m\boldsymbol{\alpha}+\cdots+k_m\boldsymbol{A}^{2m-3}\boldsymbol{\alpha}=\boldsymbol{0},$$

得 $k_2=0$. 以此类推可知 $k_1=k_2=\cdots=k_m=0$,从而 $\boldsymbol{\alpha},\boldsymbol{A\alpha},\boldsymbol{A}^2\boldsymbol{\alpha},\cdots,\boldsymbol{A}^{m-1}\boldsymbol{\alpha}$ 线性无关.

例 9 求向量组 $\boldsymbol{\alpha}_1=(1,-2,0,3)^{\mathrm{T}},\boldsymbol{\alpha}_2=(2,-5,-3,6)^{\mathrm{T}},\boldsymbol{\alpha}_3=(0,1,3,0)^{\mathrm{T}},\boldsymbol{\alpha}_4=(2,-1,4,-7)^{\mathrm{T}},\boldsymbol{\alpha}_5=(5,-8,1,2)^{\mathrm{T}}$ 的秩和最大无关组,并将其余向量表示为最大无关组的线性组合.

解析:利用初等变换直接求解. 因为初等行变换不改变矩阵的行向量的线性相关性,所以

$$(\boldsymbol{\alpha}_1,\boldsymbol{\alpha}_2,\boldsymbol{\alpha}_3,\boldsymbol{\alpha}_4,\boldsymbol{\alpha}_5)$$

$$=\begin{pmatrix}1&2&0&2&5\\-2&-5&1&-1&-8\\0&-3&3&4&1\\3&6&0&-7&2\end{pmatrix}\to\begin{pmatrix}1&2&0&2&5\\0&-1&1&3&2\\0&-3&3&4&1\\0&0&0&-13&-13\end{pmatrix}\to\begin{pmatrix}1&2&0&2&5\\0&-1&1&3&2\\0&0&0&1&1\\0&0&0&0&0\end{pmatrix}=\boldsymbol{B}.$$

因为 $\boldsymbol{B}$ 中有 3 个非零行,所以向量组的秩为 3;又因非零行的第一个不等于零的数分别在 1,2,4 列,所以 $\boldsymbol{\alpha}_1,\boldsymbol{\alpha}_2,\boldsymbol{\alpha}_4$ 是最大无关组.

对矩阵继续作行变换化为行最简形,即

$$\boldsymbol{B}\to\begin{pmatrix}1&0&2&0&1\\0&1&-1&0&1\\0&0&0&1&1\\0&0&0&0&0\end{pmatrix},$$

可得 $\boldsymbol{\alpha}_3=2\boldsymbol{\alpha}_1-\boldsymbol{\alpha}_2,\boldsymbol{\alpha}_5=\boldsymbol{\alpha}_1+\boldsymbol{\alpha}_2+\boldsymbol{\alpha}_4$.

例 10 设有四元齐次线性方程组(Ⅰ) $\begin{cases}2x_1+3x_2-x_3=0,\\x_1+2x_2+x_3-x_4=0,\end{cases}$ 且已知另一四元齐次线性方程组(Ⅱ)的一个基础解系为

$$\boldsymbol{\alpha}_1=(2,-1,a+2,1)^{\mathrm{T}},\boldsymbol{\alpha}_2=(-1,2,4,a+8)^{\mathrm{T}}.$$

(1) 求方程组(Ⅰ)的一个基础解系;

(2) 当 a 为何值时,方程组(Ⅰ)与(Ⅱ)有非零公共解?在有非零公共解时,求出全部非零公共解.

解析:关键是(2),可将(Ⅱ)的带参数的一般解代入(Ⅰ),以确定参数的值.

(1) 对方程组(Ⅰ)的系数矩阵作初等行变换,有

$$\boldsymbol{A}=\begin{pmatrix}2&3&-1&0\\1&2&1&-1\end{pmatrix}\to\begin{pmatrix}1&0&-5&3\\0&1&3&-2\end{pmatrix},$$

得方程组(Ⅰ)的同解方程组

$$\begin{cases}x_1=5x_3-3x_4,\\x_2=-3x_3+2x_4,\end{cases}$$

则方程组(Ⅰ)的一个基础解系为

$$\boldsymbol{\beta}_1=(5,-3,1,0)^{\mathrm{T}},\boldsymbol{\beta}_2=(-3,2,0,1)^{\mathrm{T}}.$$

(2) 由题设条件,方程组(Ⅱ)的全部解为

$$\begin{pmatrix}x_1\\x_2\\x_3\\x_4\end{pmatrix}=k_1\boldsymbol{\alpha}_1+k_2\boldsymbol{\alpha}_2=\begin{pmatrix}2k_1-k_2\\-k_1+2k_2\\(a+2)k_1+4k_2\\k_1+(a+8)k_2\end{pmatrix}(k_1,k_2\text{ 为任意常数}),$$

将上式代入方程组(Ⅰ),得

$$(a+1)k_1=0,$$
$$(a+1)k_1-(a+1)k_2=0.$$

要使方程组(Ⅰ)与(Ⅱ)有非零公共解,只需 $a=-1$,k_1,k_2 为任意常数,因此方程组(Ⅰ)与(Ⅱ)的全部非零公共解为 $\begin{pmatrix}x_1\\x_2\\x_3\\x_4\end{pmatrix}=k_1\begin{pmatrix}2\\-1\\1\\1\end{pmatrix}+k_2\begin{pmatrix}-1\\2\\4\\7\end{pmatrix}$ (k_1,k_2 为不全为零的任意常数).

例 11　设 $\boldsymbol{\alpha}_1=(\lambda,1,1)$,$\boldsymbol{\alpha}_2=(1,\lambda,1)$,$\boldsymbol{\alpha}_3=(1,1,\lambda)$,$\boldsymbol{\beta}=(1,\lambda,\lambda^2)$,问 λ 取何值时,

(1) $\boldsymbol{\beta}$ 可由 $\boldsymbol{\alpha}_1,\boldsymbol{\alpha}_2,\boldsymbol{\alpha}_3$ 线性表示,且表示式唯一;

(2) $\boldsymbol{\beta}$ 可由 $\boldsymbol{\alpha}_1,\boldsymbol{\alpha}_2,\boldsymbol{\alpha}_3$ 线性表示,但表示式不唯一;

(3) $\boldsymbol{\beta}$ 不能由 $\boldsymbol{\alpha}_1,\boldsymbol{\alpha}_2,\boldsymbol{\alpha}_3$ 线性表示.

解析: 设 $\boldsymbol{A}=(\boldsymbol{\alpha}_1^{\mathrm{T}},\boldsymbol{\alpha}_2^{\mathrm{T}},\boldsymbol{\alpha}_3^{\mathrm{T}})$,$\boldsymbol{x}=\begin{pmatrix}x_1\\x_2\\x_3\end{pmatrix}$,则问题转化为:$\lambda$ 取何值时,以 $\boldsymbol{B}=(\boldsymbol{\alpha}_1^{\mathrm{T}},\boldsymbol{\alpha}_2^{\mathrm{T}},\boldsymbol{\alpha}_3^{\mathrm{T}},\boldsymbol{\beta}^{\mathrm{T}})$ 为增广矩阵的线性方程组 $\boldsymbol{Ax}=\boldsymbol{\beta}^{\mathrm{T}}$ 有唯一解?有无穷多解?无解?

对 $\boldsymbol{B}=(\boldsymbol{A},\boldsymbol{\beta}^{\mathrm{T}})$ 施行初等行变换化为行阶梯形

$$\boldsymbol{B}=\begin{pmatrix}\lambda&1&1&1\\1&\lambda&1&\lambda\\1&1&\lambda&\lambda^2\end{pmatrix}\to\begin{pmatrix}1&\lambda&1&\lambda\\\lambda&1&1&1\\1&1&\lambda&\lambda^2\end{pmatrix}\to\begin{pmatrix}1&\lambda&1&\lambda\\0&1-\lambda^2&1-\lambda&1-\lambda^2\\0&1-\lambda&\lambda-1&\lambda^2-\lambda\end{pmatrix}\to$$

$$\begin{pmatrix}1&\lambda&1&\lambda\\0&1-\lambda&\lambda-1&\lambda^2-\lambda\\0&0&(\lambda+2)(1-\lambda)&(1+\lambda)^2(1-\lambda)\end{pmatrix}.$$

(1) 当 $\lambda\neq1,-2$ 时,$R(\boldsymbol{A})=R(\boldsymbol{B})=3$,方程组 $\boldsymbol{Ax}=\boldsymbol{\beta}^{\mathrm{T}}$ 有唯一解,所以 $\boldsymbol{\beta}$ 可由 $\boldsymbol{\alpha}_1,\boldsymbol{\alpha}_2,\boldsymbol{\alpha}_3$ 线性表示,且表示式唯一;

(2) 当 $\lambda=1$ 时,$R(\boldsymbol{A})=R(\boldsymbol{B})=1<3$,方程组 $\boldsymbol{Ax}=\boldsymbol{\beta}^{\mathrm{T}}$ 有无穷多解,故 $\boldsymbol{\beta}$ 可由 $\boldsymbol{\alpha}_1,\boldsymbol{\alpha}_2,\boldsymbol{\alpha}_3$ 线性表示,但表示式不唯一;

(3) 当 $\lambda=-2$ 时,$R(\boldsymbol{A})=2$,$R(\boldsymbol{B})=3$,方程组 $\boldsymbol{Ax}=\boldsymbol{\beta}^{\mathrm{T}}$ 无解,故 $\boldsymbol{\beta}$ 不能由 $\boldsymbol{\alpha}_1,\boldsymbol{\alpha}_2,\boldsymbol{\alpha}_3$ 线性表示.

例 12　下图为一道路图,车辆行驶方向固定,如图所示.一天中车辆驶入驶出各路段的数量已标出,若规定一天统计结束时,驶入的车辆全部驶出,且驶入每个路口的车辆数等于

驶出该路口的车辆数(路口即道路交叉口),试确定图中 x_1,x_2,x_3,x_4 的最小取值.

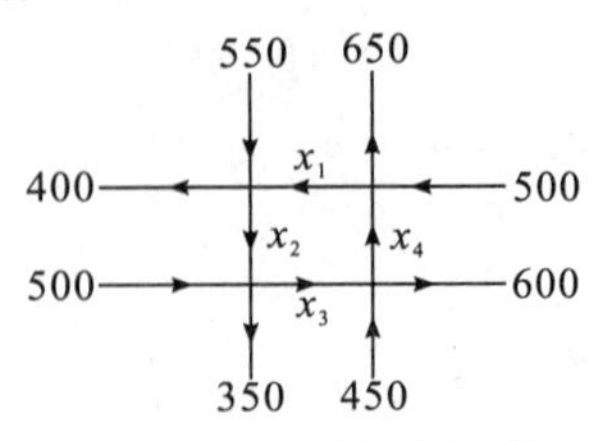

解析:当一天结束统计时,驶入和驶出的车辆数相等,可得方程组

$$\begin{cases} x_1+550=x_2+400 \\ x_2+500=x_3+350 \\ x_3+450=x_4+600 \\ x_1+650=x_4+500 \end{cases}$$

得通解为

$$\begin{pmatrix} x_1 \\ x_2 \\ x_3 \\ x_4 \end{pmatrix}=k\begin{pmatrix} 1 \\ 1 \\ 1 \\ 1 \end{pmatrix}+\begin{pmatrix} -150 \\ 0 \\ 150 \\ 0 \end{pmatrix}$$

因为 $x_i\geqslant 0, i=1,2,3,4$,所以当 $k=150$ 时,$x_1=0$,此时 $x_2=150, x_3=300, x_4=150$,即为所求.

4.5 基础作业题

一、选择题

1. 已知 $\boldsymbol{\alpha}_1=\begin{pmatrix} 2 \\ 0 \\ 0 \end{pmatrix}$,$\boldsymbol{\alpha}_2=\begin{pmatrix} 0 \\ 0 \\ -3 \end{pmatrix}$,下列向量中是 $\boldsymbol{\alpha}_1,\boldsymbol{\alpha}_2$ 的线性组合的是(　　).

A. $\boldsymbol{\beta}=\begin{pmatrix} -3 \\ 0 \\ 4 \end{pmatrix}$　　B. $\boldsymbol{\beta}=\begin{pmatrix} 0 \\ 1 \\ 0 \end{pmatrix}$　　C. $\boldsymbol{\beta}=\begin{pmatrix} 1 \\ 1 \\ 0 \end{pmatrix}$　　D. $\boldsymbol{\beta}=\begin{pmatrix} 0 \\ -1 \\ 1 \end{pmatrix}$

2. 对任意实数 a,b,c,线性无关的向量组是(　　).

A. $(a,1,2),(2,b,3),(0,0,0)$

B. $(b,1,1),(1,a,3),(2,3,c),(a,0,c)$

C. $(1,a,1,1),(1,b,1,0),(1,c,0,0)$

D. $(1,1,1,a),(2,2,2,b),(0,0,0,c)$

3. 设向量组 $\boldsymbol{\alpha}_1,\boldsymbol{\alpha}_2,\cdots,\boldsymbol{\alpha}_s$ 的秩为 r,则(　　).

A. 必定 $r<s$

B. 向量组中任意小于 r 个向量的部分组线性无关

C. 向量组中任意 r 个向量线性无关

D. 向量组中任意 $r+1$ 个向量必线性相关

4. 向量组 $\boldsymbol{\alpha}_{i1},\boldsymbol{\alpha}_{i2},\cdots,\boldsymbol{\alpha}_{ir}$ 和 $\boldsymbol{\alpha}_{j1},\boldsymbol{\alpha}_{j2},\cdots,\boldsymbol{\alpha}_{jt}$ 均是向量组 $\boldsymbol{\alpha}_1,\boldsymbol{\alpha}_2,\cdots,\boldsymbol{\alpha}_n$ 的最大无关组，则有(　　).

A. $r=n$　　B. $t=n$　　C. $r=t$　　D. $r\neq t$

5. 设 $\boldsymbol{A}$ 为 n 阶方阵，且 $R(\boldsymbol{A})=n-1$，$\boldsymbol{\alpha}_1,\boldsymbol{\alpha}_2$ 是 $\boldsymbol{Ax}=\boldsymbol{0}$ 的两个不同的解向量，则 $\boldsymbol{Ax}=\boldsymbol{0}$ 的通解为(　　).

A. $k\boldsymbol{\alpha}_1$　　B. $k\boldsymbol{\alpha}_2$　　C. $k(\boldsymbol{\alpha}_1-\boldsymbol{\alpha}_2)$　　D. $k(\boldsymbol{\alpha}_1+\boldsymbol{\alpha}_2)$

6. 设 $\boldsymbol{A}=(\alpha_1,\alpha_2,\alpha_3,\alpha_4)$ 为 4 阶矩阵，$\boldsymbol{A}^*$ 是 $\boldsymbol{A}$ 的伴随矩阵. 若 $(1,0,1,0)^T$ 是齐次线性方程组 $\boldsymbol{Ax}=\boldsymbol{0}$ 的一个基础解系，则 $\boldsymbol{A}^*\boldsymbol{x}=\boldsymbol{0}$ 的基础解系为(　　).

A. $\boldsymbol{\alpha}_1,\boldsymbol{\alpha}_3$　　B. $\boldsymbol{\alpha}_1,\boldsymbol{\alpha}_2$　　C. $\boldsymbol{\alpha}_1,\boldsymbol{\alpha}_2,\boldsymbol{\alpha}_3$　　D. $\boldsymbol{\alpha}_2,\boldsymbol{\alpha}_3,\boldsymbol{\alpha}_4$

7. 设 n 阶矩阵 $\boldsymbol{A}$ 的伴随矩阵 $\boldsymbol{A}^*\neq\boldsymbol{0}$，若 ξ_1,ξ_2,ξ_3,ξ_4 是非齐次线性方程组 $\boldsymbol{Ax}=\boldsymbol{b}$ 的互不相同的解，则对应的齐次线性方程组 $\boldsymbol{Ax}=\boldsymbol{0}$ 的基础解系(　　).

A. 不存在　　B. 仅含一个非零解向量

C. 含有两个线性无关的解向量　　D. 含有三个线性无关的解向量

8. 设 $\boldsymbol{\eta}_1,\boldsymbol{\eta}_2,\boldsymbol{\eta}_3$ 是 $\boldsymbol{A}_{m\times n}x=\boldsymbol{0}$ 的三个线性无关的解向量，$R(\boldsymbol{A})=n-3$，则下列可以作为 $\boldsymbol{A}_{m\times n}x=\boldsymbol{0}$ 的基础解系的是(　　).

A. $\boldsymbol{\eta}_1-\boldsymbol{\eta}_2,\boldsymbol{\eta}_2-\boldsymbol{\eta}_3,\boldsymbol{\eta}_3-\boldsymbol{\eta}_1$　　B. $\boldsymbol{\eta}_1,\boldsymbol{\eta}_1+\boldsymbol{\eta}_2+\boldsymbol{\eta}_3,\boldsymbol{\eta}_1+\boldsymbol{\eta}_2$

C. 与 $\boldsymbol{\eta}_1,\boldsymbol{\eta}_2,\boldsymbol{\eta}_3$ 等秩的解向量组　　D. 与 $\boldsymbol{\eta}_1,\boldsymbol{\eta}_2,\boldsymbol{\eta}_3$ 等价的解向量组

9. 齐次线性方程组 $\boldsymbol{A}x=\boldsymbol{0}$ 不存在基础解系的充分必要条件是(　　).

A. $\boldsymbol{A}$ 的列向量组线性无关　　B. $\boldsymbol{A}$ 的列向量组线性相关

C. $\boldsymbol{A}$ 的行向量组线性无关　　D. $\boldsymbol{A}$ 的行向量组线性相关

10. 甲、乙、丙、丁四人每人取一个有序数组，分别为 $(1,-1,0,0)^{\mathrm{T}}$，$(0,1,-1,0)^{\mathrm{T}}$，$(0,0,1,-1)^{\mathrm{T}}$，$(-1,0,0,1)^{\mathrm{T}}$，现规定若四人中有部分人的数组可以通过线性组合表示其他人的，则该部分人获胜. 下面有可能获胜的是(　　).

A. 甲　　B. 甲、乙

C. 四人中的任两人　　D. 甲、乙、丙

二、填空题

1. 已知向量 $\boldsymbol{\alpha}_1=\begin{pmatrix}5\\-1\\3\\2\\4\end{pmatrix}$，$3\boldsymbol{\alpha}_1-4\boldsymbol{\alpha}_2=\begin{pmatrix}3\\-7\\17\\2\\8\end{pmatrix}$，则 $2\boldsymbol{\alpha}_1+3\boldsymbol{\alpha}_2=$ ________.

2. 向量组 $\boldsymbol{\alpha}_1=\begin{pmatrix}0\\0\\0\end{pmatrix}$，$\boldsymbol{\alpha}_2=\begin{pmatrix}1\\2\\3\end{pmatrix}$ 一定线性________.

3. 若向量组 $\boldsymbol{\alpha}_1=\begin{pmatrix}1\\0\\2\end{pmatrix}$，$\boldsymbol{\alpha}_2=\begin{pmatrix}-1\\2\\1\end{pmatrix}$，$\boldsymbol{\alpha}_3=\begin{pmatrix}2\\k\\5\end{pmatrix}$ 线性无关，则 k 应满足________.

4. 把 r 维向量组的每个向量添上 $n-r$ 个分量($r<n$)，成为 n 维向量组，若 r 维向量组线性无关，则 n 维向量组线性________；若 n 维向量组线性相关，则 r 维向量组线性________.

5. 设向量组 $\boldsymbol{A}$ 的秩为 r_1，向量组 $\boldsymbol{B}$ 的秩为 r_2，且 $\boldsymbol{A}$ 与 $\boldsymbol{B}$ 等价，则 r_1 与 r_2 的关系为______.

6. 两个等价的__________向量组所含的向量个数相等.

7. 设 $\boldsymbol{A}$ 为 4 阶矩阵，若 $R(\boldsymbol{A})=4$，则 $R(\boldsymbol{A}^*)=$ ________；若 $R(\boldsymbol{A})=2$，则 $R(\boldsymbol{A}^*)=$ ________.

8. 若向量组 $\boldsymbol{\alpha}_1,\boldsymbol{\alpha}_2,\cdots,\boldsymbol{\alpha}_s$ 与 $\boldsymbol{\beta}_1,\boldsymbol{\beta}_2,\cdots,\boldsymbol{\beta}_t$ 等价，且 $s<t$，则 $\boldsymbol{\beta}_1,\boldsymbol{\beta}_2,\cdots,\boldsymbol{\beta}_t$ 线性__________.

9. 两向量 $\boldsymbol{\alpha}=(a_1,a_2)$，$\boldsymbol{\beta}=(b_1,b_2)$ 线性相关的充分必要条件是__________.

10. 已知空间中两质点运行的轨道所在平面的方程分别是 $x_1+x_2-x_3=0$ 和 $2x_1-x_2+4x_3=0$，则这两个平面所经过的公共点可用向量表示为__________.

三、计算题

1. 设向量 $3\boldsymbol{\alpha}+4\boldsymbol{\beta}=(2,1,1,2)^{\mathrm{T}}$，$2\boldsymbol{\alpha}+3\boldsymbol{\beta}=(-1,2,3,1)^{\mathrm{T}}$，试求向量 $\boldsymbol{\alpha},\boldsymbol{\beta}$.

2. 设向量 $\boldsymbol{\beta}=(1,2,1)^{\mathrm{T}}$，$\boldsymbol{\alpha}_1=(1,0,-1)^{\mathrm{T}}$，$\boldsymbol{\alpha}_2=(1,0,2)^{\mathrm{T}}$，$\boldsymbol{\alpha}_3=(0,-1,1)^{\mathrm{T}}$，试将 $\boldsymbol{\beta}$ 表示为 $\boldsymbol{\alpha}_1,\boldsymbol{\alpha}_2,\boldsymbol{\alpha}_3$ 的线性组合.

3. 判断下列向量组是线性相关还是线性无关.

(1) $\boldsymbol{\alpha}_1=(1,1,1)^{\mathrm{T}}$，$\boldsymbol{\alpha}_2=(1,2,3)^{\mathrm{T}}$，$\boldsymbol{\alpha}_3=(1,6,3)^{\mathrm{T}}$；

(2) $\boldsymbol{\alpha}_1=(0,1,2)^{\mathrm{T}}$，$\boldsymbol{\alpha}_2=(1,0,3)^{\mathrm{T}}$，$\boldsymbol{\alpha}_3=(-2,3,3)^{\mathrm{T}}$，$\boldsymbol{\alpha}_4=(5,-4,6)^{\mathrm{T}}$；

(3) $\boldsymbol{\alpha}_1=(2,2,7,-1)^{\mathrm{T}}$，$\boldsymbol{\alpha}_2=(3,-1,2,4)^{\mathrm{T}}$，$\boldsymbol{\alpha}_3=(1,1,3,1)^{\mathrm{T}}$.

4. 设向量组 $\boldsymbol{\alpha}_1=(-1,-1,\lambda)^{\mathrm{T}}$，$\boldsymbol{\alpha}_2=(2,\lambda,1)^{\mathrm{T}}$，$\boldsymbol{\alpha}_3=(\lambda-4,-2,-1)^{\mathrm{T}}$，当 λ 为何值时，向量组线性相关、线性无关？

5. 求向量组 $\boldsymbol{\alpha}_1=(1,2,3,-4)^{\mathrm{T}}$，$\boldsymbol{\alpha}_2=(2,3,-4,1)^{\mathrm{T}}$，$\boldsymbol{\alpha}_3=(2,-5,8,-3)^{\mathrm{T}}$，$\boldsymbol{\alpha}_4=(5,26,-9,-12)^{\mathrm{T}}$，$\boldsymbol{\alpha}_5=(3,-4,1,2)^{\mathrm{T}}$ 的一个最大无关组，并将其余向量用此最大无关组线性表示.

6. 求下列向量组的秩：

(1) $\boldsymbol{\alpha}_1=(3,1,2,5)^{\mathrm{T}}$，$\boldsymbol{\alpha}_2=(1,1,1,2)^{\mathrm{T}}$，$\boldsymbol{\alpha}_3=(2,0,1,3)^{\mathrm{T}}$，$\boldsymbol{\alpha}_4=(1,-1,0,1)^{\mathrm{T}}$，$\boldsymbol{\alpha}_5=(4,2,3,7)^{\mathrm{T}}$.

(2) $\boldsymbol{\alpha}_1=(6,4,1,-1,-2)^{\mathrm{T}}$，$\boldsymbol{\alpha}_2=(1,0,2,3,-4)^{\mathrm{T}}$，$\boldsymbol{\alpha}_3=(1,4,-9,-16,22)^{\mathrm{T}}$，$\boldsymbol{\alpha}_4=(7,1,0,-1,3)^{\mathrm{T}}$.

7. 求解下列齐次线性方程组，有非零解时求出方程组的一个基础解系及其通解.

(1) $\begin{cases}2x_1-4x_2+5x_3+3x_4=0,\\3x_1-6x_2+4x_3+2x_4=0,\\4x_1-8x_2+17x_3+11x_4=0;\end{cases}$ (2) $\begin{cases}3x_1+5x_2+2x_3=0,\\4x_1+7x_2+5x_3=0,\\x_1+x_2-4x_3=0,\\2x_1+9x_2+6x_3=0.\end{cases}$

8. 判断下列非齐次线性方程组是否有解？在有解时，求出方程组的解，在有无穷多组解时，用导出组的基础解系表示全部解.

(1) $\begin{cases}2x_1+x_2-x_3+x_4=1,\\x_1+2x_2+x_3-x_4=2,\\x_1+x_2+2x_3+x_4=3;\end{cases}$ (2) $\begin{cases}x_1+x_2+3x_3-2x_4+3x_5=1,\\2x_1+2x_2+4x_3-x_4+3x_5=2,\\3x_1+3x_2+5x_3-2x_4+3x_5=1,\\2x_1+2x_2+8x_3-3x_4+9x_5=2;\end{cases}$

(3) $\begin{cases}8x_1+6x_2+5x_3+2x_4=21,\\3x_1+3x_2+2x_3+x_4=10,\\4x_1+2x_2+3x_3+x_4=8,\\3x_1+5x_2+x_3+x_4=15,\\7x_1+4x_2+5x_3+2x_4=18.\end{cases}$

9. 向量组 $\boldsymbol{\xi}_1=(1,1,1)^{\mathrm{T}}$,$\boldsymbol{\xi}_2=(1,1,-1)^{\mathrm{T}}$,$\boldsymbol{\xi}_3=(1,-1,-1)^{\mathrm{T}}$;$\boldsymbol{\alpha}=(1,2,1)^{\mathrm{T}}$,证明 $\boldsymbol{\xi}_1$,$\boldsymbol{\xi}_2$,$\boldsymbol{\xi}_3$ 是 $\mathbf{R}^n$ 的一组基,并求出向量 $\boldsymbol{\alpha}$ 关于 $\boldsymbol{\xi}_1$,$\boldsymbol{\xi}_2$,$\boldsymbol{\xi}_3$ 的坐标.

四、证明题

1. 证明:向量组 $\boldsymbol{\alpha}_1,\boldsymbol{\alpha}_2,\boldsymbol{\alpha}_3$ 线性无关的充分必要条件是向量组 $\boldsymbol{\alpha}_1+\boldsymbol{\alpha}_2,\boldsymbol{\alpha}_2+\boldsymbol{\alpha}_3,\boldsymbol{\alpha}_3+\boldsymbol{\alpha}_1$ 线性无关.

2. 已知向量组 $\boldsymbol{\alpha}_1,\boldsymbol{\alpha}_2,\cdots,\boldsymbol{\alpha}_t$ 与 $\boldsymbol{\alpha}_1,\boldsymbol{\alpha}_2,\cdots,\boldsymbol{\alpha}_t,\boldsymbol{\alpha}_{t+1},\cdots,\boldsymbol{\alpha}_s$ 有相同的秩,证明:$\boldsymbol{\alpha}_1,\boldsymbol{\alpha}_2,\cdots,\boldsymbol{\alpha}_t$ 与 $\boldsymbol{\alpha}_1,\boldsymbol{\alpha}_2,\cdots,\boldsymbol{\alpha}_t,\boldsymbol{\alpha}_{t+1},\cdots,\boldsymbol{\alpha}_s$ 等价.

3. 已知 3 阶矩阵 $\boldsymbol{B}\neq\boldsymbol{0}$,且 $\boldsymbol{B}$ 的每一个列向量都是下列方程组的解

$$\begin{cases}x_1+2x_2-2x_3=0,\\2x_1-x_2+\lambda x_3=0,\\3x_1+x_2-x_3=0.\end{cases}$$

(1) 求参数 λ 的值;

(2) 证明行列式 $|\boldsymbol{B}|=0$.

4. 设 $\boldsymbol{A}$ 是 $m\times n$ 矩阵,$\boldsymbol{B}$ 是 $n\times s$ 矩阵,若 $\boldsymbol{AB}=\boldsymbol{0}$,证明:$r(\boldsymbol{A})+r(\boldsymbol{B})\leqslant n$.

4.6　综合作业题

一、选择题

1. 下列说法正确的是(　　).

A. 向量组 $\boldsymbol{\alpha}_1,\boldsymbol{\alpha}_2,\cdots,\boldsymbol{\alpha}_s$ 线性无关,则 $\boldsymbol{\alpha}_1$ 一定不可由 $\boldsymbol{\alpha}_2,\cdots,\boldsymbol{\alpha}_s$ 线性表示

B. 向量组 $\boldsymbol{\alpha}_1,\boldsymbol{\alpha}_2,\cdots,\boldsymbol{\alpha}_s$ 线性相关,则 $\boldsymbol{\alpha}_1$ 一定可由 $\boldsymbol{\alpha}_2,\cdots,\boldsymbol{\alpha}_s$ 线性表示

C. 向量组 $\boldsymbol{\alpha}_1,\boldsymbol{\alpha}_2,\cdots,\boldsymbol{\alpha}_s$ 线性无关,则减少分量后所得的向量组也线性无关

D. 含有零向量的向量组必线性相关,而不含零向量的向量组必线性无关

2. "再加一个向量 $\boldsymbol{\beta}$ 后,向量组 $\boldsymbol{\beta},\boldsymbol{\alpha}_1,\boldsymbol{\alpha}_2,\cdots,\boldsymbol{\alpha}_s$ 线性无关"是向量组 $\boldsymbol{\alpha}_1,\boldsymbol{\alpha}_2,\cdots,\boldsymbol{\alpha}_s$ 线性无关的(　　)条件.

A. 充分　　B. 必要

C. 充分必要　　D. 既不充分也不必要

3. 下列说法中向量组 $\boldsymbol{\alpha}_1,\boldsymbol{\alpha}_2,\cdots,\boldsymbol{\alpha}_s$ 必定线性相关的是(　　).

A. $\boldsymbol{\beta}_1,\boldsymbol{\beta}_2,\cdots,\boldsymbol{\beta}_{s-1}$ 可由 $\boldsymbol{\alpha}_1,\boldsymbol{\alpha}_2,\cdots,\boldsymbol{\alpha}_s$ 线性表示

B. $R(\boldsymbol{\alpha}_1,\boldsymbol{\alpha}_2,\cdots,\boldsymbol{\alpha}_s,\boldsymbol{\beta}_1,\boldsymbol{\beta}_2,\cdots,\boldsymbol{\beta}_{s-1})=R(\boldsymbol{\beta}_1,\boldsymbol{\beta}_2,\cdots,\boldsymbol{\beta}_{s-1})$

C. $R(\boldsymbol{\alpha}_1,\boldsymbol{\alpha}_2,\cdots,\boldsymbol{\alpha}_s)=R(\boldsymbol{\alpha}_1,\boldsymbol{\alpha}_2,\cdots,\boldsymbol{\alpha}_s,\boldsymbol{\beta})$

D. $\boldsymbol{\alpha}_1=\begin{pmatrix}\boldsymbol{\beta}_1\\\boldsymbol{\gamma}_1\end{pmatrix},\boldsymbol{\alpha}_2=\begin{pmatrix}\boldsymbol{\beta}_2\\\boldsymbol{\gamma}_2\end{pmatrix},\cdots,\boldsymbol{\alpha}_s=\begin{pmatrix}\boldsymbol{\beta}_s\\\boldsymbol{\gamma}_s\end{pmatrix}$,其中 $\boldsymbol{\gamma}_1,\boldsymbol{\gamma}_2,\cdots,\boldsymbol{\gamma}_s$ 线性相关

4. 设 $\boldsymbol{\alpha}_1,\boldsymbol{\alpha}_2,\cdots,\boldsymbol{\alpha}_s$ 是 n 维向量,下列说法正确的是( ).

A. 如果 $\boldsymbol{\alpha}_s$ 不能用 $\boldsymbol{\alpha}_1,\boldsymbol{\alpha}_2,\cdots,\boldsymbol{\alpha}_{s-1}$ 线性表示,则 $\boldsymbol{\alpha}_1,\boldsymbol{\alpha}_2,\cdots,\boldsymbol{\alpha}_s$ 线性无关

B. 如果 $\boldsymbol{\alpha}_1,\boldsymbol{\alpha}_2,\cdots,\boldsymbol{\alpha}_s$ 中,任意一部分组都线性无关,那么 $\boldsymbol{\alpha}_1,\boldsymbol{\alpha}_2,\cdots,\boldsymbol{\alpha}_s$ 也线性无关

C. 如果 $\boldsymbol{\alpha}_1,\boldsymbol{\alpha}_2,\cdots,\boldsymbol{\alpha}_s$ 线性无关,则 $\boldsymbol{\alpha}_1+\boldsymbol{\alpha}_2,\boldsymbol{\alpha}_2+\boldsymbol{\alpha}_3,\cdots,\boldsymbol{\alpha}_{s-1}+\boldsymbol{\alpha}_s,\boldsymbol{\alpha}_s+\boldsymbol{\alpha}_1$ 也线性无关

D. 如果 $\boldsymbol{\alpha}_1,\boldsymbol{\alpha}_2,\cdots,\boldsymbol{\alpha}_s$ 与 $\boldsymbol{\beta}_1,\boldsymbol{\beta}_2,\cdots,\boldsymbol{\beta}_{s-1}$ 等价,则 $\boldsymbol{\alpha}_1,\boldsymbol{\alpha}_2,\cdots,\boldsymbol{\alpha}_s$ 线性相关

5. 若 $\boldsymbol{\alpha}_1,\boldsymbol{\alpha}_2,\cdots,\boldsymbol{\alpha}_r$ 是向量组 $\boldsymbol{\alpha}_1,\boldsymbol{\alpha}_2,\cdots,\boldsymbol{\alpha}_r,\cdots,\boldsymbol{\alpha}_n$ 的最大无关组,则论断不正确的是( ).

A. $\boldsymbol{\alpha}_n$ 可由 $\boldsymbol{\alpha}_1,\boldsymbol{\alpha}_2,\cdots,\boldsymbol{\alpha}_r$ 线性表示

B. $\boldsymbol{\alpha}_1$ 可由 $\boldsymbol{\alpha}_{r+1},\boldsymbol{\alpha}_{r+2},\cdots,\boldsymbol{\alpha}_n$ 线性表示

C. $\boldsymbol{\alpha}_1$ 可由 $\boldsymbol{\alpha}_1,\boldsymbol{\alpha}_2,\cdots,\boldsymbol{\alpha}_r$ 线性表示

D. $\boldsymbol{\alpha}_n$ 可由 $\boldsymbol{\alpha}_{r+1},\boldsymbol{\alpha}_{r+2},\cdots,\boldsymbol{\alpha}_n$ 线性表示

6. 向量组 $\boldsymbol{\alpha}_1,\boldsymbol{\alpha}_2,\cdots,\boldsymbol{\alpha}_n$ 的秩不为零的充分必要条件是( ).

A. $\boldsymbol{\alpha}_1,\boldsymbol{\alpha}_2,\cdots,\boldsymbol{\alpha}_n$ 中至少有一个非零向量

B. $\boldsymbol{\alpha}_1,\boldsymbol{\alpha}_2,\cdots,\boldsymbol{\alpha}_n$ 全是非零向量

C. $\boldsymbol{\alpha}_1,\boldsymbol{\alpha}_2,\cdots,\boldsymbol{\alpha}_n$ 中有一个线性相关组

D. $\boldsymbol{\alpha}_1,\boldsymbol{\alpha}_2,\cdots,\boldsymbol{\alpha}_n$ 线性无关

7. 如果 $R(\boldsymbol{\alpha}_1,\boldsymbol{\alpha}_2,\cdots,\boldsymbol{\alpha}_s)=4$,则下列说法正确的是( ).

A. $\boldsymbol{\alpha}_1,\boldsymbol{\alpha}_2,\cdots,\boldsymbol{\alpha}_s$ 的一个部分组如果包含的向量个数不超过4,则一定线性无关

B. $\boldsymbol{\alpha}_1,\boldsymbol{\alpha}_2,\cdots,\boldsymbol{\alpha}_4$ 是 $\boldsymbol{\alpha}_1,\boldsymbol{\alpha}_2,\cdots,\boldsymbol{\alpha}_s$ 的一个最大无关组

C. 如果 $\boldsymbol{\alpha}_1,\boldsymbol{\alpha}_2,\cdots,\boldsymbol{\alpha}_s$ 的一个部分组无关,则它包含的向量个数一定不超过4

D. $\boldsymbol{\alpha}_1,\boldsymbol{\alpha}_2,\cdots,\boldsymbol{\alpha}_s$ 的线性相关部分组包含的向量一定多于4个

8. $\boldsymbol{\alpha},\boldsymbol{\beta},\boldsymbol{\gamma}$ 为某个向量空间的向量,k,m,l 为实数,$km\neq 0$,且 $k\boldsymbol{\alpha}+l\boldsymbol{\beta}+m\boldsymbol{\gamma}=\boldsymbol{0}$,则有( ).

A. $\boldsymbol{\alpha},\boldsymbol{\beta}$ 与 $\boldsymbol{\alpha},\boldsymbol{\gamma}$ 等价　　B. $\boldsymbol{\alpha},\boldsymbol{\beta}$ 与 $\boldsymbol{\beta},\boldsymbol{\gamma}$ 等价

C. $\boldsymbol{\alpha},\boldsymbol{\gamma}$ 与 $\boldsymbol{\beta},\boldsymbol{\gamma}$ 等价　　D. $\boldsymbol{\beta}$ 与 $\boldsymbol{\gamma}$ 等价

9. 已知线性方程组 $\boldsymbol{Ax}=\boldsymbol{b}$ 的系数矩阵 $\boldsymbol{A}$ 是 $m\times n$(其中 $m<n$)阶矩阵,且 $\boldsymbol{A}$ 的行向量组线性无关,则下列结论正确的是( ).

A. $\boldsymbol{A}$ 的列向量组线性无关　　B. 增广矩阵的行向量组线性无关

C. 方程组有唯一解　　D. 无法判断增广矩阵的列向量组的线性相关性

10. 要使 $\boldsymbol{\alpha}_1=(1,0,1)^{\mathrm{T}},\boldsymbol{\alpha}_2=(-2,0,1)^{\mathrm{T}}$ 都是线性方程组 $\boldsymbol{Ax}=\boldsymbol{0}$ 的解,只要系数矩阵 $\boldsymbol{A}$ 为( ).

A. $\begin{pmatrix}1&2&3\\3&1&2\\2&1&1\end{pmatrix}$　　B. $\begin{pmatrix}-1&2&1\\0&2&0\\0&1&0\end{pmatrix}$

C. $\begin{pmatrix}0&-1&0\\0&2&0\end{pmatrix}$　　D. $\begin{pmatrix}-1&2&1\\1&2&3\end{pmatrix}$

二、填空题

1. 设 $\boldsymbol{\alpha}_1,\boldsymbol{\alpha}_2,\boldsymbol{\alpha}_3$ 线性无关,而 $p\boldsymbol{\alpha}_1-\boldsymbol{\alpha}_2,s\boldsymbol{\alpha}_2-\boldsymbol{\alpha}_3,t\boldsymbol{\alpha}_3-\boldsymbol{\alpha}_1$ 线性相关,则 p,s,t 应满足关系式________.

2. 已知四阶方阵 $\boldsymbol{A} = (\boldsymbol{\alpha}_1, \boldsymbol{\alpha}_2, \boldsymbol{\alpha}_3, \boldsymbol{\alpha}_4)$，$\boldsymbol{\alpha}_1, \boldsymbol{\alpha}_2, \boldsymbol{\alpha}_3$ 线性无关，$\boldsymbol{\alpha}_2, \boldsymbol{\alpha}_3, \boldsymbol{\alpha}_4$ 线性相关，则齐次线性方程组 $\boldsymbol{A}^* \boldsymbol{x} = 0$ 的一个基础解系可以是________.

3. 向量组 $\boldsymbol{\alpha}_1 = (1,-1,2,4)$，$\boldsymbol{\alpha}_2 = (0,3,1,2)$，$\boldsymbol{\alpha}_3 = (3,0,7,14)$，$\boldsymbol{\alpha}_4 = (1,-2,2,0)$，$\boldsymbol{\alpha}_5 = (2,1,5,10)$ 的秩是________，其中一个最大无关组为________.

4. 已知 $\boldsymbol{V} = \{\boldsymbol{x} \mid \boldsymbol{x} = (x_1, x_2, x_3) \in \mathbf{R}^3$，且 $x_1 + x_2 = a\}$ 是向量空间，则常数 $a =$ ________.

5. 设 $\boldsymbol{\eta}_1, \boldsymbol{\eta}_2, \cdots, \boldsymbol{\eta}_t$ 及 $\lambda_1 \boldsymbol{\eta}_1 + \lambda_2 \boldsymbol{\eta}_2 + \cdots + \lambda_t \boldsymbol{\eta}_t$ 都是非齐次线性方程组 $\boldsymbol{Ax} = \boldsymbol{b}$ 的解向量，则 $\lambda_1 + \lambda_2 + \cdots + \lambda_t =$ ________.

三、综合题

1. 设有向量 $\boldsymbol{\alpha}_1 = \begin{pmatrix} 1 \\ 1 \\ 0 \end{pmatrix}$，$\boldsymbol{\alpha}_2 = \begin{pmatrix} 5 \\ 3 \\ 2 \end{pmatrix}$，$\boldsymbol{\alpha}_3 = \begin{pmatrix} 1 \\ 3 \\ -1 \end{pmatrix}$，$\boldsymbol{\alpha}_4 = \begin{pmatrix} -2 \\ 2 \\ -3 \end{pmatrix}$，$\boldsymbol{A}$ 是 3 阶方阵，且有 $\boldsymbol{A\alpha}_1 = \boldsymbol{\alpha}_2$，$\boldsymbol{A\alpha}_2 = \boldsymbol{\alpha}_3$，$\boldsymbol{A\alpha}_3 = \boldsymbol{\alpha}_4$，试求 $\boldsymbol{A\alpha}_4$.

2. 求向量组 $\boldsymbol{\alpha}_1 = (1,-1,1,3)^{\mathrm{T}}$，$\boldsymbol{\alpha}_2 = (-1,3,5,1)^{\mathrm{T}}$，$\boldsymbol{\alpha}_3 = (-2,6,10,\lambda)^{\mathrm{T}}$，$\boldsymbol{\alpha}_4 = (4,-1,6,10)^{\mathrm{T}}$，$\boldsymbol{\alpha}_5 = (3,-2,-1,\mu)^{\mathrm{T}}$ 的秩和一个最大无关组.

3. 设 $\boldsymbol{A} = \begin{pmatrix} 1 & 2 & 1 & 2 \\ 0 & 1 & t & t \\ 1 & t & 0 & 1 \end{pmatrix}$，且方程组 $\boldsymbol{Ax} = \boldsymbol{0}$ 的基础解系中含有 2 个向量，求 $\boldsymbol{Ax} = \boldsymbol{0}$ 的全部解(通解).

4. 设 $\boldsymbol{V}_1 = \{\boldsymbol{x} = (x_1, x_2, \cdots, x_n)^{\mathrm{T}} \mid x_1, \cdots, x_n \in \mathbf{R}$，满足 $x_1 + x_2 + \cdots + x_n = 0\}$，

$\boldsymbol{V}_2 = \{\boldsymbol{x} = (x_1, x_2, \cdots, x_n)^{\mathrm{T}} \mid x_1, \cdots, x_n \in \mathbf{R}$，满足 $x_1 + x_2 + \cdots + x_n = 1\}$，

问 $\boldsymbol{V}_1, \boldsymbol{V}_2$ 是不是向量空间?

5. 设 $\boldsymbol{\xi}_1, \boldsymbol{\xi}_2, \boldsymbol{\xi}_3$ 是 $\mathbf{R}^3$ 的一组基，已知 $\boldsymbol{\alpha}_1 = \boldsymbol{\xi}_1 + \boldsymbol{\xi}_2 - 2\boldsymbol{\xi}_3$，$\boldsymbol{\alpha}_2 = \boldsymbol{\xi}_1 - \boldsymbol{\xi}_2 - \boldsymbol{\xi}_3$，$\boldsymbol{\alpha}_3 = \boldsymbol{\xi}_1 + \boldsymbol{\xi}_3$. 证明 $\boldsymbol{\alpha}_1, \boldsymbol{\alpha}_2, \boldsymbol{\alpha}_3$ 是 $\mathbf{R}^3$ 的一组基，并求出向量 $\boldsymbol{\beta} = 6\boldsymbol{\xi}_1 - \boldsymbol{\xi}_2 - \boldsymbol{\xi}_3$ 关于基 $\boldsymbol{\alpha}_1, \boldsymbol{\alpha}_2, \boldsymbol{\alpha}_3$ 的坐标.

6. 设 $\boldsymbol{A}$ 是 $m \times 3$ 阶矩阵，且 $R(\boldsymbol{A}) = 1$，如果非齐次线性方程组 $\boldsymbol{Ax} = \boldsymbol{b}$ 的 3 个解向量 $\boldsymbol{\eta}_1, \boldsymbol{\eta}_2, \boldsymbol{\eta}_3$ 满足 $\boldsymbol{\eta}_1 + \boldsymbol{\eta}_2 = \begin{pmatrix} 1 \\ 2 \\ 3 \end{pmatrix}$，$\boldsymbol{\eta}_2 + \boldsymbol{\eta}_3 = \begin{pmatrix} 0 \\ -1 \\ 1 \end{pmatrix}$，$\boldsymbol{\eta}_3 + \boldsymbol{\eta}_1 = \begin{pmatrix} 1 \\ 0 \\ -1 \end{pmatrix}$，求 $\boldsymbol{Ax} = \boldsymbol{b}$ 的通解.

7. 判断下列向量组的线性相关性：

(1) $\boldsymbol{\alpha}_1 = (1,1,0,0)^{\mathrm{T}}$，$\boldsymbol{\alpha}_2 = (1,0,1,0)^{\mathrm{T}}$，$\boldsymbol{\alpha}_3 = (0,0,1,1)^{\mathrm{T}}$，$\boldsymbol{\alpha}_4 = (0,1,0,1)^{\mathrm{T}}$；

(2) $\boldsymbol{\alpha}_1 = (1,1,0,0)^{\mathrm{T}}$，$\boldsymbol{\alpha}_2 = (1,0,0,4)^{\mathrm{T}}$，$\boldsymbol{\alpha}_3 = (0,0,1,1)^{\mathrm{T}}$，$\boldsymbol{\alpha}_4 = (0,0,0,2)^{\mathrm{T}}$.

8. 设有向量组 $\boldsymbol{\alpha}_1, \boldsymbol{\alpha}_2, \boldsymbol{\alpha}_3, \boldsymbol{\beta}$，判断 $\boldsymbol{\beta}$ 是否可以表示成 $\boldsymbol{\alpha}_1, \boldsymbol{\alpha}_2, \boldsymbol{\alpha}_3$ 的线性组合：

(1) $\boldsymbol{\alpha}_1 = (1,-1,0,3)^{\mathrm{T}}$，$\boldsymbol{\alpha}_2 = (2,1,1,-1)^{\mathrm{T}}$，$\boldsymbol{\alpha}_3 = (0,1,2,1)^{\mathrm{T}}$，$\boldsymbol{\beta} = (-1,0,3,6)^{\mathrm{T}}$；

(2) $\boldsymbol{\alpha}_1 = (1,1,1,1)^{\mathrm{T}}$，$\boldsymbol{\alpha}_2 = (-1,0,2,1)^{\mathrm{T}}$，$\boldsymbol{\alpha}_3 = (1,2,4,3)^{\mathrm{T}}$，$\boldsymbol{\beta} = (2,0,0,3)^{\mathrm{T}}$.

9. 设 $\boldsymbol{A}$ 是 $m \times n$ 阶矩阵，$\boldsymbol{B}$ 是 $n \times m$ 阶矩阵，且 $R(\boldsymbol{A}) = R(\boldsymbol{B}) = n$，$(\boldsymbol{AB})^2 = \boldsymbol{AB}$. 证明 $\boldsymbol{BA} = \boldsymbol{E}$($\boldsymbol{E}$ 为 n 阶单位矩阵).

10. 设矩阵 $\boldsymbol{A}_{(n-1)\times n} = \begin{pmatrix} a_{11} & a_{12} & \cdots & a_{1n} \\ a_{21} & a_{22} & \cdots & a_{2n} \\ \cdots & \cdots & \cdots & \cdots \\ a_{n-1,1} & a_{n-1,2} & \cdots & a_{n-1,n} \end{pmatrix}$，$|\boldsymbol{A}_j|$ 是 $\boldsymbol{A}$ 中划去第 j 列剩下的 $n-1$

阶方阵的行列式.求证:

(1) $\boldsymbol{c}=(|\boldsymbol{A}_1|,-|\boldsymbol{A}_2|,\cdots,(-1)^{n-1}|\boldsymbol{A}_n|)^{\mathrm{T}}$ 是方程组 $\boldsymbol{Ax}=\boldsymbol{0}$ 的一个解;

(2) 当 $R(\boldsymbol{A})=n-1$ 时, $\boldsymbol{Ax}=\boldsymbol{0}$ 的所有解向量均为 $\boldsymbol{c}$ 的倍向量.

4.7　自测题(时间:120 分钟)

一、填空题(20 分)

1. 设 $\boldsymbol{\alpha}_1=(2,-1,0,5)$, $\boldsymbol{\alpha}_2=(-4,-2,3,0)$, $\boldsymbol{\alpha}_3=(-1,0,1,k)$, $\boldsymbol{\alpha}_4=(-1,0,2,1)$, 则 $k=$ ______时, $\boldsymbol{\alpha}_1,\boldsymbol{\alpha}_2,\boldsymbol{\alpha}_3,\boldsymbol{\alpha}_4$ 线性相关.

2. 设 $\boldsymbol{\alpha}_1=(2,-1,3)$, $\boldsymbol{\alpha}_2=(1,2,0)$, $\boldsymbol{\alpha}_3=(0,-5,3)$, $\boldsymbol{\alpha}_4=(-1,3,t)$, 则 $t=$ ____时, $\boldsymbol{\alpha}_1,\boldsymbol{\alpha}_2,\boldsymbol{\alpha}_3,\boldsymbol{\alpha}_4$ 线性相关.

3. 已知向量组 $\boldsymbol{\alpha}_1=(1,2,3,4)$, $\boldsymbol{\alpha}_2=(2,3,4,5)$, $\boldsymbol{\alpha}_3=(3,4,5,6)$, $\boldsymbol{\alpha}_4=(4,5,6,7)$, 则该向量组的秩是________.

4. n 维单位向量组 $\boldsymbol{e}_1,\boldsymbol{e}_2,\cdots,\boldsymbol{e}_n$ 均可由向量组 $\boldsymbol{\alpha}_1,\boldsymbol{\alpha}_2,\cdots,\boldsymbol{\alpha}_s$ 线性表示,则 n ______ s.

5. 已知 $\boldsymbol{A}=\begin{pmatrix}1&0&1&0&0\\1&1&0&0&0\\0&1&1&0&0\\0&0&1&1&0\\0&1&0&1&1\end{pmatrix}$, 则秩 $R(\boldsymbol{A})=$ ________.

6. 设三元线性方程组 $\boldsymbol{AX}=\boldsymbol{b}$, $R(\boldsymbol{A})=2$, 有 3 个特解 $\boldsymbol{\alpha}_1,\boldsymbol{\alpha}_2,\boldsymbol{\alpha}_3$, 且 $\boldsymbol{\alpha}_1+\boldsymbol{\alpha}_2+\boldsymbol{\alpha}_3=(1,1,1)^{\mathrm{T}}$, $\boldsymbol{\alpha}_3-\boldsymbol{\alpha}_2=(1,0,0)^{\mathrm{T}}$, 则 $\boldsymbol{AX}=\boldsymbol{b}$ 的通解为________.

7. 设 $\boldsymbol{\alpha}=\begin{pmatrix}1\\2\\3\end{pmatrix}$, $\boldsymbol{\beta}=(1,2,3)$, $\boldsymbol{A}=\boldsymbol{\alpha\beta}$, 则 $R(\boldsymbol{A})=$ ________.

8. 向量组 $\boldsymbol{\alpha}_1=(1,2,3,4)$, $\boldsymbol{\alpha}_2=(2,3,4,5)$, $\boldsymbol{\alpha}_3=(3,4,5,6)$, $\boldsymbol{\alpha}_4=(4,5,6,7)$ 的一个最大无关组是________.

9. 若 $R(\boldsymbol{\alpha}_1,\boldsymbol{\alpha}_2,\boldsymbol{\alpha}_3,\boldsymbol{\alpha}_4)=4$, 则向量组 $\boldsymbol{\alpha}_1,\boldsymbol{\alpha}_2,\boldsymbol{\alpha}_3$ 线性________.

10. 设方程组 $\begin{cases}a_{11}x_1+a_{12}x_2+a_{13}x_3+a_{14}x_4=0\\a_{21}x_1+a_{22}x_2+a_{23}x_3+a_{24}x_4=0\end{cases}$ 的基础解系是 $(b_{11},b_{12},b_{13},b_{14})^{\mathrm{T}}$ 及 $(b_{21},b_{22},b_{23},b_{24})^{\mathrm{T}}$, 则方程组 $\begin{cases}b_{11}x_1+b_{12}x_2+b_{13}x_3+b_{14}x_4=0\\b_{21}x_1+b_{22}x_2+b_{23}x_3+b_{24}x_4=0\end{cases}$ 的基础解系是________.

二、选择题(15 分)

1. 已知 $\boldsymbol{\alpha}_1,\boldsymbol{\alpha}_2,\boldsymbol{\alpha}_3$ 是齐次线性方程组 $\boldsymbol{AX}=\boldsymbol{0}$ 的基础解系,那么基础解系还可以是(　　).

A. $k_1\boldsymbol{\alpha}_1+k_2\boldsymbol{\alpha}_2+k_3\boldsymbol{\alpha}_3$　　B. $\boldsymbol{\alpha}_1+\boldsymbol{\alpha}_2,\boldsymbol{\alpha}_2+\boldsymbol{\alpha}_3,\boldsymbol{\alpha}_3+\boldsymbol{\alpha}_1$

C. $\boldsymbol{\alpha}_1-\boldsymbol{\alpha}_2,\boldsymbol{\alpha}_2-\boldsymbol{\alpha}_3,\boldsymbol{\alpha}_3-\boldsymbol{\alpha}_1$　　D. $\boldsymbol{\alpha}_1,\boldsymbol{\alpha}_1-\boldsymbol{\alpha}_2+\boldsymbol{\alpha}_3,\boldsymbol{\alpha}_3-\boldsymbol{\alpha}_2$

2. 设矩阵 $\boldsymbol{A}_{m\times n}$ 的秩 $R(\boldsymbol{A})=m<n$, $\boldsymbol{P}$ 为 m 阶可逆矩阵,下列结论中正确的是(　　).

A. $\boldsymbol{A}$ 的任意 m 个列向量线性无关　　B. $\boldsymbol{A}$ 的任意 m 阶子式不等于零

C. $R(\boldsymbol{PA})=R(\boldsymbol{A})$　　D. 存在 $m+1$ 个列向量线性无关

3. 已知 n 维向量组(A)：$\boldsymbol{\alpha}_1,\boldsymbol{\alpha}_2,\cdots,\boldsymbol{\alpha}_s$ 与 n 维向量组(B)：$\boldsymbol{\beta}_1,\boldsymbol{\beta}_2,\cdots,\boldsymbol{\beta}_t$ 有相同的秩 r，则下列说法错误的是(　　).

A. 如果 $(A)\subseteq(B)$，则(A) 与(B) 等价

B. 当 $s=t$ 时，(A) 与(B) 等价

C. 当 (A) 可由(B) 线性表出时，(A) 与(B) 等价

D. 当 $R(\boldsymbol{\alpha}_1,\boldsymbol{\alpha}_2,\cdots,\boldsymbol{\alpha}_s,\boldsymbol{\beta}_1,\boldsymbol{\beta}_2,\cdots,\boldsymbol{\beta}_t)=r$ 时，(A) 与(B) 等价

4. 设矩阵 $\boldsymbol{A}=(a_{ij})_{n\times n}$，且 $|\boldsymbol{A}|=0$，$\boldsymbol{A}$ 中元素 a_{ij} 的代数余子式 $A_{ij}\neq 0$，则齐次线性方程组 $\boldsymbol{AX}=\boldsymbol{0}$ 的每一个基础解系中含有(　　)个线性无关的解向量.

A. 1　　B. i　　C. j　　D. n

5. 已知 n 维向量组(A)：$\boldsymbol{\alpha}_1,\boldsymbol{\alpha}_2,\cdots,\boldsymbol{\alpha}_s$ 与 n 维向量组(B)：$\boldsymbol{\alpha}_1,\boldsymbol{\alpha}_2,\cdots,\boldsymbol{\alpha}_s,\boldsymbol{\alpha}_{s+1},\boldsymbol{\alpha}_{s+2},\cdots,\boldsymbol{\alpha}_{s+l}$，若它们秩分别为 p,q，则下列条件中不能判定(A) 是(B) 的最大无关组的是(　　).

A. $p=q$，且(B) 可由(A) 线性表出　　B. $s=q$，且(A) 与(B) 是等价向量组

C. $p=q$，且(A) 线性无关　　D. $p=q=s$

三、综合题(65 分)

1. (5 分)已知 $\boldsymbol{\alpha}_1+2\boldsymbol{\alpha}_2+3\boldsymbol{\alpha}_3+4\boldsymbol{\beta}=\boldsymbol{0}$，其中 $\boldsymbol{\alpha}_1=(5,-8,-1,2)$，$\boldsymbol{\alpha}_2=(2,-1,4,-3)$，$\boldsymbol{\alpha}_3=(-3,2,-5,4)$，求 $\boldsymbol{\beta}$.

2. (10 分)设矩阵 $\boldsymbol{A}=\begin{pmatrix}2&-1&-1&1&2\\1&1&-2&1&4\\4&-6&2&-2&4\\3&6&-9&7&9\end{pmatrix}$，求矩阵 $\boldsymbol{A}$ 的列向量组的一个最大无关组，并将其余向量用最大无关组线性表示出来.

3. (10 分)设 $\boldsymbol{a}_1,\boldsymbol{a}_2,\cdots,\boldsymbol{a}_n$ 是一组 n 维向量，已知 n 维单位坐标向量 $\boldsymbol{e}_1,\boldsymbol{e}_2,\cdots,\boldsymbol{e}_n$ 能由它们线性表示，证明 $\boldsymbol{a}_1,\boldsymbol{a}_2,\cdots,\boldsymbol{a}_n$ 线性无关.

4. (15 分)已知三维向量空间 $\mathbf{R}^3$ 的一个基：$\boldsymbol{\alpha}_1,\boldsymbol{\alpha}_2,\boldsymbol{\alpha}_3$；$\boldsymbol{\beta}_1=2\boldsymbol{\alpha}_1+3\boldsymbol{\alpha}_2+3\boldsymbol{\alpha}_3$，$\boldsymbol{\beta}_2=2\boldsymbol{\alpha}_1+\boldsymbol{\alpha}_2+2\boldsymbol{\alpha}_3$，$\boldsymbol{\beta}_3=\boldsymbol{\alpha}_1+5\boldsymbol{\alpha}_2+3\boldsymbol{\alpha}_3$.

(1) 证明 $\boldsymbol{\beta}_1,\boldsymbol{\beta}_2,\boldsymbol{\beta}_3$ 也是 $\mathbf{R}^3$ 的一个基；

(2) 求由基 $\boldsymbol{\beta}_1,\boldsymbol{\beta}_2,\boldsymbol{\beta}_3$ 到基 $\boldsymbol{\alpha}_1,\boldsymbol{\alpha}_2,\boldsymbol{\alpha}_3$ 的过渡矩阵；

(3) 若向量 $\boldsymbol{\alpha}$ 在基 $\boldsymbol{\alpha}_1,\boldsymbol{\alpha}_2,\boldsymbol{\alpha}_3$ 下的坐标为 $(1,-2,0)$，求 $\boldsymbol{\alpha}$ 在基 $\boldsymbol{\beta}_1,\boldsymbol{\beta}_2,\boldsymbol{\beta}_3$ 下的坐标.

5. (10 分)设 $\boldsymbol{A}$ 为 $m\times n$ 阶矩阵，证明存在 $n\times s$ 阶非零阶矩阵 $\boldsymbol{B}$，使 $\boldsymbol{AB}=\boldsymbol{0}$ 的充分必要条件是 $R(\boldsymbol{A})<n$.

6. (15 分)λ 取何值时，线性方程组 $\begin{cases}(2\lambda+1)x_1-\lambda x_2+(\lambda+1)x_3=\lambda-1,\\(\lambda-2)x_1+(\lambda-1)x_2+(\lambda-2)x_3=\lambda,\\(2\lambda-1)x_1+(\lambda-1)x_2+(2\lambda-1)x_3=\lambda,\end{cases}$

有唯一解，无解，无穷多解？且在有无穷多解时求其通解.

4.8 参考答案与提示

【基础作业题】

一、1. A； 2. C； 3. D； 4. C； 5. C； 6. D； 7. B； 8. B； 9. A； 10. D.

二、1. $\begin{pmatrix}19\\1\\0\\7\\11\end{pmatrix}$ ； 2. 相关； 3. $k\neq\frac{2}{3}$ ； 4. 无关，相关； 5. $r_1=r_2$ ； 6. 线性无关的；
7. 4,0； 8. 相关； 9. $a_1b_2-a_2b_1=0$； 10. $k(-1,2,1)$，k 为任意实数.

三、1. $\boldsymbol{\alpha}=(10,-5,-9,2)^{\mathrm{T}}$，$\boldsymbol{\beta}=(-7,4,7,-1)^{\mathrm{T}}$.

2. $\boldsymbol{\beta}=-\frac{1}{3}\boldsymbol{\alpha}_1+\frac{4}{3}\boldsymbol{\alpha}_2-2\boldsymbol{\alpha}_3$.

3. (1) 线性无关； (2) 线性相关； (3) 线性无关.

4. 【提示】 $|(\boldsymbol{\alpha}_1,\boldsymbol{\alpha}_2,\boldsymbol{\alpha}_3)|=-\lambda(\lambda-2)^2$，当 $\lambda=0$ 或 $\lambda=2$ 时，线性相关；当 $\lambda\neq0$ 且 $\lambda\neq2$ 时，线性无关.

5. 【提示】 作初等行变换，得

$$(\boldsymbol{\alpha}_1,\boldsymbol{\alpha}_2,\boldsymbol{\alpha}_3,\boldsymbol{\alpha}_4,\boldsymbol{\alpha}_5)\to\begin{pmatrix}1&0&0&5&-1\\0&1&0&2&1\\0&0&1&-2&1\\0&0&0&0&0\end{pmatrix},$$

$\boldsymbol{\alpha}_1,\boldsymbol{\alpha}_2,\boldsymbol{\alpha}_3$ 是一个最大无关组，$\boldsymbol{\alpha}_4=5\boldsymbol{\alpha}_1+2\boldsymbol{\alpha}_2-2\boldsymbol{\alpha}_3$，$\boldsymbol{\alpha}_5=-\boldsymbol{\alpha}_1+\boldsymbol{\alpha}_2+\boldsymbol{\alpha}_3$.

6. (1) $r(\boldsymbol{\alpha}_1,\boldsymbol{\alpha}_2,\boldsymbol{\alpha}_3,\boldsymbol{\alpha}_4,\boldsymbol{\alpha}_5)=2$ ； (2) $r(\boldsymbol{\alpha}_1,\boldsymbol{\alpha}_2,\boldsymbol{\alpha}_3,\boldsymbol{\alpha}_4)=4$.

7. (1) 基础解系为：$\boldsymbol{\xi}_1=\begin{pmatrix}2\\1\\0\\0\end{pmatrix}$，$\boldsymbol{\xi}_2=\begin{pmatrix}\frac{2}{7}\\0\\-\frac{5}{7}\\1\end{pmatrix}$，通解为 $\begin{pmatrix}x_1\\x_2\\x_3\\x_4\end{pmatrix}=c_1\begin{pmatrix}2\\1\\0\\0\end{pmatrix}+c_2\begin{pmatrix}\frac{2}{7}\\0\\-\frac{5}{7}\\1\end{pmatrix}$ （c_1,c_2 为任意常数）；

(2) 仅有零解 $x_1=x_2=x_3=0$.

8. (1) 有无穷多组解，全部解为

$$\begin{pmatrix}x_1\\x_2\\x_3\\x_4\end{pmatrix}=\begin{pmatrix}1\\0\\1\\0\end{pmatrix}+c\begin{pmatrix}-\frac{3}{2}\\\frac{3}{2}\\-\frac{1}{2}\\1\end{pmatrix}\ （c\text{ 为任意常数}）；$$

（2）由于 $R(\boldsymbol{A})=3, R(\overline{\boldsymbol{A}})=4, R(\boldsymbol{A})\neq R(\overline{\boldsymbol{A}})$，故方程组无解；

（3）有唯一解：$x_1=3, x_2=0, x_3=-5, x_4=11$.

9. $\boldsymbol{\alpha}$ 在 $\boldsymbol{\xi}_1, \boldsymbol{\xi}_2, \boldsymbol{\xi}_3$ 下的坐标是 $\left(1, \frac{1}{2}, -\frac{1}{2}\right)$.

四、1.【提示】不妨设 $\boldsymbol{\alpha}_1, \boldsymbol{\alpha}_2, \boldsymbol{\alpha}_3$ 为列向量组，且 $\boldsymbol{\beta}_1=\boldsymbol{\alpha}_1+\boldsymbol{\alpha}_2, \boldsymbol{\beta}_2=\boldsymbol{\alpha}_2+\boldsymbol{\alpha}_3, \boldsymbol{\beta}_3=\boldsymbol{\alpha}_3+\boldsymbol{\alpha}_1$，则

$$(\boldsymbol{\beta}_1, \boldsymbol{\beta}_2, \boldsymbol{\beta}_3)=(\boldsymbol{\alpha}_1, \boldsymbol{\alpha}_2, \boldsymbol{\alpha}_3)\begin{bmatrix}1 & 0 & 1\\1 & 1 & 0\\0 & 1 & 1\end{bmatrix}.$$

因为 $\begin{vmatrix}1 & 0 & 1\\1 & 1 & 0\\0 & 1 & 1\end{vmatrix}=2\neq 0$，故知 $R(\boldsymbol{\beta}_1, \boldsymbol{\beta}_2, \boldsymbol{\beta}_3)=R(\boldsymbol{\alpha}_1, \boldsymbol{\alpha}_2, \boldsymbol{\alpha}_3)$，所以向量组 $\boldsymbol{\alpha}_1, \boldsymbol{\alpha}_2, \boldsymbol{\alpha}_3$ 线性无关的充分必要条件是向量组 $\boldsymbol{\alpha}_1+\boldsymbol{\alpha}_2, \boldsymbol{\alpha}_2+\boldsymbol{\alpha}_3, \boldsymbol{\alpha}_3+\boldsymbol{\alpha}_1$ 线性无关.

2.【提示】由于 $r(\boldsymbol{\alpha}_1, \boldsymbol{\alpha}_2, \cdots, \boldsymbol{\alpha}_t)=r(\boldsymbol{\alpha}_1, \boldsymbol{\alpha}_2, \cdots, \boldsymbol{\alpha}_t, \boldsymbol{\alpha}_{t+1}, \cdots, \boldsymbol{\alpha}_s)$，故知 $\boldsymbol{\alpha}_1, \boldsymbol{\alpha}_2, \cdots, \boldsymbol{\alpha}_t$ 的最大无关组也是 $\boldsymbol{\alpha}_1, \boldsymbol{\alpha}_2, \cdots, \boldsymbol{\alpha}_t, \boldsymbol{\alpha}_{t+1}, \cdots, \boldsymbol{\alpha}_s$ 的最大无关组. 因为它们都等价于相同的最大无关组，所以它们等价.

3.【提示】(1) 记方程组为 $\boldsymbol{Ax}=\boldsymbol{0}, \boldsymbol{B}=(\boldsymbol{B}_1, \boldsymbol{B}_2, \boldsymbol{B}_3)$，由于 $\boldsymbol{B}\neq\boldsymbol{0}$，故 $\boldsymbol{B}_1, \boldsymbol{B}_2, \boldsymbol{B}_3$ 不全为零向量，由条件知，$\boldsymbol{AB}_j=\boldsymbol{0}(j=1,2,3)$，即 $\boldsymbol{Ax}=\boldsymbol{0}$ 有非零解，从而 $|\boldsymbol{A}|=0$，解得 $\lambda=1$.

(2) 反证法. 若 $|\boldsymbol{B}|\neq 0$，则 $\boldsymbol{B}$ 可逆. 由条件知 $\boldsymbol{AB}=\boldsymbol{0}$，从而 $\boldsymbol{A}=\boldsymbol{0}$，这与 $\boldsymbol{A}\neq\boldsymbol{0}$ 矛盾，因此 $|\boldsymbol{B}|=0$.

4.【提示】设 $\boldsymbol{B}=(\boldsymbol{B}_1, \boldsymbol{B}_2, \cdots, \boldsymbol{B}_s)$，由于 $\boldsymbol{AB}=\boldsymbol{A}(\boldsymbol{B}_1, \boldsymbol{B}_2, \cdots, \boldsymbol{B}_s)=(\boldsymbol{AB}_1, \boldsymbol{AB}_2, \cdots, \boldsymbol{AB}_s)=\boldsymbol{0}$，即有 $\boldsymbol{AB}_j=\boldsymbol{0}(j=1,2,\cdots,s)$. 因为 $\boldsymbol{B}$ 的每一列向量均是齐次线性方程组 $\boldsymbol{Ax}=\boldsymbol{0}$ 的解，故 $r(\boldsymbol{B})\leqslant n-r(\boldsymbol{A})$，所以有 $r(\boldsymbol{A})+r(\boldsymbol{B})\leqslant n$.

【综合作业题】

一、1. A；　2. A；　3. B；　4. D；　5. B；　6. A；　7. C；　8. B；　9. B；　10. C.

二、1. $pst=1$；　2. $\boldsymbol{\alpha}_1, \boldsymbol{\alpha}_2, \boldsymbol{\alpha}_3$；　3. 3，$\boldsymbol{\alpha}_1, \boldsymbol{\alpha}_2, \boldsymbol{\alpha}_4$；　4. 0；　5. 1.

三、1.【提示】由于 $(\boldsymbol{\alpha}_1, \boldsymbol{\alpha}_2, \boldsymbol{\alpha}_3, \boldsymbol{\alpha}_4)\rightarrow\begin{pmatrix}1 & 0 & 0 & 2\\0 & 1 & 0 & -1\\0 & 0 & 1 & 1\end{pmatrix}$，则有 $\boldsymbol{\alpha}_4=2\boldsymbol{\alpha}_1-\boldsymbol{\alpha}_2+\boldsymbol{\alpha}_3$，于是 $\boldsymbol{A\alpha}_4$

$$=\boldsymbol{A}(2\boldsymbol{\alpha}_1-\boldsymbol{\alpha}_2+\boldsymbol{\alpha}_3)=2\boldsymbol{A\alpha}_1-\boldsymbol{A\alpha}_2+\boldsymbol{A\alpha}_3=2\boldsymbol{\alpha}_2-\boldsymbol{\alpha}_3+\boldsymbol{\alpha}_4=\begin{pmatrix}7\\5\\2\end{pmatrix}.$$

2.【提示】作初等行变换，得

$$(\boldsymbol{\alpha}_1, \boldsymbol{\alpha}_2, \boldsymbol{\alpha}_3, \boldsymbol{\alpha}_4, \boldsymbol{\alpha}_5)\rightarrow\begin{pmatrix}1 & -1 & -2 & 4 & 3\\0 & 2 & 4 & 3 & 1\\0 & 0 & 0 & 1 & 1\\0 & 0 & \lambda-2 & 0 & \mu-3\end{pmatrix},$$

当 $\lambda=2$ 且 $\mu=3$ 时，$r(\boldsymbol{\alpha}_1, \boldsymbol{\alpha}_2, \boldsymbol{\alpha}_3, \boldsymbol{\alpha}_4, \boldsymbol{\alpha}_5)=3$，$\boldsymbol{\alpha}_1, \boldsymbol{\alpha}_2, \boldsymbol{\alpha}_4$ 是一个最大无关组；

当 $\lambda\neq 2$ 时，$r(\boldsymbol{\alpha}_1, \boldsymbol{\alpha}_2, \boldsymbol{\alpha}_3, \boldsymbol{\alpha}_4, \boldsymbol{\alpha}_5)=4$，$\boldsymbol{\alpha}_1, \boldsymbol{\alpha}_2, \boldsymbol{\alpha}_3, \boldsymbol{\alpha}_4$ 是一个最大无关组；

当 $\mu \neq 3$ 时，$r(\boldsymbol{\alpha}_1,\boldsymbol{\alpha}_2,\boldsymbol{\alpha}_3,\boldsymbol{\alpha}_4,\boldsymbol{\alpha}_5)=4$，$\boldsymbol{\alpha}_1,\boldsymbol{\alpha}_2,\boldsymbol{\alpha}_4,\boldsymbol{\alpha}_5$ 是一个最大无关组.

3.【提示】因 $\boldsymbol{Ax}=\boldsymbol{0}$ 的基础解系含有 2 个向量，则 $R(\boldsymbol{A})=2$，

$$\boldsymbol{A} \to \begin{pmatrix} 1 & 2 & 1 & 2 \\ 0 & 1 & t & t \\ 0 & 0 & t(2-t)-1 & t(2-t)-1 \end{pmatrix},$$

由于 $R(\boldsymbol{A})=2$，则 $t(2-t)=1$ 即 $t=1$，此时 $\boldsymbol{A} \to \begin{pmatrix} 1 & 0 & -1 & 0 \\ 0 & 1 & 1 & 1 \\ 0 & 0 & 0 & 0 \end{pmatrix}$，$\boldsymbol{Ax}=\boldsymbol{0}$ 的通解为 $\boldsymbol{x}=k_1\boldsymbol{\eta}_1+k_2\boldsymbol{\eta}_2$，其中 k_1,k_2 为任意常数，$\boldsymbol{\eta}_1=(1,-1,1,0)^{\mathrm{T}}$，$\boldsymbol{\eta}_2=(0,1,0,-1)^{\mathrm{T}}$.

4. $\boldsymbol{V}_1$ 是向量空间，$\boldsymbol{V}_2$ 不是向量空间.

5.【提示】由题设知，$(\boldsymbol{\alpha}_1,\boldsymbol{\alpha}_2,\boldsymbol{\alpha}_3)=(\xi_1,\xi_2,\xi_3)\begin{pmatrix} 1 & 1 & 1 \\ 1 & -1 & 0 \\ -2 & -1 & 1 \end{pmatrix}=(\xi_1,\xi_2,\xi_3)\boldsymbol{A}$，因为 ξ_1,ξ_2,ξ_3 线性无关，$|\boldsymbol{A}|=-5\neq 0$，所以 $\boldsymbol{\alpha}_1,\boldsymbol{\alpha}_2,\boldsymbol{\alpha}_3$ 线性无关，故 $\boldsymbol{\alpha}_1,\boldsymbol{\alpha}_2,\boldsymbol{\alpha}_3$ 是 $\mathbf{R}^3$ 的一组基.

设 $k_1\boldsymbol{\alpha}_1+k_2\boldsymbol{\alpha}_2+k_3\boldsymbol{\alpha}_3=\boldsymbol{\beta}$，得到线性方程组

$$\begin{cases} k_1+k_2+k_3=6 \\ k_1-k_2=-1 \\ -2k_1-k_2+k_3=-1, \end{cases}$$

解得 $k_1=1,k_2=2,k_3=3$，故 β 关于基 $\boldsymbol{\alpha}_1,\boldsymbol{\alpha}_2,\boldsymbol{\alpha}_3$ 的坐标是 $(1,2,3)$.

6.【提示】因为 $\boldsymbol{A}$ 是 $m\times 3$ 矩阵，且 $R(\boldsymbol{A})=1$，所以 $\boldsymbol{Ax}=\boldsymbol{0}$ 的基础解系含有 $3-1=2$ 个线性无关的解向量，令 $\boldsymbol{\eta}_1+\boldsymbol{\eta}_2=\boldsymbol{a}$，$\boldsymbol{\eta}_2+\boldsymbol{\eta}_3=\boldsymbol{b}$，$\boldsymbol{\eta}_3+\boldsymbol{\eta}_1=\boldsymbol{c}$，则 $\boldsymbol{\eta}_1=\frac{1}{2}(\boldsymbol{a}+\boldsymbol{c}-\boldsymbol{b})=\begin{pmatrix} 1 \\ 3/2 \\ 1/2 \end{pmatrix}$，$\boldsymbol{\eta}_2=\frac{1}{2}(\boldsymbol{a}+\boldsymbol{b}-\boldsymbol{c})=\begin{pmatrix} 0 \\ 1/2 \\ 5/2 \end{pmatrix}$，$\boldsymbol{\eta}_3=\frac{1}{2}(\boldsymbol{b}+\boldsymbol{c}-\boldsymbol{a})=\begin{pmatrix} 0 \\ -3/2 \\ -3/2 \end{pmatrix}$. $\boldsymbol{\eta}_1-\boldsymbol{\eta}_2=\begin{pmatrix} 1 \\ 1 \\ -2 \end{pmatrix}$，

$\boldsymbol{\eta}_1-\boldsymbol{\eta}_3=\begin{pmatrix} 1 \\ 3 \\ 2 \end{pmatrix}$ 为 $\boldsymbol{Ax}=\boldsymbol{0}$ 的基础解系中的解向量，故非齐次线性方程组 $\boldsymbol{Ax}=\boldsymbol{b}$ 的通解为

$$\begin{pmatrix} x_1 \\ x_2 \\ x_3 \end{pmatrix}=k_1\begin{pmatrix} 1 \\ 1 \\ -2 \end{pmatrix}+k_2\begin{pmatrix} 1 \\ 3 \\ 2 \end{pmatrix}+\begin{pmatrix} 1 \\ 3/2 \\ 1/2 \end{pmatrix}，$$其中 k_1,k_2 为任意实数.

7.【提示】(1) 以 $\boldsymbol{\alpha}_1,\boldsymbol{\alpha}_2,\boldsymbol{\alpha}_3,\boldsymbol{\alpha}_4$ 为列向量的矩阵的秩为 3，故 $\boldsymbol{\alpha}_1,\boldsymbol{\alpha}_2,\boldsymbol{\alpha}_3,\boldsymbol{\alpha}_4$ 线性相关.

(2) 以 $\boldsymbol{\alpha}_1,\boldsymbol{\alpha}_2,\boldsymbol{\alpha}_3,\boldsymbol{\alpha}_4$ 为列向量的矩阵的行列式不等于零，故 $\boldsymbol{\alpha}_1,\boldsymbol{\alpha}_2,\boldsymbol{\alpha}_3,\boldsymbol{\alpha}_4$ 线性无关.

8.【提示】
$$\underset{\boldsymbol{\alpha}_1\quad\ \boldsymbol{\alpha}_2\quad\ \boldsymbol{\alpha}_3\quad\ \boldsymbol{\beta}}{\begin{pmatrix} 1 & 2 & 0 & -1 \\ -1 & 1 & 1 & 0 \\ 0 & 1 & 2 & 3 \\ 3 & -1 & 1 & 6 \end{pmatrix}} \to \underset{\boldsymbol{\alpha}'_1\ \boldsymbol{\alpha}'_2\ \boldsymbol{\alpha}'_3\ \ \boldsymbol{\beta}'}{\begin{pmatrix} 1 & 0 & 0 & 1 \\ 0 & 1 & 0 & -1 \\ 0 & 0 & 1 & 2 \\ 0 & 0 & 0 & 0 \end{pmatrix}},$$

则 $R(\boldsymbol{\alpha}_1,\boldsymbol{\alpha}_2,\boldsymbol{\alpha}_3)=R(\boldsymbol{\alpha}_1,\boldsymbol{\alpha}_2,\boldsymbol{\alpha}_3,\boldsymbol{\beta})$，且 $\boldsymbol{\beta}=\boldsymbol{\alpha}_1-\boldsymbol{\alpha}_2+2\boldsymbol{\alpha}_3$.

(2)【提示】$R(\boldsymbol{\alpha}_1,\boldsymbol{\alpha}_2,\boldsymbol{\alpha}_3)\neq R(\boldsymbol{\alpha}_1,\boldsymbol{\alpha}_2,\boldsymbol{\alpha}_3,\boldsymbol{\beta})$，故 $\boldsymbol{\beta}$ 不能由 $\boldsymbol{\alpha}_1,\boldsymbol{\alpha}_2,\boldsymbol{\alpha}_3$ 线性表示.

9.【提示】由 $(\boldsymbol{AB})^2=\boldsymbol{AB}$ 得 $\boldsymbol{AB}\cdot\boldsymbol{AB}=\boldsymbol{A}\cdot\boldsymbol{BAB}=\boldsymbol{A}\cdot\boldsymbol{B}$，即 $\boldsymbol{A}(\boldsymbol{BAB}-\boldsymbol{B})=\boldsymbol{0}$. 因为 $R(\boldsymbol{A})=n$，$\boldsymbol{A}$ 为 $m\times n$ 矩阵，所以方程组 $\boldsymbol{Ax}=\boldsymbol{0}$ 仅有零解；从而 $\boldsymbol{BAB}-\boldsymbol{B}=\boldsymbol{0}$，即 $\boldsymbol{B}^{\mathrm{T}}((\boldsymbol{BA})^{\mathrm{T}}-\boldsymbol{E})=\boldsymbol{0}$. 而因为 $R(\boldsymbol{B})=n$，$\boldsymbol{B}^{\mathrm{T}}$ 为 $m\times n$ 矩阵，所以方程组 $\boldsymbol{B}^{\mathrm{T}}\boldsymbol{x}=\boldsymbol{0}$ 仅有零解，从而 $(\boldsymbol{BA})^{\mathrm{T}}-\boldsymbol{E}=\boldsymbol{0}$，即 $\boldsymbol{BA}=\boldsymbol{E}$.

10.【提示】(1) 把 $\boldsymbol{A}$ 的任意第 i 行向量加边到矩阵 $\boldsymbol{A}$ 上(放在最上一行)得到矩阵 $\boldsymbol{B}$，则 $\boldsymbol{B}$ 有两个行向量相同，所以 $|\boldsymbol{B}|=0$. 另一方面，按 $\boldsymbol{B}$ 的第一行应用行列式展开定理展开，得

$$|\boldsymbol{B}|=(-1)^{1+1}a_{i1}|\boldsymbol{A}_1|+(-1)^{1+2}a_{i2}|\boldsymbol{A}_2|+\cdots+(-1)^{1+n}a_{in}|\boldsymbol{A}_n|=0.$$

即 $a_{i1}|\boldsymbol{A}_1|+a_{i2}(-|\boldsymbol{A}_2|)+\cdots+a_{in}[(-1)^{n-1}|\boldsymbol{A}_n|]=0$，此式对于 $i=1,2,\cdots,n-1$ 均能成立，故 $\boldsymbol{c}=(|\boldsymbol{A}_1|,-|\boldsymbol{A}_2|,\cdots,(-1)^{n-1}|\boldsymbol{A}_n|)^{\mathrm{T}}$ 是 $\boldsymbol{Ax}=\boldsymbol{0}$ 的一个解.

(2) 当 $R(\boldsymbol{A})=n-1$ 时，$\boldsymbol{A}$ 至少有一个 $n-1$ 阶子式 $|\boldsymbol{A}_k|\neq 0$，这时 $\boldsymbol{c}\neq 0$，于是基础解系只能有一个解向量，故非零解 $\boldsymbol{c}$ 即为基础解系. 因此 $\boldsymbol{Ax}=\boldsymbol{0}$ 的任一解均可由它表出，即是 $\boldsymbol{c}$ 的倍向量，故 $\boldsymbol{Ax}=\boldsymbol{0}$ 的所有解向量均为 $\boldsymbol{c}$ 的倍向量.

【自测题】

一、1. $-\frac{5}{13}$；　2. 任意实数；　3. 2；　4. $\leqslant$；　5. 5；　6. $\frac{1}{3}(1,1,1)^{\mathrm{T}}+k(1,0,0)^{\mathrm{T}}$；　7. 1；　8. $\boldsymbol{\alpha}_1,\boldsymbol{\alpha}_2$；　9. 无关；　10. $(a_{11},a_{12},a_{13},a_{14})^{\mathrm{T}}$，$(a_{21},a_{22},a_{23},a_{24})^{\mathrm{T}}$.

二、1. B；　2. C；　3. B；　4. A；　5. A.

三、1. $\boldsymbol{\beta}=(0,1,2,-2)$.

2. $\boldsymbol{\alpha}_1,\boldsymbol{\alpha}_2,\boldsymbol{\alpha}_4$ 为列向量组的一个最大无关组，且 $\begin{cases}\boldsymbol{\alpha}_3=-\boldsymbol{\alpha}_1-\boldsymbol{\alpha}_2\\ \boldsymbol{\alpha}_5=4\boldsymbol{\alpha}_1+3\boldsymbol{\alpha}_2-3\boldsymbol{\alpha}_4.\end{cases}$

3. 证明略.

4. (1) 证明略；

(2) 由基 $\boldsymbol{\beta}_1,\boldsymbol{\beta}_2,\boldsymbol{\beta}_3$ 到基 $\boldsymbol{\alpha}_1,\boldsymbol{\alpha}_2,\boldsymbol{\alpha}_3$ 的过渡矩阵为 $\boldsymbol{C}=\begin{pmatrix}-7&-4&9\\6&3&-7\\3&2&-4\end{pmatrix}$；

(3) $\boldsymbol{\alpha}$ 在基 $\boldsymbol{\beta}_1,\boldsymbol{\beta}_2,\boldsymbol{\beta}_3$ 下的坐标为 $(1,0,-1)$.

5.【提示】$\boldsymbol{B}$ 的列向量为齐次线性方程组 $\boldsymbol{AX}=\boldsymbol{0}$ 的解向量.

6. 当 $\lambda\neq 0$ 且 $\lambda\neq\pm 1$ 时，有唯一解；当 $\lambda=0$ 或 $\lambda=1$ 时，无解；当 $\lambda=-1$ 时，有无穷多解，通解为 $\boldsymbol{x}=(1,-1,0)^{\mathrm{T}}+k(-3,-3,5)^{\mathrm{T}}$，$k$ 为任意常数.

第 5 章

相似矩阵及二次型

5.1 教学要求

【基本要求】

了解内积的概念，会用施密特(Schmidt)方法将线性无关的向量组标准正交化. 了解标准正交基、正交矩阵的概念及它们的性质. 理解矩阵的特征值与特征向量的概念，会求矩阵的特征值与特征向量. 了解相似矩阵的概念和性质，了解矩阵对角化的充要条件和对角化的方法，会求实对称矩阵的相似对角形矩阵. 掌握二次型及其矩阵表示，了解二次型的秩的概念. 了解合同变换和合同矩阵的概念. 了解实二次型的标准形及其求法，了解惯性定理(对定理的证明不作要求)和实二次型的规范形. 了解正定二次型、正定矩阵的概念及它们的判别法.

【教学重点】

矩阵的特征值与特征向量，矩阵可对角化的判定，二次型的标准形，二次型为正定的充分必要条件.

【教学难点】

施密特正交化方法，相似矩阵及可对角化的判定.

5.2 知识要点

【知识要点】

1. 向量的内积

设有 n 维向量 $\boldsymbol{x}=\begin{pmatrix}x_1\\x_2\\\vdots\\x_n\end{pmatrix}$，$\boldsymbol{y}=\begin{pmatrix}y_1\\y_2\\\vdots\\y_n\end{pmatrix}$，令 $[\boldsymbol{x},\boldsymbol{y}]=x_1y_1+x_2y_2+\cdots+x_ny_n$，$[\boldsymbol{x},\boldsymbol{y}]$ 称为向

量 $\boldsymbol{x}$ 与 $\boldsymbol{y}$ 的内积.

2. 向量的长度

令 $\|\boldsymbol{x}\| = \sqrt{[\boldsymbol{x},\boldsymbol{x}]} = \sqrt{x_1^2 + x_2^2 + \cdots + x_n^2}$，$\|\boldsymbol{x}\|$ 称为 n 维向量 $\boldsymbol{x}$ 的长度(或范数). 当 $\|\boldsymbol{x}\| = 1$ 时,称 $\boldsymbol{x}$ 为单位向量.

3. 标准正交化

(1) 设 n 维向量 $\boldsymbol{e}_1,\boldsymbol{e}_2,\cdots,\boldsymbol{e}_r$ 是向量空间 $\mathbf{V}(\mathbf{V} \subseteq \mathbf{R}^n)$ 的一个基,如果 $\boldsymbol{e}_1,\boldsymbol{e}_2,\cdots,\boldsymbol{e}_r$ 两两正交,且都是单位向量,则称 $\boldsymbol{e}_1,\boldsymbol{e}_2,\cdots,\boldsymbol{e}_r$ 是 $\mathbf{V}$ 的一个标准正交基.

(2) 设 $\boldsymbol{\alpha}_1,\boldsymbol{\alpha}_2,\cdots,\boldsymbol{\alpha}_r$ 是向量空间 $\mathbf{V}$ 的一个基,要求 $\mathbf{V}$ 的一个标准正交基,就是要找一组两两正交的单位向量 $\boldsymbol{e}_1,\boldsymbol{e}_2,\cdots,\boldsymbol{e}_r$，使 $\boldsymbol{e}_1,\boldsymbol{e}_2,\cdots,\boldsymbol{e}_r$ 与 $\boldsymbol{\alpha}_1,\boldsymbol{\alpha}_2,\cdots,\boldsymbol{\alpha}_r$ 等价. 这样一个问题,称为把基 $\boldsymbol{\alpha}_1,\boldsymbol{\alpha}_2,\cdots,\boldsymbol{\alpha}_r$ 标准正交化.

4. 施密特(Schmidt)正交化过程

设向量组 $\boldsymbol{\alpha}_1,\boldsymbol{\alpha}_2,\cdots,\boldsymbol{\alpha}_r$ 线性无关,令

$\boldsymbol{b}_1 = \boldsymbol{\alpha}_1$；

$$\boldsymbol{b}_2 = \boldsymbol{\alpha}_2 - \frac{[\boldsymbol{b}_1,\boldsymbol{\alpha}_2]}{[\boldsymbol{b}_1,\boldsymbol{b}_1]}\boldsymbol{b}_1;$$

……

$$\boldsymbol{b}_r = \boldsymbol{\alpha}_r - \frac{[\boldsymbol{b}_1,\boldsymbol{\alpha}_r]}{[\boldsymbol{b}_1,\boldsymbol{b}_1]}\boldsymbol{b}_1 - \frac{[\boldsymbol{b}_2,\boldsymbol{\alpha}_r]}{[\boldsymbol{b}_2,\boldsymbol{b}_2]}\boldsymbol{b}_2 - \cdots - \frac{[\boldsymbol{b}_{r-1},\boldsymbol{\alpha}_r]}{[\boldsymbol{b}_{r-1},\boldsymbol{b}_{r-1}]}\boldsymbol{b}_{r-1}.$$

容易验证 $\boldsymbol{b}_1,\boldsymbol{b}_2,\cdots,\boldsymbol{b}_r$ 两两正交,且 $\boldsymbol{b}_1,\boldsymbol{b}_2,\cdots,\boldsymbol{b}_r$ 与 $\boldsymbol{\alpha}_1,\boldsymbol{\alpha}_2,\cdots,\boldsymbol{\alpha}_r$ 等价. 再把它们单位化,即取 $\boldsymbol{e}_1 = \dfrac{1}{\|\boldsymbol{b}_1\|}\boldsymbol{b}_1,\boldsymbol{e}_2 = \dfrac{1}{\|\boldsymbol{b}_2\|}\boldsymbol{b}_2,\cdots,\boldsymbol{e}_r = \dfrac{1}{\|\boldsymbol{b}_r\|}\boldsymbol{b}_r$,就是 $\mathbf{V}$ 的一个标准正交基,上述从线性无关向量组 $\boldsymbol{\alpha}_1,\boldsymbol{\alpha}_2,\cdots,\boldsymbol{\alpha}_r$ 导出正交向量组 $\boldsymbol{b}_1,\boldsymbol{b}_2,\cdots,\boldsymbol{b}_r$ 的过程称为施密特(Schmidt)正交化过程.

5. 特征方程

$\boldsymbol{A}\boldsymbol{x} = \lambda\boldsymbol{x}$ 可以写成 $(\boldsymbol{A}-\lambda\boldsymbol{E})\boldsymbol{x} = \boldsymbol{0}$，这是 n 个未知数 n 个方程的齐次线性方程组,它有非零解的充分必要条件是系数行列式 $|\boldsymbol{A}-\lambda\boldsymbol{E}| = 0$，即

$$\begin{vmatrix} a_{11}-\lambda & a_{12} & \cdots & a_{1n} \\ a_{21} & a_{22}-\lambda & \cdots & a_{2n} \\ \vdots & \vdots & & \vdots \\ a_{n1} & a_{n2} & \cdots & a_{nn}-\lambda \end{vmatrix} = 0.$$

上式是以 λ 为未知数的一元 n 次方程,称为矩阵 $\boldsymbol{A}$ 的特征方程,其左端 $|\boldsymbol{A}-\lambda\boldsymbol{E}|$ 是 λ 的 n 次多项式,记作 $f(\lambda)$，称为矩阵 $\boldsymbol{A}$ 的特征多项式.

6. 特征值与特征向量的求解

求矩阵 $\boldsymbol{A}$ 的特征值 λ 及其对应的特征向量的步骤如下：

(1) 计算 $|\boldsymbol{A}-\lambda\boldsymbol{E}|$；

(2) 求 $|\boldsymbol{A}-\lambda\boldsymbol{E}| = 0$ 的所有根 $\lambda_1,\lambda_2,\cdots,\lambda_n$，亦即 $\boldsymbol{A}$ 的全部特征值;

(3) 对每一个特征值 λ_i，解齐次线性方程组 $(\boldsymbol{A}-\lambda_i\boldsymbol{E})\boldsymbol{x} = \boldsymbol{0}$,求出基础解系 $\boldsymbol{p}_1,\boldsymbol{p}_2,\cdots,\boldsymbol{p}_{n-r}$，则 $\boldsymbol{A}$ 对应于特征值 λ_i 的所有特征向量为 $k_1\boldsymbol{p}_1 + k_2\boldsymbol{p}_2 + \cdots + k_{n-r}\boldsymbol{p}_{n-r}$，

其中 $r = R(\boldsymbol{A}-\lambda_i\boldsymbol{E}),k_i(i = 1,2,\cdots,n-r)$ 不全为零.

7. 特征值与特征向量的性质

(1) 设 $\boldsymbol{A}=(a_{ij})_{n\times n}$ 的全部特征值为 $\lambda_1,\lambda_2,\cdots,\lambda_n$($k$ 重特征值算作 k 个特征值),$\boldsymbol{A}$ 的全体特征值的和称为 $\boldsymbol{A}$ 的迹,记为 $\operatorname{tr}(\boldsymbol{A})$,则 $\operatorname{tr}(\boldsymbol{A})=\lambda_1+\lambda_2+\cdots+\lambda_n=a_{11}+a_{22}+\cdots+a_{nn}$,且 $\lambda_1\lambda_2\cdots\lambda_n=|\boldsymbol{A}|$.

(2) 对应于互不相同的特征值 $\lambda_1,\lambda_2,\cdots,\lambda_m$ 的特征向量 $\boldsymbol{p}_1,\boldsymbol{p}_2,\cdots,\boldsymbol{p}_m$ 必线性无关.

(3) 若 λ 是 $\boldsymbol{A}$ 的特征值,则 $f(\boldsymbol{A})=\sum_{i=0}^{m}a_i\boldsymbol{A}^i$ 的特征值为 $f(\lambda)=\sum_{i=0}^{m}a_i\lambda^i$.

(4) $\boldsymbol{A}$ 与 $\boldsymbol{A}^{\mathrm{T}}$ 有相同的特征值.

(5) 若 λ 是 $\boldsymbol{A}$ 的特征值,则 $\boldsymbol{A}^{-1}$ 的特征值为 $\frac{1}{\lambda}(\lambda\neq 0)$.

(6) 若 λ 是 $\boldsymbol{A}$ 的特征值,则 $\boldsymbol{A}^*$ 的特征值为 $\frac{|\boldsymbol{A}|}{\lambda}$.

(7) 若 $\boldsymbol{p}$ 是 $\boldsymbol{A}$ 对应于特征值 λ 的特征向量,则 $\boldsymbol{p}$ 一定是非零向量,且对任意非零常数 k,$k\boldsymbol{p}$ 也是 $\boldsymbol{A}$ 对应于特征值 λ 的特征向量.

(8) 若 $\boldsymbol{p}_1,\boldsymbol{p}_2,\cdots,\boldsymbol{p}_m$ 都是 $\boldsymbol{A}$ 对应于同一特征值 λ 的特征向量,且 $k_1\boldsymbol{p}_1+k_2\boldsymbol{p}_2+\cdots+k_m\boldsymbol{p}_m\neq\boldsymbol{0}$,则 $k_1\boldsymbol{p}_1+k_2\boldsymbol{p}_2+\cdots+k_m\boldsymbol{p}_m$ 也是 $\boldsymbol{A}$ 的对应于特征值 λ 的特征向量.

(9) 若 λ 为 $\boldsymbol{A}$ 的 k 重特征值,则矩阵 $\boldsymbol{A}$ 对应于特征值 λ 的线性无关的特征向量最多有 k 个.

8. 相似矩阵及其性质

(1) 设 $\boldsymbol{A},\boldsymbol{B}$ 都是 n 阶矩阵,若有可逆矩阵 $\boldsymbol{P}$,使 $\boldsymbol{P}^{-1}\boldsymbol{A}\boldsymbol{P}=\boldsymbol{B}$,则称 $\boldsymbol{B}$ 是 $\boldsymbol{A}$ 的相似矩阵,或称矩阵 $\boldsymbol{A}$ 与 $\boldsymbol{B}$ 相似,记为 $\boldsymbol{A}\sim\boldsymbol{B}$.

(2) 若 $\boldsymbol{A}\sim\boldsymbol{B}$,则 $\boldsymbol{A}^{\mathrm{T}}\sim\boldsymbol{B}^{\mathrm{T}}$,$\boldsymbol{A}^{-1}\sim\boldsymbol{B}^{-1}$ 若 $\boldsymbol{A}$ 可逆,$\boldsymbol{A}^k\sim\boldsymbol{B}^k$,$|\boldsymbol{A}|=|\boldsymbol{B}|$.

(3) 若 $\boldsymbol{A}\sim\boldsymbol{B}$,则 $|\boldsymbol{A}-\lambda\boldsymbol{E}|=|\boldsymbol{B}-\lambda\boldsymbol{E}|$,即 $\boldsymbol{A}$ 与 $\boldsymbol{B}$ 有相同的特征多项式,从而 $\boldsymbol{A}$ 与 $\boldsymbol{B}$ 的特征值相同.

(4) 若 $\boldsymbol{A}\sim\boldsymbol{B}$,则 $f(\boldsymbol{A})\sim f(\boldsymbol{B})$,且 $R(\boldsymbol{A})=R(\boldsymbol{B})$.

(5) 若 $\lambda_1,\lambda_2,\cdots,\lambda_n$ 是 $\boldsymbol{A}$ 的 n 个特征值,则 $\boldsymbol{A}\sim\begin{pmatrix}\lambda_1 & & & \\ & \lambda_2 & & \\ & & \ddots & \\ & & & \lambda_n\end{pmatrix}$.

(6) 若 $\boldsymbol{A}\sim\boldsymbol{B}$,则 $\operatorname{tr}(\boldsymbol{A})=\operatorname{tr}(\boldsymbol{B})$.

9. 相似对角化

(1) 对 n 阶矩阵 $\boldsymbol{A}$,寻求相似变换矩阵 $\boldsymbol{P}$,使 $\boldsymbol{P}^{-1}\boldsymbol{A}\boldsymbol{P}=\boldsymbol{\Lambda}$ 为对角矩阵,这就称为把矩阵 $\boldsymbol{A}$ 对角化.

(2) n 阶矩阵 $\boldsymbol{A}$ 与对角矩阵相似(即 $\boldsymbol{A}$ 能对角化)的充分必要条件是 $\boldsymbol{A}$ 有 n 个线性无关的特征向量.

(3) 如果 n 阶矩阵 $\boldsymbol{A}$ 的 n 个特征值互不相等,则 $\boldsymbol{A}$ 与对角矩阵相似.

10. 矩阵对角化的步骤

(1) 解特征方程 $|\boldsymbol{A}-\lambda\boldsymbol{E}|=0$,并求出所有特征值.

(2) 对于不同的特征值 λ_i,解线性方程组 $(\boldsymbol{A}-\lambda_i\boldsymbol{E})\boldsymbol{x}=\boldsymbol{0}$,并求出所有的基础解系. 如果

每一个 λ_i 的重数等于其对应基础解系中向量的个数，则 $\boldsymbol{A}$ 可对角化；否则 $\boldsymbol{A}$ 不可对角化.

（3）若 $\boldsymbol{A}$ 可对角化，设所有特征向量为 $\boldsymbol{p}_1,\boldsymbol{p}_2,\cdots,\boldsymbol{p}_n$，则所求的相似变换矩阵 $\boldsymbol{P}=(\boldsymbol{p}_1,\boldsymbol{p}_2,\cdots,\boldsymbol{p}_n)$，并且有 $\boldsymbol{P}^{-1}\boldsymbol{A}\boldsymbol{P}=\boldsymbol{\Lambda}$，其中 $\boldsymbol{\Lambda}=\begin{pmatrix}\lambda_1 & & & \\ & \lambda_2 & & \\ & & \ddots & \\ & & & \lambda_n\end{pmatrix}$.

注意： $\boldsymbol{\Lambda}$ 的对角元为全部的特征值，其排列次序与 $\boldsymbol{P}$ 中列向量的排列次序相对应.

11. 实对称矩阵特征值的性质

（1）实对称矩阵的特征值为实数.

（2）实对称矩阵对应于不同特征值的特征向量正交.

（3）n 阶实对称矩阵 $\boldsymbol{A}$ 必有 n 个线性无关的特征向量.

（4）设 $\boldsymbol{A}$ 为 n 阶对称矩阵，则必有正交矩阵 $\boldsymbol{P}$，使 $\boldsymbol{P}^{-1}\boldsymbol{A}\boldsymbol{P}=\boldsymbol{P}^{\mathrm{T}}\boldsymbol{A}\boldsymbol{P}=\boldsymbol{\Lambda}$，其中 $\boldsymbol{\Lambda}$ 是以 $\boldsymbol{A}$ 的 n 个特征值为对角元的对角矩阵.

（5）设 λ 是 n 阶实对称矩阵 $\boldsymbol{A}$ 的 k 重特征值，则矩阵 $\boldsymbol{A}-\lambda\boldsymbol{E}$ 的秩 $R(\boldsymbol{A}-\lambda\boldsymbol{E})=n-k$，从而对应特征值 λ 恰有 k 个线性无关的特征向量.

12. 实对称矩阵 A 的对角化

由实对称矩阵 $\boldsymbol{A}$，求正交矩阵 $\boldsymbol{P}$，使 $\boldsymbol{P}^{-1}\boldsymbol{A}\boldsymbol{P}=\boldsymbol{\Lambda}$ 为对角阵，步骤如下：

（1）求出 $\boldsymbol{A}$ 的全部互不相等的特征值 $\lambda_1,\lambda_2,\cdots,\lambda_s$，它们的重数依次为 $k_1,k_2,\cdots,k_s(k_1+k_2+\cdots+k_s=n)$.

（2）对每个 k_i 重特征值 λ_i，求方程 $(\boldsymbol{A}-\lambda_i\boldsymbol{E})\boldsymbol{x}=\boldsymbol{0}$ 的基础解系，得 k_i 个线性无关的特征向量. 再把它们正交化、单位化，得 k_i 个两两正交的单位特征向量. 因 $k_1+k_2+\cdots+k_s=n$，故总共可得 n 个两两正交的单位特征向量.

（3）把这 n 个两两正交的单位特征向量构成正交矩阵 $\boldsymbol{P}$，便有

$$\boldsymbol{P}^{-1}\boldsymbol{A}\boldsymbol{P}=\boldsymbol{P}^{\mathrm{T}}\boldsymbol{A}\boldsymbol{P}=\boldsymbol{\Lambda}.$$

注意： $\boldsymbol{\Lambda}$ 中对角元的排列次序应与 $\boldsymbol{P}$ 中列向量的排列次序相对应.

13. 实二次型及其矩阵表示形式

（1）含有 n 个变量 $x_1,x_2,\cdots,x_n$ 的二次齐次函数 $f(x_1,x_2,\cdots,x_n)=a_{11}x_1^2+a_{22}x_2^2+\cdots+a_{nn}x_n^2+2a_{12}x_1x_2+2a_{13}x_1x_3+\cdots+2a_{n-1,n}x_{n-1}x_n$，称为二次型. 若 a_{ij} 为实数，则称二次型 $f(x_1,x_2,\cdots,x_n)$ 为实二次型.

（2）利用矩阵，实二次型 $f(x_1,x_2,\cdots,x_n)$ 可表示为

$$f(x_1,x_2,\cdots,x_n)=(x_1,x_2,\cdots,x_n)\begin{pmatrix}a_{11} & a_{12} & \cdots & a_{1n}\\ a_{21} & a_{22} & \cdots & a_{2n}\\ \cdots & \cdots & \cdots & \cdots\\ a_{n1} & a_{n2} & \cdots & a_{nn}\end{pmatrix}\begin{pmatrix}x_1\\ x_2\\ \vdots\\ x_n\end{pmatrix}.$$

记 $\boldsymbol{A}=\begin{pmatrix}a_{11} & a_{12} & \cdots & a_{1n}\\ a_{21} & a_{22} & \cdots & a_{2n}\\ \cdots & \cdots & & \cdots\\ a_{n1} & a_{n2} & \cdots & a_{nn}\end{pmatrix}$，$\boldsymbol{x}=\begin{pmatrix}x_1\\ x_2\\ \vdots\\ x_n\end{pmatrix}$，则二次型可用矩阵记作 $f=\boldsymbol{x}^{\mathrm{T}}\boldsymbol{A}\boldsymbol{x}$，其中 $\boldsymbol{A}$ 为对

称矩阵,这样二次型与对称矩阵之间存在着一一对应的关系,因此称对称矩阵 **A** 为二次型 f 的矩阵,也把 f 叫作对称矩阵 **A** 的二次型.对称矩阵 **A** 的秩就叫作二次型 f 的秩.

14. 二次型的标准形和规范形

(1) 对于二次型 $f(x_1,x_2,\cdots,x_n)$,若存在可逆的线性变换

$$\begin{cases} x_1 = c_{11}y_1 + c_{12}y_2 + \cdots + c_{1n}y_n, \\ x_2 = c_{21}y_1 + c_{22}y_2 + \cdots + c_{2n}y_n, \\ \cdots\cdots\cdots\cdots\cdots\cdots\cdots\cdots\cdots \\ x_n = c_{n1}y_1 + c_{n2}y_2 + \cdots + c_{nn}y_n, \end{cases} \quad (*)$$

使二次型只含平方项,即将(*)代入 $f(x_1,x_2,\cdots,x_n)$,能使 $f = k_1y_1^2 + k_2y_2^2 + \cdots + k_ny_n^2$. 这种只含平方项的二次型,称为二次型的标准形.

(2) 如果标准形的系数 $k_1,k_2,\cdots,k_n$ 只在 $1,-1,0$ 三个数中取值,也就是用(*)代入 $f(x_1,x_2,\cdots,x_n)$,能使 $f = y_1^2 + \cdots + y_p^2 - y_{p+1}^2 - \cdots - y_r^2$,则称为二次型的规范形,$p$ 称为二次型的正惯性指数 .

15. 正交变换法化二次型为标准形

正交变换法即是求正交矩阵法,步骤如下:

(1) 求二次型对称矩阵 **A** 的特征值及其 n 个线性无关的特征向量 $\boldsymbol{\xi}_1,\boldsymbol{\xi}_2,\cdots,\boldsymbol{\xi}_n$;

(2) 将 $\boldsymbol{\xi}_1,\boldsymbol{\xi}_2,\cdots,\boldsymbol{\xi}_n$ 正交化为 $\boldsymbol{\beta}_1,\boldsymbol{\beta}_2,\cdots,\boldsymbol{\beta}_n$;

(3) 把 $\boldsymbol{\beta}_i$ 单位化,得 $\boldsymbol{p}_i = \dfrac{\boldsymbol{\beta}_i}{\|\boldsymbol{\beta}_i\|}(i = 1,2,\cdots,n)$;

(4) 令 $\boldsymbol{P} = (\boldsymbol{p}_1,\boldsymbol{p}_2,\cdots,\boldsymbol{p}_n)$ 为正交变换矩阵,作正交变换 $\boldsymbol{x} = \boldsymbol{P}\boldsymbol{y}$,将其代入原二次型得 $f(\boldsymbol{P}\boldsymbol{y})$ 即为标准形.

16. 配方法化二次型为标准形

(1) 若二次型中含有 x_i 的平方项,则先把这些 x_i 放在一块,配成平方项,然后再对剩下的变量依次进行,直到都配成平方项即可.

(2) 若二次型中不含平方项,则做可逆变换:

$$\begin{cases} x_i = y_i + y_j \\ x_j = y_i - y_j,(k \neq i,j). \\ x_k = y_k \end{cases}$$

代换后二次型中出现平方项,再按(1) 进行配方.

17. 二次型的正定性

(1) 设二次型 $f(\boldsymbol{x}) = \boldsymbol{x}^{\mathrm{T}}\boldsymbol{A}\boldsymbol{x}$,如果对任何 $\boldsymbol{x} \neq \boldsymbol{0}$,都有 $f(\boldsymbol{x}) > 0$(显然 $f(\boldsymbol{0}) = 0$),则称 f 为正定二次型,并称对称矩阵 **A** 是正定的;如果对任何 $\boldsymbol{x} \neq \boldsymbol{0}$,都有 $f(\boldsymbol{x}) < 0$,则称 f 为负定二次型,并称对称矩阵 **A** 是负定的.

(2) n 元二次型 $f(\boldsymbol{x}) = \boldsymbol{x}^{\mathrm{T}}\boldsymbol{A}\boldsymbol{x}$ 为正定的充分必要条件是它的标准形的 n 个系数全为正,即它的正惯性指数 p 等于 n.

18. 对称矩阵 A 正定性的判定

设 **A** 为 n 阶实对称矩阵,则下列命题等价:

(1) **A** 是正定矩阵;

(2) **A** 的正惯性指数 $p = n$;

(3) $\boldsymbol{A}$ 的特征值全为正；

(4) $\boldsymbol{A}$ 的顺序主子式全为正；

(5) $\boldsymbol{A}$ 的所有主子式全为正；

(6) 存在可逆矩阵 $\boldsymbol{P}$，使 $\boldsymbol{A}=\boldsymbol{P}^{\mathrm{T}}\boldsymbol{P}$，即 $\boldsymbol{A}$ 合同于单位矩阵 $\boldsymbol{E}$.

【串讲小结】

本章首先介绍了向量的性质，如何利用行列式求特征值及用方程组的解求特征向量；然后介绍了相似矩阵的概念，并用特征向量的方法把对称矩阵对角化；接着介绍了二次型及其标准形，利用配方法和正交变换法化二次型为标准形；最后介绍了如何判断二次型为正定二次型.

特征值和特征向量是表征矩阵特征的一个重要方面，它的计算及其性质是很重要的，为矩阵的对角化打下了坚实的基础.

相似矩阵具有许多共同的性质，在与 n 阶矩阵 $\boldsymbol{A}$ 相似的一类矩阵中，找到一个最简单的矩阵——对角矩阵 $\boldsymbol{\Lambda}$，得出 n 阶方阵 $\boldsymbol{A}$ 若有 n 个线性无关的特征向量，则 $\boldsymbol{A}$ 与对角阵 $\boldsymbol{\Lambda}$ 相似，即矩阵 $\boldsymbol{A}$ 可对角化. 实对称矩阵 $\boldsymbol{A}$ 必可对角化，不仅存在可逆矩阵 $\boldsymbol{C}$，使 $\boldsymbol{C}^{-1}\boldsymbol{AC}=\boldsymbol{\Lambda}$ 为对角阵；而且存在正交矩阵 $\boldsymbol{P}$，使 $\boldsymbol{P}^{-1}\boldsymbol{AP}=\boldsymbol{P}^{\mathrm{T}}\boldsymbol{AP}=\boldsymbol{\Lambda}$ 为对角阵. 实对称矩阵的正交对角化是实二次型标准化的基础.

对二次型 $f=\boldsymbol{x}^{\mathrm{T}}\boldsymbol{Ax}$ 进行可逆线性变换 $\boldsymbol{x}=\boldsymbol{Cy}$，使 $f=\boldsymbol{x}^{\mathrm{T}}\boldsymbol{Ax}=\boldsymbol{y}^{\mathrm{T}}(\boldsymbol{C}^{\mathrm{T}}\boldsymbol{AC})\boldsymbol{y}$ 为标准形，此时二次型所对应的矩阵 $\boldsymbol{C}^{\mathrm{T}}\boldsymbol{AC}$ 为对角阵. 求可逆线性变换的方法主要有正交变换法和配方法，正交变换法化二次型为标准形是正交变换、正交矩阵和实对称矩阵正交对角化的直接应用.

有一类二次型 $f=\boldsymbol{x}^{\mathrm{T}}\boldsymbol{Ax}$，对任何 $\boldsymbol{x}\neq\boldsymbol{0}$，均有 $f>0$，则称 f 为正定二次型，其对应的矩阵为正定矩阵，正定二次型与正定矩阵是一一对应的.

5.3　答疑解惑

1. 矩阵的特征值是否都为实数？

答：不是，只有实对称矩阵的特征值一定为实数，对一般的方阵，其特征值可能为复数.

2. 方阵的特征值可否为零？特征向量可否为零向量？

答：方阵的特征值可以为 0，但特征向量不可以为零向量.

3. n 阶实对称矩阵的特征值有多少个？对应于每一个特征值的特征向量有多少个？线性无关的特征向量有多少个？

答：n 阶实对称矩阵的特征值有 n 个(包含重数)，但对应于每一个特征值的特征向量有无穷多个，线性无关的特征向量有 n 个.

4. 相似矩阵定义中的可逆矩阵 P 是唯一的吗？

答：不是唯一的，如 $A=\begin{pmatrix}1&0\\0&2\end{pmatrix}$，$B=\begin{pmatrix}2&0\\0&1\end{pmatrix}$，$P_1=\begin{pmatrix}0&1\\1&0\end{pmatrix}$，$B=P_1^{-1}AP_1$；$P_2=\begin{pmatrix}0&-1\\-1&0\end{pmatrix}$，$B=P_2^{-1}AP_2$.

5. 实方阵 $\boldsymbol{A}_{n\times n}$ 对角化的条件是什么?

答:若 $\boldsymbol{A}_{n\times n}$ 有 n 个线性无关的特征向量,则 $\boldsymbol{A}_{n\times n}$ 可以对角化,即 $\boldsymbol{A}_{n\times n}$ 与对角矩阵 $\boldsymbol{\Lambda}=\begin{pmatrix}\lambda_1 & & \\ & \ddots & \\ & & \lambda_n\end{pmatrix}$ 相似,否则不能对角化;如问题3所述,n 阶实对称矩阵有 n 个线性无关的特征向量,所以实对称矩阵一定可以对角化.

6. 若实方阵 $\boldsymbol{A}_{n\times n}$ 有 n 个特征值(包含重数),则 $\boldsymbol{A}_{n\times n}$ 是否可以对角化?

答:$\boldsymbol{A}_{n\times n}$ 不一定可以对角化.若 $\boldsymbol{A}_{n\times n}$ 有 n 个不同的特征值,则有 n 个线性无关的特征向量,则一定可以对角化.若 $\boldsymbol{A}_{n\times n}$ 有重特征值,此时 $\boldsymbol{A}_{n\times n}$ 能否对角化,取决于属于 $\boldsymbol{A}_{n\times n}$ 的每个重特征值的线性无关的特征向量个数是否等于该特征值的重数.若等于,则 $\boldsymbol{A}_{n\times n}$ 有 n 个线性无关的特征向量,因而可以对角化;若不等于,则不能对角化.

7. 矩阵的相似与合同有怎样的联系和区别?

答:如果矩阵 $\boldsymbol{A}$ 与 $\boldsymbol{B}$ 相似,则存在可逆矩阵 $\boldsymbol{P}$,使得 $\boldsymbol{P}^{-1}\boldsymbol{A}\boldsymbol{P}=\boldsymbol{B}$;如果矩阵 $\boldsymbol{A}$ 与 $\boldsymbol{B}$ 合同,则存在可逆矩阵 $\boldsymbol{P}$,使得 $\boldsymbol{P}^{\mathrm{T}}\boldsymbol{A}\boldsymbol{P}=\boldsymbol{B}$.所以当 $\boldsymbol{P}^{\mathrm{T}}=\boldsymbol{P}^{-1}$,即 $\boldsymbol{P}$ 为正交矩阵时,$\boldsymbol{A}$ 与 $\boldsymbol{B}$ 既是相似的也是合同的.

8. 二次型 $f=\boldsymbol{x}^{\mathrm{T}}\boldsymbol{A}\boldsymbol{x}$ 通过可逆线性变换 $\boldsymbol{x}=\boldsymbol{P}\boldsymbol{y}$ 化成标准形

$$f=\lambda_1 y_1^2+\lambda_2 y_2^2+\cdots+\lambda_n y_n^2,$$

则 $\lambda_1,\lambda_2,\cdots,\lambda_n$ 必为 $\boldsymbol{A}$ 的特征值,对吗?

答:由二次型的规范形知,此论断是错误的.只有当二次型通过正交变换化成标准形时,标准形中的系数才是二次型的矩阵的特征值.

9. 一个二次型化为标准形,其标准形是否唯一?

答:化二次型为标准形的过程,实际上是对二次型的实对称矩阵 $\boldsymbol{A}$ 寻找一个可逆矩阵 $\boldsymbol{C}$,使 $\boldsymbol{C}^{\mathrm{T}}\boldsymbol{A}\boldsymbol{C}=\boldsymbol{\Lambda}$.即使 $\boldsymbol{A}$ 与对角矩阵合同,因为所用的可逆矩阵不同,因而选择的可逆线性变换不同,标准形的形式不同,即不唯一.

10. 怎样判断一个 n 元二次型为正定二次型?

答:主要有以下几种方法:第一种定义法;第二种用配方法化为标准形,若正惯性指数 $p=n$,则二次型为正定二次型;第三种若二次型所对应的对称矩阵为正定矩阵,则二次型即为正定二次型,对应的方法有很多种,如顺序主子式法(又称行列式法)$\Delta_i>0(i=1,2,\cdots,n)$.

5.4 范例解析

例1 利用施密特正交化方法,由向量组 $\boldsymbol{\alpha}_1=\begin{pmatrix}1\\0\\-1\\1\end{pmatrix},\boldsymbol{\alpha}_2=\begin{pmatrix}1\\-1\\0\\1\end{pmatrix},\boldsymbol{\alpha}_3=\begin{pmatrix}-1\\1\\1\\0\end{pmatrix}$,构造出一组标准正交基.

解析:直接按照知识要点4的讲解将线性无关向量组正交化,然后单位化即得.

首先把 $\boldsymbol{\alpha}_1,\boldsymbol{\alpha}_2,\boldsymbol{\alpha}_3$ 正交化:

$$b_1 = \alpha_1 = \begin{pmatrix} 1 \\ 0 \\ -1 \\ 1 \end{pmatrix},$$

$$b_2 = \alpha_2 - \frac{[b_1, \alpha_2]}{[b_1, b_1]} b_1 = \frac{1}{3}\begin{pmatrix} 1 \\ -3 \\ 2 \\ 1 \end{pmatrix},$$

$$b_3 = \alpha_3 - \frac{[b_1, \alpha_3]}{[b_1, b_1]} b_1 - \frac{[b_2, \alpha_3]}{[b_2, b_2]} b_2 = \frac{1}{5}\begin{pmatrix} -1 \\ 3 \\ 3 \\ 4 \end{pmatrix};$$

再把 b_1, b_2, b_3 单位化，得

$$e_1 = \frac{b_1}{\| b_1 \|} = \frac{1}{\sqrt{3}}\begin{pmatrix} 1 \\ 0 \\ -1 \\ 1 \end{pmatrix}, e_2 = \frac{b_2}{\| b_2 \|} = \frac{1}{\sqrt{15}}\begin{pmatrix} 1 \\ -3 \\ 2 \\ 1 \end{pmatrix}, e_3 = \frac{b_3}{\| b_3 \|} = \frac{1}{\sqrt{35}}\begin{pmatrix} -1 \\ 3 \\ 3 \\ 4 \end{pmatrix}.$$

e_1, e_2, e_3 即为所求标准正交基.

例 2　计算 $A = \begin{pmatrix} 3 & -1 & -2 \\ 2 & 0 & -2 \\ 2 & -1 & -1 \end{pmatrix}$ 的特征值和全部特征向量.

解析：特征多项式为 $|A - \lambda E| = \begin{vmatrix} 3-\lambda & -1 & -2 \\ 2 & -\lambda & -2 \\ 2 & -1 & -1-\lambda \end{vmatrix} \overset{-r_1+r_3}{=} \begin{vmatrix} 3-\lambda & -1 & -2 \\ 2 & -\lambda & -2 \\ \lambda-1 & 0 & 1-\lambda \end{vmatrix}$

$$\overset{c_3+c_1}{=} \begin{vmatrix} 1-\lambda & -1 & -2 \\ 0 & -\lambda & -2 \\ 0 & 0 & 1-\lambda \end{vmatrix} = -\lambda(\lambda-1)^2,$$

令 $|A - \lambda E| = -\lambda(\lambda-1)^2 = 0$，得特征值 $\lambda_1 = 0, \lambda_2 = \lambda_3 = 1$.

对于 $\lambda_1 = 0$，解齐次线性方程组 $(A - 0 \cdot E)x = Ax = 0$，

$$A = \begin{pmatrix} 3 & -1 & -2 \\ 2 & 0 & -2 \\ 2 & -1 & -1 \end{pmatrix} \to \begin{pmatrix} 1 & -1 & 0 \\ 1 & 0 & -1 \\ 2 & -1 & -1 \end{pmatrix} \to \begin{pmatrix} 1 & -1 & 0 \\ 0 & 1 & -1 \\ 0 & 0 & 0 \end{pmatrix} \to \begin{pmatrix} 1 & 0 & -1 \\ 0 & 1 & -1 \\ 0 & 0 & 0 \end{pmatrix},$$

得基础解系为 $\begin{pmatrix} 1 \\ 1 \\ 1 \end{pmatrix}$，属于特征值 $\lambda_1 = 0$ 的全部特征向量为 $k_1\begin{pmatrix} 1 \\ 1 \\ 1 \end{pmatrix}, k_1 \neq 0$.

对于 $\lambda_2 = \lambda_3 = 1$，解齐次线性方程组 $(A - E)x = 0$，

$$A - E = \begin{pmatrix} 2 & -1 & -2 \\ 2 & -1 & -2 \\ 2 & -1 & -2 \end{pmatrix} \to \begin{pmatrix} -2 & 1 & 2 \\ 0 & 0 & 0 \\ 0 & 0 & 0 \end{pmatrix}，得 \begin{cases} x_1 = x_1, \\ x_2 = 2x_1 - 2x_3, \\ x_3 = x_3, \end{cases} 得基础解系为 \begin{pmatrix} 1 \\ 2 \\ 0 \end{pmatrix},$$

$\begin{pmatrix}0\\-2\\1\end{pmatrix}$,属于特征值 $\lambda_2=\lambda_3=1$ 的全部特征向量为 $k_2\begin{pmatrix}1\\2\\0\end{pmatrix}+k_3\begin{pmatrix}0\\-2\\1\end{pmatrix}$,$k_2,k_3$ 不同时为零.

例 3　设 3 阶矩阵 $\boldsymbol{A}$ 的特征值为 $1,-1,2$,求 $|\boldsymbol{A}^*+2\boldsymbol{A}-3\boldsymbol{E}|$.

解析:由特征值的性质,若 λ 是 $\boldsymbol{A}$ 的特征值,则 λ^k 是 $\boldsymbol{A}^k$ 的特征值;$\varphi(\lambda)$ 是 $\varphi(\boldsymbol{A})$ 的特征值(其中 $\varphi(\lambda)=a_0+a_1\lambda+\cdots+a_m\lambda^m$ 是 λ 的 m 次多项式,$\varphi(\boldsymbol{A})=a_0\boldsymbol{E}+a_1\boldsymbol{A}+\cdots+a_m\boldsymbol{A}^m$ 是矩阵 $\boldsymbol{A}$ 的 m 次多项式),可求解.

因 $\boldsymbol{A}$ 的特征值全不为 0,知 $\boldsymbol{A}$ 可逆,故 $\boldsymbol{A}^*=|\boldsymbol{A}|\boldsymbol{A}^{-1}$,而 $|\boldsymbol{A}|=\lambda_1\lambda_2\lambda_3=-2$,所以 $\boldsymbol{A}^*+2\boldsymbol{A}-3\boldsymbol{E}=-2\boldsymbol{A}^{-1}+2\boldsymbol{A}-3\boldsymbol{E}$,把上式记作 $\varphi(\boldsymbol{A})$,有 $\varphi(\lambda)=-\dfrac{2}{\lambda}+2\lambda-3$,故 $\varphi(\boldsymbol{A})$ 的特征值为 $\varphi(1)=-3,\varphi(-1)=-3,\varphi(2)=0$,于是 $|\boldsymbol{A}^*+2\boldsymbol{A}-3\boldsymbol{E}|=(-3)\times(-3)\times 0=0$.

例 4　设 λ_1,λ_2 是方阵 $\boldsymbol{A}$ 的不同特征值,所对应的特征向量分别为 $\boldsymbol{p}_1,\boldsymbol{p}_2$,证明 $a\boldsymbol{p}_1+b\boldsymbol{p}_2$ 不是 $\boldsymbol{A}$ 的特征向量,其中 a,b 都是非零常数.

解析:在证明具有否定含义的命题时,往往采用反证法.此处利用属于不同特征值的特征向量必线性无关,推出矛盾.

假设 $a\boldsymbol{p}_1+b\boldsymbol{p}_2$ 是 $\boldsymbol{A}$ 的特征向量,它所对应的特征值为 λ,则 $\boldsymbol{A}(a\boldsymbol{p}_1+b\boldsymbol{p}_2)=\lambda(a\boldsymbol{p}_1+b\boldsymbol{p}_2)$,即 $\boldsymbol{A}(a\boldsymbol{p}_1+b\boldsymbol{p}_2)=\lambda_1a\boldsymbol{p}_1+\lambda_2b\boldsymbol{p}_2=\lambda a\boldsymbol{p}_1+\lambda b\boldsymbol{p}_2$,整理得 $a(\lambda_1-\lambda)\boldsymbol{p}_1+b(\lambda_2-\lambda)\boldsymbol{p}_2=\boldsymbol{0}$.因 $\boldsymbol{p}_1,\boldsymbol{p}_2$ 是 $\boldsymbol{A}$ 对应于不同特征值的特征向量,所以它们线性无关,于是有 $a(\lambda_1-\lambda)=b(\lambda_2-\lambda)=0$.由 a,b 均为非零常数,得 $\lambda=\lambda_1=\lambda_2$,此与 $\lambda_1\neq\lambda_2$ 矛盾,假设不成立,故 $a\boldsymbol{p}_1+b\boldsymbol{p}_2$ 不是 $\boldsymbol{A}$ 的特征向量.

由例 4 可知,属于不同特征值的特征向量,若其代数和的组合系数均不等于 0,则其代数和不是特征向量(可推广至多个特征值的情况),但属于相同特征值的特征向量的代数和若非零也是特征向量.

例 5　设矩阵 $\boldsymbol{A}=\begin{pmatrix}2&1&1\\1&2&1\\1&1&a\end{pmatrix}$ 可逆,向量 $\boldsymbol{\alpha}=\begin{pmatrix}1\\b\\1\end{pmatrix}$ 是矩阵 $\boldsymbol{A}^*$ 的一个特征向量,λ 是 $\boldsymbol{\alpha}$ 所对应的特征值,其中 $\boldsymbol{A}^*$ 是矩阵 $\boldsymbol{A}$ 的伴随矩阵,试求 a,b 和 λ 的值.

解析:这种带参数的问题,往往通过题意,列出线性方程组,解之,求出相应的数值.该题型在考研中经常涉及.

由 $\boldsymbol{A}$ 与 $\boldsymbol{A}^*$ 之间特征值与特征向量的对应关系,可以列出含有参数的方程组 $\boldsymbol{A}^*\boldsymbol{\alpha}=\lambda\boldsymbol{\alpha}$,由于 $\boldsymbol{A}$ 可逆,则 $\boldsymbol{A}$ 的特征值全不为 0,可得 $\boldsymbol{A}\boldsymbol{\alpha}=\dfrac{|\boldsymbol{A}|}{\lambda}\boldsymbol{\alpha}$,即 $\begin{pmatrix}2&1&1\\1&2&1\\1&1&a\end{pmatrix}\begin{pmatrix}1\\b\\1\end{pmatrix}=\dfrac{|\boldsymbol{A}|}{\lambda}\begin{pmatrix}1\\b\\1\end{pmatrix}$,可得方程组形式

$$\begin{cases}3+b=\dfrac{|\boldsymbol{A}|}{\lambda},\\[2mm] 2+2b=\dfrac{|\boldsymbol{A}|}{\lambda}b,\\[2mm] a+b+1=\dfrac{|\boldsymbol{A}|}{\lambda},\end{cases}\quad \text{解之,可得 } a=2,b=1 \text{ 或 } b=-2.$$

又因为 $|\boldsymbol{A}|=\begin{vmatrix}2&1&1\\1&2&1\\1&1&a\end{vmatrix}=\begin{vmatrix}2&1&1\\1&2&1\\1&1&2\end{vmatrix}=4$，代入方程组，得 $\lambda=\dfrac{|\boldsymbol{A}|}{3+b}=\dfrac{4}{3+b}$.

所以，当 $b=1$ 时，$\lambda=1$；当 $b=-2$ 时，$\lambda=4$.

例 6　设矩阵 $\boldsymbol{A}=\begin{pmatrix}3&2&2\\2&3&2\\2&2&3\end{pmatrix}$，$\boldsymbol{P}=\begin{pmatrix}0&1&0\\1&0&1\\0&0&1\end{pmatrix}$，$\boldsymbol{B}=\boldsymbol{P}^{-1}\boldsymbol{A}^*\boldsymbol{P}$，求 $\boldsymbol{B}+2\boldsymbol{E}$ 的特征值与特征向量，其中 $\boldsymbol{A}^*$ 为 $\boldsymbol{A}$ 的伴随矩阵，$\boldsymbol{E}$ 为3阶单位矩阵.

解析：若由 $\boldsymbol{A}$ 求出对应的伴随矩阵 $\boldsymbol{A}^*$，由 $\boldsymbol{P}$ 求出 $\boldsymbol{P}^{-1}$，进而求出 $\boldsymbol{B}$，$\boldsymbol{B}+2\boldsymbol{E}$，然后按照知识要点6一步步求解，则计算量很大. 这里综合运用 $\boldsymbol{A}$，$\boldsymbol{A}^*$ 及 $\boldsymbol{A}^*$ 相似矩阵的特征值与特征向量的关系进行求解.

$|\boldsymbol{A}-\lambda\boldsymbol{E}|=\begin{vmatrix}3-\lambda&2&2\\2&3-\lambda&2\\2&2&3-\lambda\end{vmatrix}=-(\lambda-1)^2(\lambda-7)$，所以 $\boldsymbol{A}$ 的特征值为 $\lambda_1=\lambda_2=1$，$\lambda_3=7$. 因 $|\boldsymbol{A}|=\lambda_1\lambda_2\lambda_3=7$，由性质可得 $\boldsymbol{A}^*$ 的特征值为 $\dfrac{|\boldsymbol{A}|}{\lambda}$，分别为7，7，1.

当 $\lambda_1=\lambda_2=1$ 时，由 $(\boldsymbol{A}-\boldsymbol{E})\boldsymbol{x}=\boldsymbol{0}$，得 $x_1+x_2+x_3=0$，则基础解系为 $\boldsymbol{\xi}_1=(-1,1,0)^{\mathrm{T}}$，$\boldsymbol{\xi}_2=(-1,0,1)^{\mathrm{T}}$；

当 $\lambda_3=7$ 时，有 $\begin{cases}x_1-2x_2+x_3=0,\\x_2-x_3=0,\end{cases}$ 得基础解系为 $\boldsymbol{\xi}_3=(1,1,1)^{\mathrm{T}}$.

因为 $\boldsymbol{B}=\boldsymbol{P}^{-1}\boldsymbol{A}^*\boldsymbol{P}$，故 $\boldsymbol{B}\sim\boldsymbol{A}^*$，所以 $\boldsymbol{B}$ 的特征值为7，7，1，由性质可得 $\boldsymbol{B}+2\boldsymbol{E}$ 的特征值为9，9，3.

若 $\boldsymbol{x}$ 是 $\boldsymbol{A}$ 属于 λ 的特征向量，则 $\boldsymbol{x}$ 是 $\boldsymbol{A}^*$ 属于 $\dfrac{|\boldsymbol{A}|}{\lambda}$ 的特征向量. 故 $\boldsymbol{B}$ 属于 $\dfrac{|\boldsymbol{A}|}{\lambda}$ 的特征向量为 $\boldsymbol{P}^{-1}\boldsymbol{x}$，因此 $\boldsymbol{B}+2\boldsymbol{E}$ 属于特征值 $\dfrac{|\boldsymbol{A}|}{\lambda}+2$ 的特征向量为 $\boldsymbol{P}^{-1}\boldsymbol{x}$.

$\boldsymbol{P}^{-1}=\begin{pmatrix}0&1&-1\\1&0&0\\0&0&1\end{pmatrix}$，则 $\boldsymbol{P}^{-1}\boldsymbol{\xi}_1=\begin{pmatrix}1\\-1\\0\end{pmatrix}$，$\boldsymbol{P}^{-1}\boldsymbol{\xi}_2=\begin{pmatrix}-1\\-1\\1\end{pmatrix}$，$\boldsymbol{P}^{-1}\boldsymbol{\xi}_3=\begin{pmatrix}0\\1\\1\end{pmatrix}$.

所以，$\boldsymbol{B}+2\boldsymbol{E}$ 属于特征值9的特征向量为 $k_1\begin{pmatrix}1\\-1\\0\end{pmatrix}+k_2\begin{pmatrix}-1\\-1\\1\end{pmatrix}$，$k_1$，$k_2$ 不全为0；属于特征值3的特征向量为 $k_3\begin{pmatrix}0\\1\\1\end{pmatrix}$，其中 $k_3\neq0$.

例 7　设实对称矩阵 $\boldsymbol{A}=\begin{pmatrix}0&-1&1\\-1&0&1\\1&1&0\end{pmatrix}$，求正交矩阵 $\boldsymbol{P}$，使 $\boldsymbol{P}^{-1}\boldsymbol{A}\boldsymbol{P}=\boldsymbol{\Lambda}$ 为对角矩阵.

解析：直接按照知识要点12中的步骤一步步进行求解即可.

(1) 由 $|\boldsymbol{A}-\lambda\boldsymbol{E}|=$

$$\begin{vmatrix}-\lambda & -1 & 1\\ -1 & -\lambda & 1\\ 1 & 1 & -\lambda\end{vmatrix}\xlongequal{-r_2+r_1}\begin{vmatrix}1-\lambda & \lambda-1 & 0\\ -1 & -\lambda & 1\\ 1 & 1 & -\lambda\end{vmatrix}\xlongequal{c_1+c_2}\begin{vmatrix}1-\lambda & 0 & 0\\ -1 & -1-\lambda & 1\\ 1 & 2 & -\lambda\end{vmatrix}$$

$$=(1-\lambda)(\lambda^2+\lambda-2)=-(\lambda-1)^2(\lambda+2),$$

求得 $\boldsymbol{A}$ 的全部特征值：$\lambda_1=-2,\lambda_2=\lambda_3=1$.

(2) 对应 $\lambda_1=-2$，解方程 $(\boldsymbol{A}+2\boldsymbol{E})\boldsymbol{x}=\boldsymbol{0}$，由 $\boldsymbol{A}+2\boldsymbol{E}=\begin{pmatrix}2 & -1 & 1\\ -1 & 2 & 1\\ 1 & 1 & 2\end{pmatrix}\overset{r}{\sim}\begin{pmatrix}1 & 0 & 1\\ 0 & 1 & 1\\ 0 & 0 & 0\end{pmatrix}$，

得基础解系 $\boldsymbol{\xi}_1=\begin{pmatrix}-1\\ -1\\ 1\end{pmatrix}$. 将 $\boldsymbol{\xi}_1$ 单位化，得 $\boldsymbol{p}_1=\frac{1}{\sqrt{3}}\begin{pmatrix}-1\\ -1\\ 1\end{pmatrix}$.

对应 $\lambda_2=\lambda_3=1$，解方程 $(\boldsymbol{A}-\boldsymbol{E})\boldsymbol{x}=\boldsymbol{0}$，由 $\boldsymbol{A}-\boldsymbol{E}=\begin{pmatrix}-1 & -1 & 1\\ -1 & -1 & 1\\ 1 & 1 & -1\end{pmatrix}\overset{r}{\sim}\begin{pmatrix}1 & 1 & -1\\ 0 & 0 & 0\\ 0 & 0 & 0\end{pmatrix}$，

得两个线性无关的特征向量 $\boldsymbol{\xi}_2=\begin{pmatrix}-1\\ 1\\ 0\end{pmatrix},\boldsymbol{\xi}_3=\begin{pmatrix}1\\ 0\\ 1\end{pmatrix}$；

将 $\boldsymbol{\xi}_2,\boldsymbol{\xi}_3$ 正交化，取 $\boldsymbol{\eta}_2=\boldsymbol{\xi}_2,\boldsymbol{\eta}_3=\boldsymbol{\xi}_3-\frac{[\boldsymbol{\eta}_2,\boldsymbol{\xi}_3]}{\|\boldsymbol{\eta}_2\|^2}\boldsymbol{\eta}_2=\begin{pmatrix}1\\ 0\\ 1\end{pmatrix}+\frac{1}{2}\begin{pmatrix}-1\\ 1\\ 0\end{pmatrix}=\frac{1}{2}\begin{pmatrix}1\\ 1\\ 2\end{pmatrix}$，再将 $\boldsymbol{\eta}_2$，$\boldsymbol{\eta}_3$ 单位化，得 $\boldsymbol{p}_2=\frac{\boldsymbol{\eta}_2}{\|\boldsymbol{\eta}_2\|}=\frac{1}{\sqrt{2}}\begin{pmatrix}-1\\ 1\\ 0\end{pmatrix},\boldsymbol{p}_3=\frac{\boldsymbol{\eta}_3}{\|\boldsymbol{\eta}_3\|}=\frac{1}{\sqrt{6}}\begin{pmatrix}1\\ 1\\ 2\end{pmatrix}$.

(3) 将 $\boldsymbol{p}_1,\boldsymbol{p}_2,\boldsymbol{p}_3$ 构成正交矩阵

$$\boldsymbol{P}=(\boldsymbol{p}_1,\boldsymbol{p}_2,\boldsymbol{p}_3)=\begin{pmatrix}-\frac{1}{\sqrt{3}} & -\frac{1}{\sqrt{2}} & \frac{1}{\sqrt{6}}\\ -\frac{1}{\sqrt{3}} & \frac{1}{\sqrt{2}} & \frac{1}{\sqrt{6}}\\ \frac{1}{\sqrt{3}} & 0 & \frac{2}{\sqrt{6}}\end{pmatrix}，有 \boldsymbol{P}^{-1}\boldsymbol{A}\boldsymbol{P}=\boldsymbol{P}^{\mathrm{T}}\boldsymbol{A}\boldsymbol{P}=\boldsymbol{\Lambda}=\begin{pmatrix}-2 & & \\ & 1 & \\ & & 1\end{pmatrix}.$$

例 8 设三阶实对称矩阵 $\boldsymbol{A}$ 的秩为 2，$\lambda_1=\lambda_2=6$ 是 $\boldsymbol{A}$ 的二重特征值，若 $\boldsymbol{\alpha}_1=(1,1,0)^{\mathrm{T}}$，$\boldsymbol{\alpha}_2=(2,1,1)^{\mathrm{T}},\boldsymbol{\alpha}_3=(-1,2,3)^{\mathrm{T}}$ 都是 $\boldsymbol{A}$ 属于特征值 6 的特征向量.

(1) 求 $\boldsymbol{A}$ 的另一特征值和对应的特征向量；

(2) 求矩阵 $\boldsymbol{A}$.

解析：实对称矩阵属于不同特征值的特征向量必正交，且实对称矩阵必与对角形矩阵 $\boldsymbol{\Lambda}$ 相似，即存在可逆矩阵 $\boldsymbol{C}$，使 $\boldsymbol{C}^{-1}\boldsymbol{A}\boldsymbol{C}=\boldsymbol{\Lambda}$，或存在正交矩阵 $\boldsymbol{P}$，使 $\boldsymbol{P}^{\mathrm{T}}\boldsymbol{A}\boldsymbol{P}=\boldsymbol{\Lambda}$，求出 $\boldsymbol{C}$ 或 $\boldsymbol{P}$，即可求得 $\boldsymbol{A}$. 此题解题思路灵活性较强.

(1) 因为 $R(\boldsymbol{A})=2$，则 $|\boldsymbol{A}|=0$，即 $\lambda_3=0$ 是 $\boldsymbol{A}$ 的一个特征值.

设 $\boldsymbol{\eta}=(x_1,x_2,x_3)^T$ 为 $\lambda_3=0$ 对应的特征向量，则 $\boldsymbol{\eta}$ 一定与 $\boldsymbol{\alpha}_1,\boldsymbol{\alpha}_2,\boldsymbol{\alpha}_3$ 正交，即

$$\begin{cases}(\boldsymbol{\eta},\boldsymbol{\alpha}_1)=x_1+x_2=0\\(\boldsymbol{\eta},\boldsymbol{\alpha}_2)=2x_1+x_2+x_3=0,\end{cases}$$

得特征向量为 $\boldsymbol{\eta}=k(-1,1,1)^T(k\neq 0)$. 又因为 $\lambda_1=\lambda_2=6$ 是 $\boldsymbol{A}$ 的二重特征值，因此 $\boldsymbol{\alpha}_1$，$\boldsymbol{\alpha}_2,\boldsymbol{\alpha}_3$ 必线性相关，经检验得 $\boldsymbol{\alpha}_1,\boldsymbol{\alpha}_2$ 线性无关(这里可以选择任两个作为线性无关组).

(2) 令 $\boldsymbol{C}=(\boldsymbol{\alpha}_1,\boldsymbol{\alpha}_2,\boldsymbol{\eta})$，则 $\boldsymbol{C}^{-1}\boldsymbol{AC}=\begin{pmatrix}6&0&0\\0&6&0\\0&0&0\end{pmatrix}$. 因此 $\boldsymbol{A}=\boldsymbol{C}\begin{pmatrix}6&0&0\\0&6&0\\0&0&0\end{pmatrix}\boldsymbol{C}^{-1}$

$$=\begin{pmatrix}1&2&-1\\1&1&1\\0&1&1\end{pmatrix}\begin{pmatrix}6&0&0\\0&6&0\\0&0&0\end{pmatrix}\begin{pmatrix}0&1&-1\\\frac{1}{3}&-\frac{1}{3}&\frac{2}{3}\\-\frac{1}{3}&\frac{1}{3}&\frac{1}{3}\end{pmatrix}=\begin{pmatrix}4&2&2\\2&4&-2\\2&-2&4\end{pmatrix}.$$

例 9　设 $\boldsymbol{A}=\begin{pmatrix}4&6&0\\-3&-5&0\\-3&-6&1\end{pmatrix}$，求 $\boldsymbol{A}^{100}$.

解析：直接计算 $\boldsymbol{A}^{100}$ 是不现实的，为此有以下方法

$|\boldsymbol{A}-\lambda\boldsymbol{E}|=\begin{vmatrix}4-\lambda&6&0\\-3&-5-\lambda&0\\-3&-6&1-\lambda\end{vmatrix}=-(1-\lambda)^2(\lambda+2)=0$，解得矩阵 $\boldsymbol{A}$ 的特征值为 $\lambda_1=\lambda_2=1,\lambda_3=-2$.

对于特征值 $\lambda_1=\lambda_2=1$，解方程 $(\boldsymbol{A}-\boldsymbol{E})\boldsymbol{x}=0$，$\boldsymbol{A}-\boldsymbol{E}=\begin{pmatrix}3&6&0\\-3&-6&0\\-3&-6&0\end{pmatrix}\to\begin{pmatrix}1&2&0\\0&0&0\\0&0&0\end{pmatrix}$，得

$\begin{cases}x_1=-2x_2,\\x_2=x_2,\\x_3=x_3,\end{cases}$　所以特征向量为 $\boldsymbol{p}_1=\begin{pmatrix}-2\\1\\0\end{pmatrix}$ 和 $\boldsymbol{p}_2=\begin{pmatrix}0\\0\\1\end{pmatrix}$；

对于特征值 $\lambda_3=-2$，解方程 $(\boldsymbol{A}+2\boldsymbol{E})\boldsymbol{x}=0$，$\boldsymbol{A}+2\boldsymbol{E}=\begin{pmatrix}6&6&0\\-3&-3&0\\-3&-6&3\end{pmatrix}\to$

$\begin{pmatrix}1&0&1\\0&1&-1\\0&0&0\end{pmatrix}$，得 $\begin{cases}x_1=-x_3,\\x_2=x_3,\\x_3=x_3,\end{cases}$　所以特征向量为 $\boldsymbol{p}_3=\begin{pmatrix}-1\\1\\1\end{pmatrix}$. 显然矩阵 $\boldsymbol{A}$ 可以对角化.

令 $\boldsymbol{P}=(\boldsymbol{p}_1,\boldsymbol{p}_2,\boldsymbol{p}_3)=\begin{pmatrix}-2&0&-1\\1&0&1\\0&1&1\end{pmatrix}$，则 $\boldsymbol{P}^{-1}\boldsymbol{AP}=\boldsymbol{\Lambda}$ 为对角矩阵，其中 $\boldsymbol{\Lambda}=\begin{pmatrix}1&&\\&1&\\&&-2\end{pmatrix}$.

得 $\boldsymbol{A}=\boldsymbol{P\Lambda P}^{-1}$, $\boldsymbol{A}^{100}=\overbrace{\boldsymbol{P\Lambda P}^{-1}\cdot\boldsymbol{P\Lambda P}^{-1}\cdots\boldsymbol{P\Lambda P}^{-1}}^{100}=\boldsymbol{P\Lambda}^{100}\boldsymbol{P}^{-1}$,而 $\boldsymbol{\Lambda}^{100}=\begin{pmatrix}1&&\\&1&\\&&2^{100}\end{pmatrix}$,得 $\boldsymbol{A}^{100}$

$$=\boldsymbol{P\Lambda}^{100}\boldsymbol{P}^{-1}\begin{pmatrix}-2^{100}+2&-2^{101}+2&0\\2^{100}-1&2^{101}-1&0\\2^{100}-1&2^{101}-2&1\end{pmatrix}.$$

例 10 求一个正交变换,化二次型 $f(x_1,x_2,x_3)=x_1^2+4x_2^2+4x_3^2-4x_1x_2+4x_1x_3-8x_2x_3$ 为标准形.

解析:用正交变换法化二次型为标准形,即要找一个正交矩阵 $\boldsymbol{P}$,作变换 $\boldsymbol{x}=\boldsymbol{Py}$ 化原二次型为标准形,其求解是按照知识要点 15 中的步骤一步一步进行的.需要注意的是,由于特征向量的不唯一性,因此求得的正交变换也不唯一.

(1) 二次型的对称矩阵为 $\boldsymbol{A}=\begin{pmatrix}1&-2&2\\-2&4&-4\\2&-4&4\end{pmatrix}$,求其特征值.

$$|\boldsymbol{A}-\lambda\boldsymbol{E}|=\begin{vmatrix}1-\lambda&-2&2\\-2&4-\lambda&-4\\2&-4&4-\lambda\end{vmatrix}=-\lambda^2(\lambda-9),$$ 得 $\boldsymbol{A}$ 的特征值为 $\lambda_1=\lambda_2=0$, $\lambda_3=9$.

(2) 当 $\lambda_1=\lambda_2=0$ 时,由 $\boldsymbol{Ax}=\boldsymbol{0}$,得 $x_1-2x_2+2x_3=0$,则得线性无关的特征向量为 $\boldsymbol{\xi}_1=(2,1,0)^{\mathrm{T}}$, $\boldsymbol{\xi}_2=(-2,0,1)^{\mathrm{T}}$;

当 $\lambda_3=9$ 时,由 $(\boldsymbol{A}-9\boldsymbol{E})\boldsymbol{x}=\boldsymbol{0}$,得 $\begin{cases}2x_1+5x_2+4x_3=0,\\x_2+x_3=0,\end{cases}$ 则对应特征向量为 $\boldsymbol{\xi}_3=(1,-2,2)^{\mathrm{T}}$.

(3) 将 $\boldsymbol{\xi}_1,\boldsymbol{\xi}_2$ 标准正交化,得 $\boldsymbol{p}_1=\left(\frac{2}{\sqrt5},\frac{1}{\sqrt5},0\right)^{\mathrm{T}}$, $\boldsymbol{p}_2=\left(\frac{-2}{3\sqrt5},\frac{4}{3\sqrt5},\frac{5}{3\sqrt5}\right)^{\mathrm{T}}$;将 $\boldsymbol{\xi}_3$ 单位化,得 $\boldsymbol{p}_3=\left(\frac13,\frac{-2}{3},\frac23\right)^{\mathrm{T}}$.

(4) 令 $\boldsymbol{P}=(\boldsymbol{p}_1,\boldsymbol{p}_2,\boldsymbol{p}_3)=\begin{pmatrix}\frac{2}{\sqrt5}&\frac{-2}{3\sqrt5}&\frac13\\\frac{1}{\sqrt5}&\frac{4}{3\sqrt5}&\frac{-2}{3}\\0&\frac{5}{3\sqrt5}&\frac23\end{pmatrix}$,所求正交变换为 $\boldsymbol{x}=\boldsymbol{Py}$,化原二次型为标准形 $f(\boldsymbol{Py})=9y_3^2$.

例 11 用配方法化二次型 $f(x_1,x_2,x_3)=2x_1x_2+2x_1x_3-6x_2x_3$ 为标准形,并求所用的变换矩阵.

解析:由题知二次型中没有平方项,因此采用第二种配方法.

由于含有 x_1x_2 乘积项,故令

$\begin{cases}x_1=y_1+y_2\\x_2=y_1-y_2\\x_3=y_3\end{cases}$,代入原二次型,可得

$$f = 2(y_1 + y_2)(y_1 - y_2) + 2(y_1 + y_2)y_3 - 6(y_1 - y_2)y_3$$
$$= 2y_1^2 - 2y_2^2 - 4y_1y_3 + 8y_2y_3,$$

再配方，得 $f = 2(y_1 - y_3)^2 - 2(y_2 - 2y_3)^2 + 6y_3^2$，

令 $\begin{cases} z_1 = y_1 - y_3 \\ z_2 = y_2 - 2y_3 \\ z_3 = y_3 \end{cases}$，即 $\begin{cases} y_1 = z_1 + z_3 \\ y_2 = z_2 + 2z_3 \\ y_3 = z_3 \end{cases}$，就把 f 化成了标准形 $f = 2z_1^2 - 2z_2^2 + 6z_3^2$.

这两次线性变换相当于

$\begin{pmatrix} x_1 \\ x_2 \\ x_3 \end{pmatrix} = \begin{pmatrix} 1 & 1 & 0 \\ 1 & -1 & 0 \\ 0 & 0 & 1 \end{pmatrix}\begin{pmatrix} y_1 \\ y_2 \\ y_3 \end{pmatrix} = \begin{pmatrix} 1 & 1 & 0 \\ 1 & -1 & 0 \\ 0 & 0 & 1 \end{pmatrix}\begin{pmatrix} 1 & 0 & 1 \\ 0 & 1 & 2 \\ 0 & 0 & 1 \end{pmatrix}\begin{pmatrix} z_1 \\ z_2 \\ z_3 \end{pmatrix}$，则所用的线性变换为

$\boldsymbol{x} = \boldsymbol{P}\boldsymbol{z}$，变换矩阵 $\boldsymbol{P} = \begin{pmatrix} 1 & 1 & 0 \\ 1 & -1 & 0 \\ 0 & 0 & 1 \end{pmatrix}\begin{pmatrix} 1 & 0 & 1 \\ 0 & 1 & 2 \\ 0 & 0 & 1 \end{pmatrix} = \begin{pmatrix} 1 & 1 & 3 \\ 1 & -1 & -1 \\ 0 & 0 & 1 \end{pmatrix}$ $(|\boldsymbol{P}| = -2 \neq 0)$.

例 12　设 $f(x_1, x_2, x_3) = x_1^2 + x_2^2 + 5x_3^2 + 2ax_1x_2 - 2x_1x_3 + 4x_2x_3$ 为正定二次型，求 a 的取值范围.

解析：直接利用赫尔维茨定理进行判断即可.

f 的矩阵为 $\boldsymbol{A} = \begin{pmatrix} 1 & a & -1 \\ a & 1 & 2 \\ -1 & 2 & 5 \end{pmatrix}$，因 f 为正定二次型，则对应实对称矩阵 $\boldsymbol{A}$ 为正定矩阵，因此 $\boldsymbol{A}$ 的顺序主子式大于 0，所以

$$|1| = 1 > 0, \begin{vmatrix} 1 & a \\ a & 1 \end{vmatrix} = 1 - a^2 > 0, \begin{vmatrix} 1 & a & -1 \\ a & 1 & 2 \\ -1 & 2 & 5 \end{vmatrix} = -a(5a+4) > 0,$$

即 $\begin{cases} 1 - a^2 > 0, \\ a(5a+4) < 0, \end{cases}$ 解得 $-\dfrac{4}{5} < a < 0$.

例 13　设 $\boldsymbol{A}$ 为 n 阶实对称矩阵，且 $\boldsymbol{A}^3 - 3\boldsymbol{A}^2 + 5\boldsymbol{A} - 3\boldsymbol{E} = \boldsymbol{0}$，证明 $\boldsymbol{A}$ 正定.

解析：$\boldsymbol{A}$ 为实对称矩阵，若其所有特征值均大于 0，则 $\boldsymbol{A}$ 正定.

若 λ 为 $\boldsymbol{A}$ 的任意特征值，因 $\boldsymbol{A}^3 - 3\boldsymbol{A}^2 + 5\boldsymbol{A} - 3\boldsymbol{E} = \boldsymbol{0}$，则

$\lambda^3 - 3\lambda^2 + 5\lambda - 3 = (\lambda - 1)(\lambda^2 - 2\lambda + 3) = 0$，解得 $\lambda = 1$ 或 $\lambda = 1 \pm \sqrt{2}i$，由于实对称矩阵的特征值均为实数，故 λ 只能为 1，$\boldsymbol{A}$ 的特征值均为 1，故 $\boldsymbol{A}$ 正定.

例 14　设二维随机变量 (X, Y) 的密度函数为

$f(x,y) = \begin{cases} \dfrac{1}{4}, -1 \leqslant x \leqslant 1, 0 \leqslant y \leqslant 2, \\ 0, \quad 其他, \end{cases}$ 求二次曲面 $f = x_1^2 + 2x_2^2 + Yx_3^2 + 2x_1x_2 + 2Xx_1x_3 = 0$ 为椭球面的概率.

解析：若二次曲面为椭球面，则对应二次曲面的二次型一定是正定或负定的，再结合概率的相关知识即可求解.

二次型 $f = x_1^2 + 2x_2^2 + Yx_3^2 + 2x_1x_2 + 2Xx_1x_3$ 的矩阵为 $A = \begin{pmatrix} 1 & 1 & X \\ 1 & 2 & 0 \\ X & 0 & Y \end{pmatrix}$，设 A 的特征值为 $\lambda_1, \lambda_2, \lambda_3$，则存在正交矩阵 P，使 $P^TAP = \begin{pmatrix} \lambda_1 & & \\ & \lambda_2 & \\ & & \lambda_3 \end{pmatrix}$，即二次型 $f = \lambda_1 y_1^2 + \lambda_2 y_2^2 + \lambda_3 y_3^2$.

要使二次曲面 $f = \lambda_1 y_1^2 + \lambda_2 y_2^2 + \lambda_3 y_3^2 = 0$ 为椭球面，则 $\lambda_1, \lambda_2, \lambda_3$ 均大于0或均小于0.又因 A 的顺序主子式 $|a_{11}| = 1 > 0$，$\begin{vmatrix} 1 & 1 \\ 1 & 2 \end{vmatrix} = 1 > 0$，所以 A 只能是正定矩阵.

有 $|A| = \begin{vmatrix} 1 & 1 & X \\ 1 & 2 & 0 \\ X & 0 & Y \end{vmatrix} = Y - 2X^2 > 0$，则二次曲面 $f = 0$ 为椭球面的概率为

$P\{Y - 2X^2 > 0\} = \int_{-1}^{1} \mathrm{d}x \int_{2x^2}^{2} \frac{1}{4} \mathrm{d}y = \frac{2}{3}$.

例 15 假设在一个大城市中人口总数是固定的，人口的分布则因居民在市区和郊区之间的迁徙而变化.每年有6%的市区居民搬到郊区去住，而有2%的郊区居民搬到市区.设 n 年后市区与郊区的居民人口比例依次为 X_n 和 Y_n ($X_n + Y_n = 1$).

(1)求关系式 $\begin{pmatrix} X_{n+1} \\ Y_{n+1} \end{pmatrix} = A \begin{pmatrix} X_n \\ Y_n \end{pmatrix}$ 中的矩阵 A；

(2)若开始时有30%的居民住在市区，70%的居民住在郊区，即 $\begin{pmatrix} X_0 \\ Y_0 \end{pmatrix} = \begin{pmatrix} 0.3 \\ 0.7 \end{pmatrix}$，求 $\begin{pmatrix} X_n \\ Y_n \end{pmatrix}$.

解析:(1)这是一个人口迁徙模型.在 $n = 0$ 时的初始状态为 $\begin{pmatrix} X_0 \\ Y_0 \end{pmatrix} = \begin{pmatrix} 0.3 \\ 0.7 \end{pmatrix}$，一年以后，市区人口为 $X_1 = (1 - 0.06)X_0 + 0.02Y_0$，郊区人口为 $Y_1 = 0.06X_0 + (1 - 0.02)Y_0$.利用矩阵乘法可将其写为 $\begin{pmatrix} X_1 \\ Y_1 \end{pmatrix} = \begin{pmatrix} 0.94 & 0.02 \\ 0.06 & 0.98 \end{pmatrix} \begin{pmatrix} X_0 \\ Y_0 \end{pmatrix} = A \begin{pmatrix} X_0 \\ Y_0 \end{pmatrix}$，从而 $A = \begin{pmatrix} 0.94 & 0.02 \\ 0.06 & 0.98 \end{pmatrix}$.

(2)从初始时间到 n 年，A 不变，因此

$$\begin{pmatrix} X_n \\ Y_n \end{pmatrix} = A \begin{pmatrix} X_{n-1} \\ Y_{n-1} \end{pmatrix} = \cdots = A^n \begin{pmatrix} X_0 \\ Y_0 \end{pmatrix} = \begin{pmatrix} 0.25 + 0.05 \times (0.92)^n \\ 0.75 - 0.05 \times (0.92)^n \end{pmatrix}.$$

例 16 设 $A = \begin{pmatrix} 0.95 & 0.03 \\ 0.05 & 0.97 \end{pmatrix}$，分析由 $x_{k+1} = Ax_k (k = 0, 1, 2, \cdots)$，$x_0 = \begin{pmatrix} 0.6 \\ 0.4 \end{pmatrix}$ 所确定的动力系统的长期发展趋势.

解析:特征值与特征向量是我们剖析动力系统的离散演变的关键点.

先求 A 的特征值，并找出每个特征空间的基. A 的特征方程是

$$0 = \det \begin{pmatrix} 0.95 - \lambda & 0.03 \\ 0.05 & 0.97 - \lambda \end{pmatrix}$$

$$= (0.95 - \lambda)(0.97 - \lambda) - 0.03 \times 0.05 = \lambda^2 - 1.92\lambda + 0.92,$$

由二次方程的求根公式

$$\lambda=\frac{1.92\pm\sqrt{(1.92)^2-4(0.92)}}{2}=\frac{1.92\pm\sqrt{0.0064}}{2}=\frac{1.92\pm 0.08}{2}=1 \text{ 或 } 0.92$$

容易验证对应 $\lambda=1$ 和 $\lambda=0.92$ 的特征向量分别是 $\boldsymbol{v}_1=\begin{pmatrix}3\\5\end{pmatrix}$ 和 $\boldsymbol{v}_2=\begin{pmatrix}1\\-1\end{pmatrix}$ 的倍数.

再把给定的 $\boldsymbol{x}_0$ 表示为 $\boldsymbol{v}_1$ 和 $\boldsymbol{v}_2$ 的线性组合，显然 $\{\boldsymbol{v}_1,\ \boldsymbol{v}_2\}$ 是 $\mathbf{R}^2$ 的基，因此存在系数 c_1 和 c_2，使得 $\boldsymbol{x}_0=c_1\boldsymbol{v}_1+c_2\boldsymbol{v}_2=(\boldsymbol{v}_1\quad\boldsymbol{v}_2)\begin{bmatrix}c_1\\c_2\end{bmatrix}$　　(1)

事实上 $\begin{bmatrix}c_1\\c_2\end{bmatrix}=(\boldsymbol{v}_1\quad\boldsymbol{v}_2)^{-1}\boldsymbol{x}_0=\begin{pmatrix}3&1\\5&-1\end{pmatrix}^{-1}\begin{pmatrix}0.60\\0.40\end{pmatrix}$

$$=\frac{1}{-8}\begin{pmatrix}-1&-1\\-5&3\end{pmatrix}\begin{pmatrix}0.60\\0.40\end{pmatrix}=\begin{pmatrix}0.125\\0.225\end{pmatrix}\qquad(2)$$

因为，式(1)的 $\boldsymbol{v}_1$ 和 $\boldsymbol{v}_2$ 是 $\boldsymbol{A}$ 的特征向量，故 $\boldsymbol{A}\boldsymbol{v}_1=\boldsymbol{v}_1$，$\boldsymbol{A}\boldsymbol{v}_2=(0.92)\boldsymbol{v}_2$，容易算出每个 $\boldsymbol{x}_k$：

$\boldsymbol{x}_1=\boldsymbol{A}\boldsymbol{x}_0=c_1\boldsymbol{A}\boldsymbol{v}_1+c_2\boldsymbol{A}\boldsymbol{v}_2$　　利用 $\boldsymbol{x}\mapsto\boldsymbol{A}\boldsymbol{x}$ 的线性性质

$\quad=c_1\boldsymbol{v}_1+c_2(0.92)\boldsymbol{v}_2$　　$\boldsymbol{v}_1$ 和 $\boldsymbol{v}_2$ 是特征向量

$\boldsymbol{x}_2=\boldsymbol{A}\boldsymbol{x}_1=c_1\boldsymbol{A}\boldsymbol{v}_1+c_2(0.92)\boldsymbol{A}\boldsymbol{v}_2$

$\quad=c_1\boldsymbol{v}_1+c_2(0.92)^2\boldsymbol{v}_2$

继续下去，有 $\boldsymbol{x}_k=c_1\boldsymbol{v}_1+c_2(0.92)^k\boldsymbol{v}_2(k=0,1,2,\cdots)$，把式(2)的 c_1 和 c_2 代入上式，得

$$\boldsymbol{x}_k=0.125\begin{pmatrix}3\\5\end{pmatrix}+0.225(0.92)^k\begin{pmatrix}1\\-1\end{pmatrix}(k=0,1,2,\cdots)\qquad(3)$$

$\boldsymbol{x}_k$ 的显式公式(3)就是差分方程 $\boldsymbol{x}_{k+1}=\boldsymbol{A}\boldsymbol{x}_k$ 的解.

当 $k\to\infty$ 时，$(0.92)^k\to 0$，$\boldsymbol{x}_k\to\begin{pmatrix}0.375\\0.625\end{pmatrix}=0.125\boldsymbol{v}_1$.

5.5　基础作业题

一、选择题

1. 设 $\boldsymbol{A}=\begin{bmatrix}4&-5&2\\5&-7&3\\6&-9&4\end{bmatrix}$，则 $\boldsymbol{A}$ 属于特征值 0 的特征向量是(　　).

A. $(1,\ 1,\ 2)^{\mathrm{T}}$　　B. $(1,\ 2,\ 3)^{\mathrm{T}}$

C. $(1,\ 0,\ 1)^{\mathrm{T}}$　　D. $(1,\ 1,\ 1)^{\mathrm{T}}$

2. 已知 λ_1,λ_2 是矩阵 $\boldsymbol{A}$ 的两个不相同的特征值，$\boldsymbol{a}_1,\boldsymbol{a}_2$ 是 $\boldsymbol{A}$ 分别属于 λ_1,λ_2 的特征向量，则下列情况成立的是(　　).

A. 对任意 $k_1\neq 0,k_2\neq 0,k_1a_1+k_2a_2$ 都是 $\boldsymbol{A}$ 的特征向量

B. 存在常数 $k_1\neq 0,k_2\neq 0$，使 $k_1a_1+k_2a_2$ 是 $\boldsymbol{A}$ 的特征向量

C. 当 $k_1\neq 0,k_2\neq 0$ 时，$k_1a_1+k_2a_2$ 不可能是 $\boldsymbol{A}$ 的特征向量

D. 存在唯一的一组常数 $k_1\neq 0,k_2\neq 0$，使 $k_1a_1+k_2a_2$ 是 $\boldsymbol{A}$ 的特征向量

3. 设二阶方阵 $\boldsymbol{A}$ 有特征值 $\lambda_1=1,\lambda_2=2$，则矩阵 $\boldsymbol{A}^2-2\boldsymbol{A}+2\boldsymbol{E}$ 必有特征值(　　).

A. 1,2　　B. $-1,-2$　　C. $1,-2$　　D. 无法确定

4. 若 n 阶矩阵 $\boldsymbol{A}$ 的特征值 $\lambda_1=\lambda_2=\cdots=\lambda_n=0$，则不正确的结论是(　　).

A. $|\boldsymbol{A}|=0$　　B. $\operatorname{tr}(\boldsymbol{A})=0$　　C. $R(\boldsymbol{A})=0$　　D. $|\lambda\boldsymbol{E}-\boldsymbol{A}|=\lambda^n$

5. 设 $\boldsymbol{A}=\begin{pmatrix}1&-1&1\\2&4&a\\-3&-3&5\end{pmatrix}$，且 $\boldsymbol{A}$ 的特征值为 $\lambda_1=6,\lambda_2=\lambda_3=2$，则 a 的值为(　　).

A. 2　　B. -2　　C. 4　　D. -4

6. 若 n 阶方阵 $\boldsymbol{A}$ 与对角矩阵相似，则(　　).

A. $\boldsymbol{A}$ 必有 n 个不同的特征值

B. $\boldsymbol{A}$ 必为 n 阶实对称矩阵

C. $\boldsymbol{A}$ 必有 n 个线性无关的特征向量

D. $\boldsymbol{A}$ 属于不同特征值的特征向量正交

7. 设矩阵 $\boldsymbol{A}$ 与 $\boldsymbol{B}$ 相似，且 $\boldsymbol{A}=\begin{pmatrix}1&-1&1\\2&4&-2\\-3&-3&a\end{pmatrix}$，$\boldsymbol{B}=\begin{pmatrix}2&0&0\\0&2&0\\0&0&b\end{pmatrix}$ 则(　　).

A. $a=5,b=0$　　B. $a=5,b=6$　　C. $a=6,b=5$　　D. $a=0,b=5$

8. 已知 4 阶矩阵 A 和 B 相似，且 A 的特征值为 $\frac{1}{2},\frac{1}{3},\frac{1}{4},\frac{1}{5}$，$E$ 为单位矩阵，则 $|B^{-1}-E|$ 为(　　).

A. -24　　B. 12　　C. 48　　D. 24

9. 设二次型 $f(x_1,x_2,x_3)=2x_1^2+8x_2^2+x_3^2+2ax_1x_2$ 是正定的，则实数 a 的取值范围是(　　).

A. $a<8$　　B. $a>4$　　C. $a<-4$　　D. $-4<a<4$

10. 实二次型 $f(x_1,\cdots,x_n)=\boldsymbol{x}^{\mathrm{T}}\boldsymbol{A}\boldsymbol{x}$ 为正定的充要条件是(　　).

A. $|\boldsymbol{A}|>0$　　B. 存在 n 阶可逆矩阵 $\boldsymbol{U}$，使 $\boldsymbol{A}=\boldsymbol{U}^{\mathrm{T}}\boldsymbol{U}$

C. 负惯性指数为零　　D. 对某一 $\boldsymbol{x}=(x_1,\cdots,x_n)^{\mathrm{T}}\neq\boldsymbol{0}$，有 $\boldsymbol{x}^{\mathrm{T}}\boldsymbol{A}\boldsymbol{x}>0$

二、填空题

1. 若 $\boldsymbol{A}=\begin{pmatrix}1&0&1\\0&2&0\\1&0&x\end{pmatrix}$ 有一个零特征值，则 $x=$______.

2. 设 n 阶可逆方阵 $\boldsymbol{A}$ 的各行元素之和均为 1，则矩阵 $3\boldsymbol{A}^{-1}+2\boldsymbol{E}$ 必有一特征值为______.

3. 已知 $\boldsymbol{A}$ 与 $\boldsymbol{B}$ 相似，且 $\boldsymbol{B}=\begin{pmatrix}2&2\\0&3\end{pmatrix}$，则行列式 $|\boldsymbol{A}^2-\boldsymbol{A}|=$______.

4. 设三阶方阵 $\boldsymbol{A}$ 有 3 个特征值 $1,-2,3$，$\boldsymbol{B}=\boldsymbol{A}^2-2\boldsymbol{A}$，则 $|\boldsymbol{B}^*+3\boldsymbol{E}|=$______.

5. 二次型 $f(x_1,x_2,x_3)=(x_1+x_2)^2+(x_2-x_3)^2+(x_3+x_1)^2$ 的秩为______.

三、计算题

1. 求矩阵 $\boldsymbol{A}=\begin{pmatrix}1&1&1&1\\1&1&-1&-1\\1&-1&1&-1\\1&-1&-1&1\end{pmatrix}$ 的特征值和特征向量.

2. 已知向量 $\boldsymbol{\alpha}=(1,k,1)^{\mathrm{T}}$ 是矩阵 $\boldsymbol{A}=\begin{pmatrix}2&1&1\\1&2&1\\1&1&2\end{pmatrix}$ 的逆矩阵 $\boldsymbol{A}^{-1}$ 的特征向量，试求常数 k 的值.

3. 设矩阵 $\boldsymbol{A}=\begin{pmatrix}1&-1&1\\x&4&y\\-3&-3&5\end{pmatrix}$ 有 3 个线性无关的特征向量，$\lambda=2$ 是 $\boldsymbol{A}$ 的二重特征值.

(1) 求 x,y 的值；

(2) 求可逆矩阵 $\boldsymbol{P}$，使得 $\boldsymbol{P}^{-1}\boldsymbol{AP}$ 为对角矩阵.

4. 判断矩阵 $\boldsymbol{A}=\begin{pmatrix}4&6&0\\-3&-5&0\\-3&-6&1\end{pmatrix}$ 是否可对角化；若可以对角化，求出相似变换矩阵 $\boldsymbol{P}$.

5. 设 $\boldsymbol{A}=\begin{pmatrix}2&0&0\\0&x&2\\0&2&3\end{pmatrix}$，$\boldsymbol{B}=\begin{pmatrix}1&0&0\\0&2&0\\0&0&y\end{pmatrix}$，且 $\boldsymbol{A}$ 与 $\boldsymbol{B}$ 相似.

(1) 求 x,y；

(2) 求一个可逆矩阵 $\boldsymbol{P}$，使 $\boldsymbol{P}^{-1}\boldsymbol{AP}=\boldsymbol{B}$.

6. 设实对称矩阵 $\boldsymbol{A}=\begin{pmatrix}a&1&1\\1&a&-1\\1&-1&a\end{pmatrix}$，求可逆矩阵 $\boldsymbol{P}$，使得 $\boldsymbol{P}^{-1}\boldsymbol{AP}$ 为对角矩阵，并计算行列式 $|\boldsymbol{A}-\boldsymbol{E}|$ 的值.

7. 已知 $\boldsymbol{A}=\begin{pmatrix}5&-3&2\\6&-4&4\\4&-4&5\end{pmatrix}$，求 $\boldsymbol{A}^5$.

8. 设二次型 $f(x_1,x_2,x_3)=\boldsymbol{x}^{\mathrm{T}}\boldsymbol{Ax}=ax_1^2+2x_2^2-2x_3^2+2bx_1x_3(b>0)$，其中二次型的矩阵 $\boldsymbol{A}$ 的特征值之和为 1，特征值之积为 -12.

(1) 求 a,b 的值；

(2) 利用正交变换将二次型 f 化为标准形，并写出所用的正交变换和对应的正交矩阵.

四、证明题

1. 若 $\boldsymbol{P}^{-1}\boldsymbol{AP}=\boldsymbol{B}$，$\lambda$ 是 $\boldsymbol{A}$ 与 $\boldsymbol{B}$ 的一个特征值，设 $\boldsymbol{x}$ 是 $\boldsymbol{A}$ 属于 λ 的特征向量，证明：$\boldsymbol{P}^{-1}\boldsymbol{x}$ 是 $\boldsymbol{B}$ 属于 λ 的特征向量.

2. 设 $\lambda_1,\lambda_2,\lambda_3$ 为 3 阶矩阵 $\boldsymbol{A}$ 的 3 个不同的特征值，相应的特征向量分别为 $\boldsymbol{\alpha}_1,\boldsymbol{\alpha}_2,\boldsymbol{\alpha}_3$，令 $\boldsymbol{\beta}=\boldsymbol{\alpha}_1+\boldsymbol{\alpha}_2+\boldsymbol{\alpha}_3$，证明：$\boldsymbol{\beta},\boldsymbol{A\beta},\boldsymbol{A}^2\boldsymbol{\beta}$ 线性无关.

3. 设 $\boldsymbol{A}$ 是 $m\times n$ 实矩阵，$\boldsymbol{E}$ 是 n 阶单位矩阵，证明：当 $\lambda>0$ 时，矩阵 $\boldsymbol{P}=\lambda\boldsymbol{E}+\boldsymbol{A}^{\mathrm{T}}\boldsymbol{A}$ 为正

定矩阵.

4. 设 $\boldsymbol{A}$ 为 n 阶实对称矩阵,且 $\boldsymbol{A}^2-3\boldsymbol{A}+2\boldsymbol{E}=\boldsymbol{0}$,证明:$\boldsymbol{A}$ 正定.

5. 设 $\boldsymbol{A}$ 为 n 阶实对称矩阵,证明:$\boldsymbol{A}$ 可逆的充要条件是存在实矩阵 $\boldsymbol{B}$,使 $\boldsymbol{AB}+\boldsymbol{B}^{\mathrm{T}}\boldsymbol{A}$ 为正定矩阵.

5.6 综合作业题

一、选择题

1. 已知矩阵 $\begin{pmatrix}1 & 1\\ x & 1\end{pmatrix}$ 有一特征向量为 $\begin{pmatrix}1\\1\end{pmatrix}$,则 $x=($ $)$.

A. 0 B. 1 C. 2 D. -1

2. 设 $\boldsymbol{A}$ 是3阶方阵,1,1,2是 $\boldsymbol{A}$ 的3个特征值,对应的3个特征向量是 $\boldsymbol{x}_1,\boldsymbol{x}_2,\boldsymbol{x}_3$,则(　　).

A. $\boldsymbol{x}_1,\boldsymbol{x}_2,\boldsymbol{x}_3$ 是 $2\boldsymbol{E}-\boldsymbol{A}$ 的特征向量

B. $\boldsymbol{x}_1,\boldsymbol{x}_2$ 是 $2\boldsymbol{E}-\boldsymbol{A}$ 的特征向量,$\boldsymbol{x}_3$ 不是 $2\boldsymbol{E}-\boldsymbol{A}$ 的特征向量

C. $\boldsymbol{x}_1-\boldsymbol{x}_2$ 是 $2\boldsymbol{E}-\boldsymbol{A}$ 的特征向量

D. $2\boldsymbol{x}_1-\boldsymbol{x}_2$ 是 $2\boldsymbol{E}-\boldsymbol{A}$ 的特征向量

3. 设 $\boldsymbol{A}$ 是 n 阶实对称矩阵,$\boldsymbol{P}$ 是 n 阶可逆矩阵,已知 n 维列向量 $\boldsymbol{\alpha}$ 是 $\boldsymbol{A}$ 属于特征值 λ 的特征向量,则矩阵 $(\boldsymbol{P}^{-1}\boldsymbol{AP})^{\mathrm{T}}$ 属于特征值 λ 的特征向量是(　　).

A. $\boldsymbol{P}^{-1}\boldsymbol{\alpha}$ B. $\boldsymbol{P}^{\mathrm{T}}\boldsymbol{\alpha}$ C. $\boldsymbol{P\alpha}$ D. $(\boldsymbol{P}^{-1})^{\mathrm{T}}\boldsymbol{\alpha}$

4. 设实对称矩阵 $\boldsymbol{A}$ 满足 $\boldsymbol{A}^3+\boldsymbol{A}^2+\boldsymbol{A}=3\boldsymbol{E}$,则(　　).

A. $\boldsymbol{A}=\boldsymbol{E}$ B. $\boldsymbol{A}=\boldsymbol{A}^*$ C. $\boldsymbol{A}=\boldsymbol{A}^2$ D. $\boldsymbol{A}=\boldsymbol{A}^{-1}$

5. 矩阵 $\boldsymbol{A}$ 相似于矩阵 $\boldsymbol{B}$ 的充分条件是(　　).

A. $\boldsymbol{A}^k$ 与 $\boldsymbol{B}^k$ 相似(k 为正整数) B. $\boldsymbol{A}$ 与 $\boldsymbol{B}$ 有相同的特征值

C. $\boldsymbol{A}$ 与 $\boldsymbol{B}$ 有相同的特征向量 D. $\boldsymbol{A}$ 与 $\boldsymbol{B}$ 都相似于 $\boldsymbol{C}$

6. n 阶矩阵 $\boldsymbol{A}$ 有 n 个不同的特征值是 $\boldsymbol{A}$ 与对角矩阵相似的(　　).

A. 充分必要条件 B. 充分非必要条件

C. 必要非充分条件 D. 既非充分也非必要条件

7. 设 $\boldsymbol{A},\boldsymbol{B}$ 为同阶可逆矩阵,则(　　).

A. $\boldsymbol{AB}=\boldsymbol{BA}$

B. 存在可逆矩阵 $\boldsymbol{P}$,使 $\boldsymbol{P}^{-1}\boldsymbol{AP}=\boldsymbol{B}$

C. 存在可逆矩阵 $\boldsymbol{C}$,使 $\boldsymbol{C}^{\mathrm{T}}\boldsymbol{AC}=\boldsymbol{B}$

D. 存在可逆矩阵 $\boldsymbol{P}$ 和 $\boldsymbol{Q}$,使 $\boldsymbol{PAQ}=\boldsymbol{B}$

8. 实二次型 $f(x_1,x_2,x_3)=x_1^2+2x_1x_2+ax_2^2+3x_3^2$,当 $a=($ $)$ 时其秩为2.

A. 0 B. 1 C. 2 D. 3

9. 设 $\boldsymbol{A}$ 为 n 阶实矩阵,下列结论正确的是(　　).

A. 若对任意 n 维非零列向量 $\boldsymbol{x}$,都使 $\boldsymbol{x}^{\mathrm{T}}\boldsymbol{Ax}>0$,则 f 正定

B. 若 $\boldsymbol{A}$ 的特征值均大于零,则 f 正定

C. 若 $\boldsymbol{A}$ 的各阶顺序主子式都为正数,则 f 正定

D. 若存在可逆矩阵 $\boldsymbol{U}$,使 $\boldsymbol{A}=\boldsymbol{U}^{\mathrm{T}}\boldsymbol{U}$,则 f 正定

10. 设二次型 $f(x_1,x_2,\cdots,x_n)=\sum\limits_{i=1}^{n}(a_{i1}x_1+a_{i2}x_2+\cdots+a_{in}x_n)^2$，记 $\boldsymbol{A}=\begin{pmatrix} a_{11} & a_{12} & \cdots & a_{1n} \\ a_{21} & a_{22} & \cdots & a_{2n} \\ \cdots & \cdots & \cdots & \cdots \\ a_{n1} & a_{n2} & \cdots & a_{nn} \end{pmatrix}$，则二次型 $f(x_1,x_2,\cdots,x_n)$ 对应的矩阵是(　　).

A. $\boldsymbol{A}$　　B. $\boldsymbol{A}^{\mathrm{T}}$　　C. $\boldsymbol{A}\boldsymbol{A}^{\mathrm{T}}$　　D. $\boldsymbol{A}^{\mathrm{T}}\boldsymbol{A}$

二、填空题

1. 已知 $\boldsymbol{A}$ 是 3 阶方阵，其特征值分别为 $2,1,-2$，则 $\boldsymbol{A}$ 的行列式中元素的代数余子式 $A_{11}+A_{22}+A_{33}=$ ________.

2. 设矩阵 $\boldsymbol{A}=\begin{pmatrix} 1 & -2 & -4 \\ -2 & x & -2 \\ -4 & -2 & 1 \end{pmatrix}$ 与 $\boldsymbol{\Lambda}=\begin{pmatrix} 5 & & \\ & y & \\ & & -4 \end{pmatrix}$ 相似，则 $x=$ ______，$y=$ ______.

3. 若矩阵 $\boldsymbol{A}=\begin{pmatrix} 1 & 1 & t \\ 4 & 1 & -6 \\ 0 & 0 & 3 \end{pmatrix}$ 可相似对角化，则 $t=$ ________.

4. 已知实二次型 $f(x_1,x_2,x_3)=a(x_1^2+x_2^2+x_3^2)+4x_1x_2+4x_1x_3+4x_2x_3$，经正交变换 $\boldsymbol{x}=\boldsymbol{P}\boldsymbol{y}$ 可化为标准形 $f=6y_1^2$，则 $a=$ ________.

5. 若二次型 $f(x_1,x_2,x_3)=2x_1^2+x_2^2+x_3^2+2x_1x_2+tx_2x_3$ 是正定的，则 t 的取值范围是 ________.

三、计算题

1. 设矩阵 $\boldsymbol{A}=\begin{pmatrix} 1 & 2 & -3 \\ -1 & 4 & -3 \\ 1 & a & 5 \end{pmatrix}$ 的特征方程有一个二重根，求 a 的值，并讨论 $\boldsymbol{A}$ 是否可相似对角化.

2. 已知 $1,1,-1$ 是 3 阶实对称矩阵 $\boldsymbol{A}$ 的 3 个特征值，向量 $\boldsymbol{\alpha}_1=(1,1,1)^{\mathrm{T}}$，$\boldsymbol{\alpha}_2=(2,2,1)^{\mathrm{T}}$ 是 $\boldsymbol{A}$ 的对应于 $\lambda_1=\lambda_2=1$ 的特征向量.

(1) 求出属于 $\lambda_3=-1$ 的特征向量；

(2) 求实对称矩阵 $\boldsymbol{A}$.

3. 设 3 阶实对称矩阵 $\boldsymbol{A}$ 的各行元素之和均为 3，向量 $\boldsymbol{\alpha}_1=(-1,2,-1)^{\mathrm{T}}$，$\boldsymbol{\alpha}_2=(0,-1,1)^{\mathrm{T}}$ 是线性方程组 $\boldsymbol{A}\boldsymbol{x}=\boldsymbol{0}$ 的两个解.

(1) 求 $\boldsymbol{A}$ 的特征值与特征向量；

(2) 求正交矩阵 $\boldsymbol{Q}$ 和对角矩阵 $\boldsymbol{\Lambda}$，使得 $\boldsymbol{Q}^{\mathrm{T}}\boldsymbol{A}\boldsymbol{Q}=\boldsymbol{\Lambda}$.

4. 设 $\boldsymbol{A}$ 为 3 阶实对称矩阵，且满足条件 $\boldsymbol{A}^2+2\boldsymbol{A}=\boldsymbol{0}$，已知 $R(\boldsymbol{A})=2$.

(1) 求 $\boldsymbol{A}$ 的全部特征值；

(2) 当 k 为何值时，矩阵 $\boldsymbol{A}+k\boldsymbol{E}$ 为正定矩阵，其中 $\boldsymbol{E}$ 为 3 阶单位矩阵.

5. 已知二次型 $f(x_1,x_2,x_3)=5x_1^2+5x_2^2+cx_3^2-2x_1x_2+6x_1x_3-6x_2x_3$ 的秩为 2，试求：

(1) 参数 c 及二次型对应的矩阵 $\boldsymbol{A}$ 的特征值；

(2) 方程 $f(x_1,x_2,x_3)=1$ 表示的曲面.

四、证明与综合题

1. 设 $\boldsymbol{\alpha}$ 为 n 维列向量，$\boldsymbol{A}$ 为 n 阶正交矩阵，证明：$\|\boldsymbol{A\alpha}\|=\|\boldsymbol{\alpha}\|$.

2. 设 $\boldsymbol{A}$ 为 n 阶正交矩阵，试证：$\boldsymbol{A}$ 的实特征向量所对应的特征值的绝对值等于1.

3. 设 $\boldsymbol{A}$ 是 $n(n>1)$ 阶矩阵，$\boldsymbol{\xi}_1,\boldsymbol{\xi}_2,\cdots,\boldsymbol{\xi}_n$ 是 n 维列向量，若 $\boldsymbol{\xi}_n\neq\boldsymbol{0}$，且 $\boldsymbol{A\xi}_1=\boldsymbol{\xi}_2,\boldsymbol{A\xi}_2=\boldsymbol{\xi}_3,\cdots,\boldsymbol{A\xi}_{n-1}=\boldsymbol{\xi}_n,\boldsymbol{A\xi}_n=\boldsymbol{0}$. 证明：

(1) $\boldsymbol{\xi}_1,\boldsymbol{\xi}_2,\cdots,\boldsymbol{\xi}_n$ 线性无关；

(2) $\boldsymbol{A}$ 不能相似于对角矩阵.

4. 设 $\boldsymbol{A}$ 为 m 阶实对称矩阵且正定，$\boldsymbol{B}$ 为 $m\times n$ 实矩阵，$\boldsymbol{B}^{\mathrm{T}}$ 为 $\boldsymbol{B}$ 的转置矩阵，试证：$\boldsymbol{B}^{\mathrm{T}}\boldsymbol{AB}$ 为正定矩阵的充要条件是 $\boldsymbol{B}$ 的秩 $R(\boldsymbol{B})=n$.

5. 设有 n 元实二次型 $f(x_1,x_2,\cdots,x_n)=(x_1+a_1x_2)^2+(x_2+a_2x_3)^2+\cdots+(x_{n-1}+a_{n-1}x_n)^2+(x_n+a_nx_1)^2$，其中 $a_i(i=1,2,\cdots,n)$ 为实数. 试问：当 $a_1,a_2,\cdots,a_n$ 满足何种条件时，二次型 $f(x_1,x_2,\cdots,x_n)$ 为正定二次型?

5.7　自测题(时间:120分钟)

一、选择题(15分)

1. 若 n 阶方阵 $\boldsymbol{A}$ 的任一行元素之和都等于 a，则 $\boldsymbol{A}$ 应有一特征值为(　　).

A. a　　B. $-a$　　C. 1　　D. 0

2. 设 $\boldsymbol{A}$ 为 n 阶方阵，且 $\boldsymbol{A}^n=\boldsymbol{0}$，则(　　).

A. $\boldsymbol{A}$ 必为零矩阵　　B. $\boldsymbol{A}$ 的特征值全为0

C. $\boldsymbol{A}$ 只有一个零特征值　　D. $\boldsymbol{A}$ 有 n 个线性无关的特征向量

3. 设 $\boldsymbol{A},\boldsymbol{B}$ 均为 n 阶方阵，且 $\boldsymbol{A}$ 与 $\boldsymbol{B}$ 相似，$\boldsymbol{E}$ 为 n 阶单位矩阵，则(　　).

A. $\lambda\boldsymbol{E}-\boldsymbol{A}=\lambda\boldsymbol{E}-\boldsymbol{B}$

B. $\boldsymbol{A}$ 与 $\boldsymbol{B}$ 有相同的特征值和相同的特征向量

C. $\boldsymbol{A}$ 与 $\boldsymbol{B}$ 相似于同一个对角矩阵

D. 对任意 k，$k\boldsymbol{E}-\boldsymbol{A}$ 与 $k\boldsymbol{E}-\boldsymbol{B}$ 相似

4. 已知方阵 $\boldsymbol{A}=\begin{pmatrix}1&1&1&1\\1&1&-1&-1\\1&-1&1&-1\\1&-1&-1&1\end{pmatrix}$ 的特征值为 ±2，则 $\boldsymbol{A}$ 相似于(　　).

A. $\begin{pmatrix}2&&&\\&2&&\\&&-2&\\&&&-2\end{pmatrix}$　　B. $\begin{pmatrix}2&1&&\\&2&&\\&&2&\\&&&-2\end{pmatrix}$

C. $\begin{pmatrix}2&1&&\\&2&1&\\&&2&\\&&&-2\end{pmatrix}$　　D. $\begin{pmatrix}2&&&\\&2&&\\&&2&\\&&&-2\end{pmatrix}$ (空白处元素均为0)

5. n 阶实对称矩阵 $\boldsymbol{A}$ 为正定矩阵的充分必要条件是(　　).

A. 所有 k 级子式为正($k=1,2,\cdots,n$)

B. $\boldsymbol{A}$ 的所有特征值非负

C. $\boldsymbol{A}^{-1}$ 为正定矩阵

D. $R(\boldsymbol{A})=n$

二、填空题(15 分)

1. 若 n 阶可逆矩阵 $\boldsymbol{A}$ 的每行元素之和均为 $c(c\neq 0)$，则________必为 $\boldsymbol{A}^{-1}+2\boldsymbol{E}$ 的特征值.

2. 若 $\begin{pmatrix}5 & 2\\ x & y\end{pmatrix}$ 与 $\begin{pmatrix}4 & 3\\ 2 & 1\end{pmatrix}$ 相似，则 $x=$________，$y=$________.

3. 若 4 阶矩阵 $\boldsymbol{A}$ 与 $\boldsymbol{B}$ 相似，且 $\boldsymbol{A}$ 的特征值为 1,2,3,4，则 $|\boldsymbol{B}^{*}+2\boldsymbol{E}|=$______.

4. 若 λ_1,λ_2 为 3 阶实对称矩阵 $\boldsymbol{A}$ 的两个不同特征值，对应的特征向量分别为 $\boldsymbol{p}_1=(1,1,3)^{\mathrm{T}}$，$\boldsymbol{p}_2=(4,5,a)^{\mathrm{T}}$，则常数 $a=$________.

5. 若 $\boldsymbol{A}=\begin{pmatrix}2 & a & 0\\ a & 2 & 3\\ 0 & 3 & 6\end{pmatrix}$ 为正定矩阵，则实数 a 的取值范围是________.

三、计算题(40 分)

1. 设 $\boldsymbol{A},\boldsymbol{B}$ 均是 n 阶正交矩阵，且 $|\boldsymbol{A}|=-|\boldsymbol{B}|$，试求 $|\boldsymbol{A}+\boldsymbol{B}|$.

2. 设 3 阶实对称矩阵 $\boldsymbol{A}$ 的特征值为 $\lambda_1=-1,\lambda_2=\lambda_3=1$，且与 λ_1 对应的特征向量为 $\boldsymbol{p}_1=(0,1,1)^{\mathrm{T}}$，求 $\boldsymbol{A}$.

3. 设矩阵 $\boldsymbol{A}=\begin{pmatrix}a & -1 & c\\ 5 & b & 3\\ 1-c & 0 & -a\end{pmatrix}$，其行列式 $|\boldsymbol{A}|=-1$，又 $\boldsymbol{A}$ 的伴随矩阵 $\boldsymbol{A}^{*}$ 有一个特征值 λ，且属于 λ 的一个特征向量为 $\boldsymbol{\alpha}=(-1,-1,1)^{\mathrm{T}}$，求 a,b,c 和 λ 的值.

4. 设 $\boldsymbol{A}$ 为 3 阶矩阵，$\boldsymbol{\alpha}_1,\boldsymbol{\alpha}_2,\boldsymbol{\alpha}_3$ 是线性无关的 3 维列向量，且满足 $\boldsymbol{A\alpha}_1=\boldsymbol{\alpha}_1+\boldsymbol{\alpha}_2+\boldsymbol{\alpha}_3$，$\boldsymbol{A\alpha}_2=2\boldsymbol{\alpha}_2+\boldsymbol{\alpha}_3$，$\boldsymbol{A\alpha}_3=2\boldsymbol{\alpha}_2+3\boldsymbol{\alpha}_3$.

(1) 求矩阵 $\boldsymbol{B}$，使得 $\boldsymbol{A}(\boldsymbol{\alpha}_1,\boldsymbol{\alpha}_2,\boldsymbol{\alpha}_3)=(\boldsymbol{\alpha}_1,\boldsymbol{\alpha}_2,\boldsymbol{\alpha}_3)\boldsymbol{B}$；

(2) 求矩阵 $\boldsymbol{A}$ 的特征值；

(3) 求可逆矩阵 $\boldsymbol{P}$，使得 $\boldsymbol{P}^{-1}\boldsymbol{AP}$ 为对角矩阵.

四、证明题(30 分)

1. $\boldsymbol{A},\boldsymbol{B}$ 为两个 n 阶矩阵，且其 n 个特征值互异，若 $\boldsymbol{A}$ 的特征向量总是 $\boldsymbol{B}$ 的特征向量，试证：$\boldsymbol{AB}=\boldsymbol{BA}$.

2. 设 $\boldsymbol{A}$ 为非零的 n 阶方阵，并且有一个正整数 k，使 $\boldsymbol{A}^{k}=\boldsymbol{0}$，试问 $\boldsymbol{A}$ 能否与一个对角矩阵相似？并说明理由.

3. 设 $\boldsymbol{A},\boldsymbol{B}$ 分别为 m,n 阶正定矩阵，试证：分块矩阵 $\boldsymbol{C}=\begin{pmatrix}\boldsymbol{A} & \boldsymbol{0}\\ \boldsymbol{0} & \boldsymbol{B}\end{pmatrix}$ 是正定矩阵.

5.8 参考答案与提示

【基础作业题】

一、1. B； 2. C； 3. A； 4. C； 5. B； 6. C； 7. B； 8. D； 9. D； 10. B.

二、1. 1； 2. 5； 3. 12； 4. 0； 5. 2.

三、1. $\boldsymbol{A}$ 的全部特征值为 $\lambda_1=\lambda_2=\lambda_3=2,\lambda_4=-2$. 对应于特征值 2 的全部特征向量为

$k_1\begin{pmatrix}1\\1\\0\\0\end{pmatrix}+k_2\begin{pmatrix}1\\0\\1\\0\end{pmatrix}+k_3\begin{pmatrix}1\\0\\0\\1\end{pmatrix}$，其中 k_1,k_2,k_3 不全为 0；对应于特征值 -2 的全部特征向量为

$k\begin{pmatrix}-1\\1\\1\\1\end{pmatrix}(k\neq 0)$.

2. $k=-2$ 或 $k=1$.【提示】解线性方程组 $\boldsymbol{A}^{-1}\boldsymbol{\alpha}=\lambda\boldsymbol{\alpha}$，$\lambda$ 为 $\boldsymbol{\alpha}$ 对应的特征值.

3. (1) $x=2,y=-2$.

(2) $\boldsymbol{P}=\begin{pmatrix}1&1&1\\-1&0&-2\\0&1&3\end{pmatrix}$.【提示】$\boldsymbol{A}$ 有 3 个线性无关的特征向量，$\lambda=2$ 是 $\boldsymbol{A}$ 的二重特征值，所以 $\boldsymbol{A}$ 的对应于 $\lambda=2$ 的线性无关的特征向量有 2 个，故 $R(\boldsymbol{A}-2\boldsymbol{E})=1$，$x=2$，$y=-2$，则 $\boldsymbol{A}=\begin{pmatrix}1&-1&1\\2&4&-2\\-3&-3&5\end{pmatrix}$，有 $\boldsymbol{P}=\begin{pmatrix}1&1&1\\-1&0&-2\\0&1&3\end{pmatrix}$，使 $\boldsymbol{P}^{-1}\boldsymbol{A}\boldsymbol{P}=\begin{pmatrix}2&0&0\\0&2&0\\0&0&6\end{pmatrix}$.

4. $\boldsymbol{A}$ 可对角化. 相似变换矩阵为 $\boldsymbol{P}=\begin{pmatrix}-1&0&-2\\1&0&1\\1&1&0\end{pmatrix}$，并且有 $\boldsymbol{P}^{-1}\boldsymbol{A}\boldsymbol{P}=\begin{pmatrix}-2&&\\&1&\\&&1\end{pmatrix}$.

5. (1) $x=3,y=5$；

(2) $\boldsymbol{P}=\begin{pmatrix}0&1&0\\-1&0&1\\1&0&1\end{pmatrix}$，$\boldsymbol{P}^{-1}\boldsymbol{A}\boldsymbol{P}=\begin{pmatrix}1&&\\&2&\\&&5\end{pmatrix}$.

6. $\boldsymbol{P}=\begin{pmatrix}1&1&-1\\1&0&1\\0&1&1\end{pmatrix}$，$|\boldsymbol{A}-\boldsymbol{E}|=a^2(a-3)$.【提示】先求 $\boldsymbol{A}$ 的特征值为 $a+1$(二重)，$a-2$. 可求得可逆矩阵 $\boldsymbol{P}$，使 $\boldsymbol{P}^{-1}\boldsymbol{A}\boldsymbol{P}=\boldsymbol{\Lambda}=\begin{pmatrix}a+1&&\\&a+1&\\&&a-2\end{pmatrix}$. $|\boldsymbol{A}-\boldsymbol{E}|=|\boldsymbol{\Lambda}-\boldsymbol{E}|=a^2(a-3)$.

7. $\begin{pmatrix} 305 & -273 & 242 \\ 546 & -514 & 484 \\ 484 & -484 & 485 \end{pmatrix}$.【提示】若矩阵 $\boldsymbol{A}$ 可对角化，即存在可逆矩阵 $\boldsymbol{P}$，使 $\boldsymbol{P}^{-1}\boldsymbol{AP}=\boldsymbol{\Lambda}$，则 $\boldsymbol{A}^n=\boldsymbol{P\Lambda}^n\boldsymbol{P}^{-1}$.

8.(1) $a=1,b=2$.【提示】利用特征值的性质.

(2) 正交矩阵 $\boldsymbol{P}=\begin{pmatrix} \frac{2}{\sqrt{5}} & 0 & \frac{1}{\sqrt{5}} \\ 0 & 1 & 0 \\ \frac{1}{\sqrt{5}} & 0 & \frac{-2}{\sqrt{5}} \end{pmatrix}$，利用正交变换 $\boldsymbol{x}=\boldsymbol{Py}$，可化二次型为标准形 $f=2y_1^2+2y_2^2-3y_3^2$.

四、1.【提示】$\boldsymbol{Ax}=(\boldsymbol{PBP}^{-1})\boldsymbol{x}=\lambda\boldsymbol{x}$，有 $\boldsymbol{B}(\boldsymbol{P}^{-1}\boldsymbol{x})=\lambda(\boldsymbol{P}^{-1}\boldsymbol{x})$.

2.【提示】对应不同特征值的特征向量线性无关，$(\boldsymbol{\beta},\boldsymbol{A\beta},\boldsymbol{A}^2\boldsymbol{\beta})=(\boldsymbol{\alpha}_1,\boldsymbol{\alpha}_2,\boldsymbol{\alpha}_3)\begin{pmatrix} 1 & \lambda_1 & \lambda_1^2 \\ 1 & \lambda_2 & \lambda_2^2 \\ 1 & \lambda_3 & \lambda_3^2 \end{pmatrix}$，等式右端两个矩阵均可逆，$R(\boldsymbol{\beta},\boldsymbol{A\beta},\boldsymbol{A}^2\boldsymbol{\beta})=3$.

3.【提示】$\boldsymbol{P}$ 是实对称矩阵，且对任意非零向量 $\boldsymbol{x}$，当 $\lambda>0$ 时，有 $\boldsymbol{x}^{\mathrm{T}}\boldsymbol{Px}>0$，则 $\boldsymbol{P}$ 正定.

4.【提示】利用对称矩阵 $\boldsymbol{A}$ 的特征值均大于 0.

5.【提示】充分条件"⇒"取 $\boldsymbol{B}=\boldsymbol{A}$，因为 $\boldsymbol{A}$ 是对称矩阵，$\boldsymbol{A}^{\mathrm{T}}=\boldsymbol{A}$，又 $\boldsymbol{A}$ 可逆，$\boldsymbol{AA}=\boldsymbol{A}^{\mathrm{T}}\boldsymbol{A}$ 为正定，故 $\boldsymbol{AA}+\boldsymbol{A}^{\mathrm{T}}\boldsymbol{A}$ 为正定矩阵；

必要条件"⇐"若 $\boldsymbol{A}$ 不可逆，则存在 $\boldsymbol{x}_0\neq\boldsymbol{0}$ 使 $\boldsymbol{Ax}_0=\boldsymbol{0}$，从而 $\boldsymbol{x}_0^{\mathrm{T}}(\boldsymbol{AB}+\boldsymbol{B}^{\mathrm{T}}\boldsymbol{A})\boldsymbol{x}_0=\boldsymbol{x}_0^{\mathrm{T}}\boldsymbol{ABx}_0+\boldsymbol{x}_0^{\mathrm{T}}\boldsymbol{B}^{\mathrm{T}}\boldsymbol{Ax}_0=(\boldsymbol{A}^{\mathrm{T}}\boldsymbol{x}_0)^{\mathrm{T}}\boldsymbol{Bx}_0+\boldsymbol{x}_0^{\mathrm{T}}\boldsymbol{B}^{\mathrm{T}}(\boldsymbol{Ax}_0)=(\boldsymbol{Ax}_0)^{\mathrm{T}}\boldsymbol{Bx}_0+\boldsymbol{x}_0^{\mathrm{T}}\boldsymbol{B}^{\mathrm{T}}(\boldsymbol{Ax}_0)=\boldsymbol{0}$，此与 $\boldsymbol{AB}+\boldsymbol{B}^{\mathrm{T}}\boldsymbol{A}$ 为正定矩阵矛盾，所以 $\boldsymbol{A}$ 可逆.

【综合作业题】

一、1. B；　2. A【提示】$f(\boldsymbol{A})$ 与 $\boldsymbol{A}$ 有相同的特征向量；

3. B【提示】$(\boldsymbol{P}^{\mathrm{T}}\boldsymbol{A}(\boldsymbol{P}^{\mathrm{T}})^{-1})\boldsymbol{P}^{\mathrm{T}}\alpha=\boldsymbol{P}^{\mathrm{T}}\boldsymbol{A\alpha}=\boldsymbol{P}^{\mathrm{T}}\lambda\boldsymbol{\alpha}=\lambda\boldsymbol{P}^{\mathrm{T}}\boldsymbol{\alpha}$；

4. A【提示】$\boldsymbol{A}$ 为实对称矩阵，可对角化且只有特征值1，所以存在可逆矩阵 $\boldsymbol{P}$，使 $\boldsymbol{P}^{-1}\boldsymbol{AP}=\boldsymbol{E}$，即有 $\boldsymbol{A}=\boldsymbol{E}$；

5. D；　6. B；　7. D；　8. B；　9. D；

10. D【提示】令 $y_i=a_{i1}x_1+a_{i2}x_2+\cdots+a_{in}x_n=(a_{i1},a_{i2},\cdots,a_{in})\begin{pmatrix} x_1 \\ x_2 \\ \vdots \\ x_n \end{pmatrix}=(a_{i1},a_{i2},\cdots,a_{in})\boldsymbol{x}$，则 $f(x_1,x_2,\cdots,x_n)=y_1^2+y_2^2+\cdots+y_n^2=\boldsymbol{Y}^{\mathrm{T}}\boldsymbol{Y}=(\boldsymbol{Ax})^{\mathrm{T}}\boldsymbol{Ax}=\boldsymbol{x}^{\mathrm{T}}(\boldsymbol{A}^{\mathrm{T}}\boldsymbol{A})\boldsymbol{x}$.

二、1. -4.【提示】由 $\boldsymbol{A}$ 的特征值可求出 $\boldsymbol{A}^*$ 的特征值为 $-2,-4,2$，则 $A_{11}+A_{22}+A_{33}=-2-4+2=-4$.

2. 4,5.

3. 3.

4. 2.【提示】$f(x_1,x_2,x_3)$ 的矩阵 $\boldsymbol{A}=\begin{pmatrix}a&2&2\\2&a&2\\2&2&a\end{pmatrix}$，$f(y_1,y_2,y_3)$ 的矩阵 $\boldsymbol{B}=\begin{pmatrix}6&0&0\\0&0&0\\0&0&0\end{pmatrix}$，因为 $\boldsymbol{A}$ 与 $\boldsymbol{B}$ 相似，故 $R(\boldsymbol{A})=R(\boldsymbol{B})=1$，故 $\begin{vmatrix}2&a\\2&2\end{vmatrix}=0\Rightarrow a=2$.

5. $-\sqrt{2}<t<\sqrt{2}$.

三、1. $a=-2$ 时，$\boldsymbol{A}$ 可相似对角化；$a=-\dfrac{2}{3}$ 时，$\boldsymbol{A}$ 不可相似对角化.【提示】$|\boldsymbol{A}-\lambda\boldsymbol{E}|=-(\lambda-2)(\lambda^2-8\lambda+18+3a)$，讨论 $\lambda=2$ 是否是特征方程的二重根.

2. (1) 属于 $\lambda_3=-1$ 的特征向量为 $\boldsymbol{\alpha}_3=k(-1,1,0)^{\mathrm{T}}(k\neq 0)$；

(2) $\boldsymbol{A}=\begin{pmatrix}0&1&0\\1&0&0\\0&0&1\end{pmatrix}$.

3. (1) $\boldsymbol{A}$ 的特征值为 0,0,3. 属于特征值 0 的全体特征向量为 $k_1\begin{pmatrix}-1\\2\\-1\end{pmatrix}+k_2\begin{pmatrix}0\\-1\\1\end{pmatrix}$($k_1,k_2$ 不全为 0). 属于特征值 3 的全体特征向量为 $k_3\begin{pmatrix}1\\1\\1\end{pmatrix}(k_3\neq 0)$.

(2) $\boldsymbol{Q}=\begin{pmatrix}-\dfrac{1}{\sqrt{6}}&-\dfrac{1}{\sqrt{2}}&\dfrac{1}{\sqrt{3}}\\\dfrac{2}{\sqrt{6}}&0&\dfrac{1}{\sqrt{3}}\\-\dfrac{1}{\sqrt{6}}&\dfrac{1}{\sqrt{2}}&\dfrac{1}{\sqrt{3}}\end{pmatrix}$，$\boldsymbol{\Lambda}=\begin{pmatrix}0&&\\&0&\\&&3\end{pmatrix}$.

4. (1) $-2,-2,0$.

(2) $k>2$.【提示】利用特征值，由 $\boldsymbol{A}$ 的特征值为 $-2,-2,0$，则 $\boldsymbol{A}+k\boldsymbol{E}$ 的特征值为 $k-2$，$k-2,k$，又 $\boldsymbol{A}+k\boldsymbol{E}$ 为正定矩阵，故 $k-2>0$ 且 $k>0$，所以 $k>2$.

5. (1) $c=3$，$\boldsymbol{A}$ 的特征值为 0,4,9.

(2) 存在正交变换 $\boldsymbol{x}=\boldsymbol{P}\boldsymbol{y}$，可将 f 化为标准形，即 $f=4y_2^2+9y_3^2$，故 $f(x_1,x_2,x_3)=1$ 表示椭圆柱面，其方程为：$4y_2^2+9y_3^2=1$.【提示】综合利用线性代数与解析几何的知识，只有将二次型 f 化为标准形，才能显示出 $f(x_1,x_2,x_3)=1$ 表示何种曲面，所以(2) 实际上是化二次型为标准形.

四、1.【提示】利用向量长度(范数)的定义，由 $\|\boldsymbol{\alpha}\|^2=\boldsymbol{\alpha}^{\mathrm{T}}\boldsymbol{\alpha}$，$\|\boldsymbol{A}\boldsymbol{\alpha}\|^2=(\boldsymbol{A}\boldsymbol{\alpha})^{\mathrm{T}}\boldsymbol{A}\boldsymbol{\alpha}=\boldsymbol{\alpha}^{\mathrm{T}}\boldsymbol{A}^{\mathrm{T}}\boldsymbol{A}\boldsymbol{\alpha}$，可知 $\|\boldsymbol{A}\boldsymbol{\alpha}\|^2=\|\boldsymbol{\alpha}\|^2$，又 $\|\boldsymbol{\alpha}\|\geqslant 0$，$\|\boldsymbol{A}\boldsymbol{\alpha}\|\geqslant 0$，结论成立.

2.【提示】设 $\boldsymbol{\alpha}$ 是 $\boldsymbol{A}$ 的任意一个实特征向量，λ 为对应的特征值，则 $\boldsymbol{A}\boldsymbol{\alpha}=\lambda\boldsymbol{\alpha}$，可证

$(A\alpha)^T(A\alpha)=\alpha^T\alpha=\lambda^2\alpha^T\alpha$,有$(1-\lambda^2)\alpha^T\alpha=0$,又$\alpha^T\alpha=(\alpha,\alpha)>0$,则$\lambda^2=1$,亦即$|\lambda|=1$.

3.【提示】(1) 用定义证明,设有一组数$x_1,x_2,\cdots,x_n$使$x_1\xi_1+x_2\xi_2+\cdots+x_n\xi_n=\mathbf{0}$. 以$A^{n-1}$左乘上式两边,得$x_1\xi_n=\mathbf{0}$;由于$\xi_n\neq\mathbf{0}$,故$x_1=0$,同理可得$x_2=x_3=\cdots=x_n=0$,因此$\xi_1,\xi_2,\cdots,\xi_n$线性无关.

(2) 由题意得$A(\xi_1,\xi_2,\cdots,\xi_n)=(\xi_2,\xi_3,\cdots,\xi_{n-1},\mathbf{0})$

$$=(\xi_1,\xi_2,\cdots,\xi_n)\begin{pmatrix}0&0&\cdots&0&0\\1&0&\cdots&0&0\\\cdots&\cdots&&\cdots&\cdots\\0&0&\cdots&0&0\\0&0&\cdots&1&0\end{pmatrix},$$

因$\xi_1,\xi_2,\cdots,\xi_n$线性无关,因此A与矩阵$B=\begin{pmatrix}0&0&\cdots&0&0\\1&0&\cdots&0&0\\\cdots&\cdots&&\cdots&\cdots\\0&0&\cdots&0&0\\0&0&\cdots&1&0\end{pmatrix}$相似. 因为$R(B)=n-1$,故$R(A)=n-1$. A的线性无关特征向量只有1个,因此A不可对角化.

4.【提示】利用定义证明. 必要性:设B^TAB为正定矩阵,则对任意的实n维列向量$x\neq\mathbf{0}$,有$x^T(B^TAB)x>0$,即$(Bx)^TA(Bx)>0$,于是$Bx\neq\mathbf{0}$,因此$Bx=\mathbf{0}$只有零解,$R(B)=n$. 充分性:先证B^TAB为实对称矩阵. 若$R(B)=n$,任意实n维列向量$x\neq\mathbf{0}$,有$Bx\neq\mathbf{0}$. 因A正定,有$(Bx)^TA(Bx)>0$,则$x^T(B^TAB)x>0$,故B^TAB为正定矩阵.

5. $1+(-1)^{n+1}a_1a_2\cdots a_n\neq0$.【提示】 作变换$\begin{cases}y_1=x_1+a_1x_2\\y_2=x_2+a_2x_3\\\quad\cdots\cdots\cdots\\y_n=x_n+a_nx_1,\end{cases}$记为$Y=PX$,则$f(x_1,x_2,\cdots,x_n)=y_1^2+y_2^2+\cdots+y_n^2$,所以$f$正定$\Leftrightarrow$当$X\neq\mathbf{0}$时,$Y\neq\mathbf{0}\Leftrightarrow P$可逆$\Leftrightarrow|P|\neq0$.

【自测题】

一、1. A; 2. B; 3. D;

4. D.【提示】A为实对称矩阵,可对角化,又$\mathrm{tr}(A)=4$; 5. D.

二、1. $\frac{1}{c}+2$; 2. $x=1,y=0$; 3. 29120; 4. $a=-3$; 5. $|a|<1$.

三、1. 0【提示】利用正交矩阵及行列式性质,$A+B=AA^T(A+B)B^TB=A(B^T+A^T)B$.

2. $A=\begin{pmatrix}1&0&0\\0&0&-1\\0&-1&0\end{pmatrix}$.

3. $a=2,b=-3,c=2,\lambda=1$.【提示】有$AA^*=|A|E=-E$,且$A^*\alpha=\lambda\alpha$,可得$\lambda A\alpha=-\alpha$,解线性方程组,又$|A|=-1$,可得结论.

4. (1) $\boldsymbol{B}=\begin{pmatrix}1&0&0\\1&2&2\\1&1&3\end{pmatrix}$; (2) $\boldsymbol{A}$ 的特征值为 1,1,4;

(3) 令 $\boldsymbol{P}_1=\begin{pmatrix}-2&-1&0\\0&1&1\\1&0&1\end{pmatrix}$,$\boldsymbol{Q}=(\boldsymbol{\alpha}_1,\boldsymbol{\alpha}_2,\boldsymbol{\alpha}_3)$,$\boldsymbol{P}=\boldsymbol{QP}_1$ 即为所求.

四、1.【提示】设 $\boldsymbol{p}_1,\boldsymbol{p}_2,\cdots,\boldsymbol{p}_n$ 为 $\boldsymbol{A},\boldsymbol{B}$ 的 n 个特征向量,存在可逆矩阵 $\boldsymbol{P}=(\boldsymbol{p}_1,\boldsymbol{p}_2,\cdots,\boldsymbol{p}_n)$,使 $\boldsymbol{P}^{-1}\boldsymbol{AP}=\boldsymbol{\Lambda}$,$\boldsymbol{A}=\boldsymbol{P\Lambda P}^{-1}$,其中 $\boldsymbol{\Lambda}$ 为 $\boldsymbol{A}$ 的特征值阵;$\boldsymbol{P}^{-1}\boldsymbol{BP}=\boldsymbol{U}$,$\boldsymbol{B}=\boldsymbol{PUP}^{-1}$,其中 $\boldsymbol{U}$ 为 $\boldsymbol{B}$ 的特征值阵,从而有 $\boldsymbol{AB}=\boldsymbol{BA}$.

2. $\boldsymbol{A}$ 不能与对角矩阵相似.【提示】因 $\boldsymbol{A}$ 的所有特征值全为 0,由 $(\boldsymbol{A}-\lambda\boldsymbol{E})\boldsymbol{x}=\boldsymbol{0}$ 得 $\boldsymbol{Ax}=\boldsymbol{0}$,又 $|\boldsymbol{A}|=\boldsymbol{0}$,$\boldsymbol{Ax}=\boldsymbol{0}$ 的基础解系中没有 n 个线性无关的特征向量.

3.【提示】矩阵 $\boldsymbol{C}$ 正定的充要条件是存在可逆矩阵 $\boldsymbol{P}$ 使得 $\boldsymbol{C}=\boldsymbol{P}^{\mathrm{T}}\boldsymbol{P}$. 由 $\boldsymbol{A},\boldsymbol{B}$ 正定,所以存在可逆矩阵 $\boldsymbol{V},\boldsymbol{Q}$,使 $\boldsymbol{A}=\boldsymbol{V}^{\mathrm{T}}\boldsymbol{V}$,$\boldsymbol{B}=\boldsymbol{Q}^{\mathrm{T}}\boldsymbol{Q}$ 成立. 令 $\boldsymbol{P}=\begin{pmatrix}\boldsymbol{V}&\boldsymbol{0}\\\boldsymbol{0}&\boldsymbol{Q}\end{pmatrix}$,则 $\boldsymbol{C}=\boldsymbol{P}^{\mathrm{T}}\boldsymbol{P}$,$\boldsymbol{C}$ 正定.

参考文献

[1] 同济大学数学系.线性代数[M].6版.北京:高等教育出版社,2014.

[2] 赵树嫄.线性代数[M].5版.北京:中国人民大学出版社,2008.

[3] 严守权.线性代数[M].北京:清华大学出版社,2007.

[4] 孙国正、杜先能.线性代数[M].合肥:安徽大学出版社,2007.

[5] 严守权.线性代数教程学习指导[M].北京:清华大学出版社,2007.

[6] 田勇.线性代数教材辅导[M].北京:科学文献出版社,2006.

[7] 同济大学数学系.线性代数附册:学习辅导习题全解[M].北京:高等教育出版社,2007.

[8] 谢国瑞.线性代数及应用[M].北京:高等教育出版社,2000.

[9] 胡显佑、彭勇行.线性代数习题集[M].天津:南开大学出版社,2003.

[10] 李乃华等.线性代数及其应用[M].北京:高等教育出版社,2010.